工 程 伦 理

主　编　倪家明　罗　秀　肖秀婵

副主编　孔令奇　任亚琦　黄山

主　审　李永树

ZHEJIANG UNIVERSITY PRESS
浙江大学出版社

图书在版编目（CIP）数据

工程伦理 / 倪家明，罗秀，肖秀婵主编 . —杭州 ：
浙江大学出版社，2020.3（2024.8重印）
ISBN 978-7-308-19792-2

I. ①工… II. ①倪…②罗…③肖… III. ①工程技
术—伦理学 IV. ①B82-057

中国版本图书馆 CIP 数据核字（2019）第 275626 号

工程伦理
GONGCHENG LUNLI

倪家明　罗　秀　肖秀婵　主编

责任编辑	吴昌雷
责任校对	高士吟　汪　潇
封面设计	林智广告
出版发行	浙江大学出版社
	（杭州市天目山路148号　邮政编码310007）
	（网址：http://www.zjupress.com）
排　　版	杭州晨特广告有限公司
印　　刷	杭州杭新印务有限公司
开　　本	787mm×1092mm　1/16
印　　张	16
字　　数	360千
版 印 次	2020年3月第1版　2024年8月第7次印刷
书　　号	ISBN 978-7-308-19792-2
定　　价	45.00元

前　言

　　本教材深入贯彻党的二十大精神,深刻领悟教育、科技、人才"三位一体"的战略意义,切实增强加快建设教育强国的使命感、责任感。当代社会,随着现代化大型工程的出现,工程的社会性愈益凸显。一方面表现为大型工程动辄需要几百、几千甚至上万的工程建设者;另一方面表现为对社会的经济、政治和文化的发展具有直接的、显著的重大影响和作用,社会效应、环境影响巨大,生态保护等工程问题成为舆论热点,人们开始关注工程伦理的理论和实践意义。工程伦理是工程技术人员的职业道德,开展工程伦理教育有着重大意义。

　　工程伦理研究聚焦于作为技术人员的工程师。因此,它应该区别于工程实践语境以外的个人和社会的伦理。技术工程社团的伦理章程提供了一个有用的框架,用以解决在工程实践中出现的许多伦理问题。早期的章程强调工程师的主要职责是对他们的雇主和客户负责。但是,到了20世纪70年代,大多数章程坚持工程师的首要职责是保护公众安全健康和福祉。近年来,许多章程开始强调可持续的技术和保护环境的重要性,人们期待工程师承担实现道德理想目标的责任,并追寻道德上可以接受的方式。公众雇主和客户依赖于工程师负责任地使用专业知识。虽然人们可以期待工程伦理的研究集中关注不道德的行为及其预防,但也期待工程伦理关注对善的积极激励。也就是说,也应该强调工程激励性的一面案例的使用,这是培养工程师应对工程中重要伦理问题的敏感性和技能的一个重要方面。

　　本教材主要从培养工程师及其他工程从业者的伦理意识和责任感出发,使其掌握工程伦理的基本规范,以提高其工程伦理的决策能力为基本目标,系统阐述工程伦理的相关内容。全书分为"通用伦理"和"分项伦理"两个部分。通用伦理主要探讨工程伦理的基本概念、基本理论,以及工程实践过程中人们要面对的共性问题。分项伦理有针对性地分析不同的工程领域遇到的特殊问题,以及共性的伦理问题在这些领域的特殊表现,分析不同工程领域的工程伦理规范。教材编写努力体现"案例教学为特点,职业伦理教育为重心"的教学理念。为此,各章以引导案例为切入点,同时在各章结束时提供参考案例和需要讨论的问题以供进一步思考伦理问题,力求从不同的视角突出工程师和其他工程从业者需要把握和思考的伦理规范,以从不同的方面反映工程职业伦理的丰富内涵。

　　本书内容新颖、难易适度、实用性强、案例丰富,能够满足应用型本科院校相关专业的教学需要,也可作为高职高专教材,还可以作为工程技术人员的培训教材。本书由倪家明教授和罗秀、肖秀婵博士提出编写意图和编写大纲,听取校内外专家学者意见后,对编写框架多次调整。初稿编写工作主要由倪家明教授负责总稿,罗秀、肖秀婵博士为本书的编写做了大量的编辑工作。参加本书编写的人员分工:倪家明(前言、第一、二、六章)、罗秀(第四、十章)、肖秀婵(第九、十二章)、孔令奇(第三、八章)、任亚琦(第五、十一章)、黄山(第七章)。

　　本书在编写过程中参考了国内外专家学者的著作和文献,在正文中未能列举,以参考文献附后,在此致以衷心的感谢;编写工作中,西南交通大学博士生导师李永树教授对本书的编写提出了宝贵意见,浙江大学出版社的相关编辑为本书的出版付出了辛勤劳动,在此一并致谢。

　　由于时间紧张和作者水平有限,本书内容难免有不够成熟之处,希望同行专家和广大读者多提建议,不吝赐教,您的建议和意见是对我们最大的鼓励和支持。

编　者
2024 年 1 月

C目录
ontents

第一篇　通用伦理

Contents

第二篇 专项伦理

Contents

第一篇　通用伦理

第1章　绪论

学习目标

通过本章的学习,深入理解学习工程伦理的目的和意义,掌握伦理及工程伦理的含义、研究工程伦理的意义与方法;理解工程中的伦理问题;了解工程与伦理的概念,树立正确的工程伦理观和工程价值观。

1.1　工程伦理概念

工程伦理(engineering ethics)是应用于工程学的道德原则系统,是工程技艺的应用伦理。工程伦理审查与设定工程师对专业、同事、雇主、客户、社会、政府、环境所应负担的责任。作为一门井然有序、有条有理的思考学科,它与科学哲学、工程哲学(philosophy of engineering)、科技伦理(ethics of technology)等密切相关。

当代工程伦理教育受到高度关注。开展工程伦理教育有利于提升工程师伦理素养,加强工程从业者的社会责任;有利于推动可持续发展,实现人与自然、社会的协同进化;有利于协调社会各群体之间的利益关系,促进社会共享、和谐发展。

一方面,工程实践在现代社会中发挥着越来越重要的作用,工程活动对人们的生活产生越来越广泛的影响;另一方面,工程实践越来越密切地关系到各种伦理问题,这些伦理问题涉及对工程行为正当性的思考和价值判断,往往需要在价值冲突中做出正确的价值选择。

20世纪70年代以来,美国、法国、德国、日本、英国等发达国家相继开展工程伦理教育。20世纪90年代之后,加强工程伦理教育,提高工程师和其他工程实践者的社会责任,成为工程教育的重要方面。自1994年起,美国工程教育协会(ASEE)和美国国家科学基金会(NSF)分别发表了关于工程教育改革的报告,呼吁重视工程师面临的伦理问题,加强工程伦理方面的教育。美国国家工程院的报告也指出,伦理标准是未来工程师具备的基本素质之一。1996年开始,美国注册工程师考试将工程伦理纳入"工程基础"考试范围。从而使工程伦理教育被纳入教育认证、工程认证的制度体系之中。

工程伦理教育对于工程师的培养和工程实践具有重要意义。它不仅关系到工程师自身伦理素养和社会责任的提升,而且通过工程这一载体,关系到经济、社会与自然的和谐发展。具体包括以下三个方面：

第一，开展工程伦理教育有利于提升工程师伦理素养，加强工程从业者的社会责任。长期以来，我国工程教育多注重专业知识与技能的培养，工程伦理教育环节相对缺失，使得工程师在工程实践中往往只看到技术问题，认为工程引发的环境问题、社会问题与自己无关，这是造成我国工程实践中环境污染严重的重要原因之一。同时，在具体工程实践中，片面追求经济效益、盲目听从长官意志、无视工程社会责任的现象屡有发生，导致豆腐渣工程、假冒伪劣工程大量出现。工程伦理教育的重要意义，就在于提升工程师的伦理素养，强化工程师和其他工程从业者的社会责任，使其能够在工程活动中意识到工程对环境和社会造成的影响，将公众的利益而非经济利益或长官意志放在突出的位置。

第二，开展工程伦理教育有利于推动可持续发展，实现人与自然的协同发展。现代工程技术已经得到极大发展，人类控制自然的能力不断提高，改造自然的进程也随之加快。但如果滥用知识和技术的力量，就会对自然环境带来极大破坏，并因此导致能源危机、生态危机和环境污染。近年来我国挥之不去的雾霾问题就鲜明地将环境污染的严峻形势呈现在公众面前。工程作为经济发展的基本实践方式，必须坚持合理的发展理念，在工程设计和工程建设中，将可持续发展、协调发展作为基本准则之一。工程伦理教育通过技术、利益、责任和环境等方面伦理问题的探讨和分析，让工程师建立保护自然的意识，在经济利益与自然权力之间保持平衡，从而通过工程推动经济的可持续发展，实现人与自然的协同发展。

第三，开展工程伦理教育有利于协调社会各群体之间的利益关系，确保社会稳定和谐。随着工程规模的扩大和高度集成化，工程对社会产生的影响越来越大，所牵涉的范围也越来越广，如何协调各利益相关方的利益关系，不但关系到社会的稳定和谐，也关系到是否能够有效规避工程的风险，并让公众共享工程实践带来的福祉。近年来，类似 PX 项目（对二甲苯化工项目）这样的超大型化工项目引发的社会冲突就非常值得反思。这些大型化学工程往往年产值高达数十亿元，能够极大地拉动地方的经济发展，但与此同时，化工产品生产存在的危险性和工程建造过程中发生的违规操作也给所在地的居民带来了环境问题和重大安全隐患，甚至造成更为严重的后果。厦门、大连、宁波等地接连发生公众集体抵制 PX 项目事件，这从一个侧面说明，如果不能合理地兼顾各种利益诉求，就会导致公众与政府、企业之间出现信任危机，就会影响社会的稳定、和谐和共享发展。工程伦理教育强调加强社会责任，合理进行价值分配，协调不同的利益诉求，特别是强调要注重和保障公众利益，使工程师能够在工程实践中更有效地发现和解决技术应用中的风险问题，协调好公众、雇主和社会其他利益群体的关系，从而避免冲突，确保社会稳定，这也是工程伦理教育所具有的重要意义之一。

1.2 工程伦理的教育目的

学习工程伦理的目的和意义是什么？如果说工程伦理教育的重要任务是提高工程师

的伦理素养,那么工程师伦理素养的内涵是什么?

针对这些问题,美国工程伦理学家戴维斯(M. Davids)曾将大学工程伦理教育的目标总结为以下四个方面:①提高学生的道德敏感性;②增加学生对执业行业标准的了解;③改进学生的伦理判断力;④增强学生的伦理意志力。这种观点实际上强调的是两个方面,即培养工程师准确和坚定的伦理意识,以及加强工程师对伦理规范的认知,这也是工程师解决工程伦理问题所需要具备的基本素质。但值得注意的是,在具体的工程实践中,由于工程活动的复杂性和不确定性,工程师还需要培养良好的工程决策能力,即要把伦理意识和伦理规范具体落实到解决工程实践面临的伦理问题上。由此,我们可以把工程伦理教育的目的概括为以下三个主要的方面:

第一,培养工程伦理意识和责任感。广义的意识概念是指大脑对客观世界的反映,狭义的意识概念则是指人们对外界和自身的觉察、认知与关注。工程伦理意识强调的是对工程活动中存在的伦理问题的感知、理解和重视。培养工程伦理意识就是要提高人们对工程伦理问题的敏感性,增强其理解、重视工程实践中各种伦理问题的自觉性和能动性,这是积极面对和有效解决工程伦理问题的重要前提。工程伦理意识并非工程师先天具有,而是通过系统学习和实践逐步培养起来的,缺乏工程伦理意识的工程师往往会在无意识的情况下做出有悖伦理的决定。"在伦理问题上陷入困境的工程师多数不是由于他们人品不好,而是由于他们没有意识到自己所面对的问题是一个具有伦理性质的问题。"或者虽然意识到伦理问题的存在,但往往认为这是与自己无关的,缺乏自觉面对和解决伦理问题的责任感。

因此,培养工程伦理意识和责任感,就成为工程伦理教育的基础性任务,也是实现工程伦理教育其余目标的重要基础。

第二,掌握工程伦理的基本规范。工程伦理规范是指工程师面对伦理问题时应遵循的行为准则,是工程师共同体现价值观和道德观的具体体现,为工程师如何解决伦理问题提供依据。工程伦理规范并非一成不变,而是随社会的发展不断变化和不断丰富的,在不同时期具有不同的内涵和侧重点。从不同的伦理思想出发,对何为正当性的行为的判断标准不同,也会形成不同的伦理规范。但总体上看,工程伦理规范往往体现的是在一定的社会发展阶段,最能够反映社会主流价值观念和伦理思想的行为准则,因此对工程实践行为具有重要的指导意义。比如,从我国十八届五中全会提出的"创新、协调、绿色、开放、共享"的五大发展理念出发,保护环境、保障公众利益就成为重要的行为准则,即在面临价值冲突和价值选择时,应优先考虑保护环境和保障公众利益,这是当前工程师共同体需要遵从的首要原则。同时需要指出的是同一时期不同国家、不同领域的工程伦理规范又有所差异。这一方面需要在具体实践中为工程师提供更有针对性的行为引导;另一方面,工程伦理规范的变化性和差异性也为解决工程伦理问题增添了复杂性。

第三,提高工程伦理的决策能力。工程伦理的决策能力是指在面对伦理困境时,仅依靠工程伦理规范很难做出判断,工程师需要具备更为复杂的理性决策能力。上面提到,工程伦理规范并非统一和一成不变的,有时不同的规范之间甚至会相互冲突,加上工程活动本身具有不可预测性,工程师时刻需要面对大量无法用工程伦理规范解决的复杂问题。此时,就需要工程师在正确理解和把握规范的前提下,结合实际情况及时做出合理决策。特别是进入大工程阶段,无论是技术问题还是利益关系都空前复杂化,伦理决策能力已经成为处理伦理问题的必要条件之一。

1.3 工程伦理的教育意义

工程是一种改造自然为人类谋福利的实践活动。在人类改造自然的过程中,必然要牵涉到人与自然、人与社会、人与人之间的关系,用什么样的准则来指导人们的实践活动以及协调和处理上述关系,这就是工程伦理学所规范的内容。在处理人与自然的关系中,要坚持实事求是的准则。在处理人与社会的关系上,要坚持为社会谋利益。作为祖国的一员,应该热爱祖国,为祖国的振兴而努力工作。在人与人的关系上,应坚持诚信为本,团结协作。把自己融进集体,发挥个人在集体中的作用。工程伦理的内容远不止上面所列几点,但上述内容则是其中最基本的部分。

高等工程教育为国家培养从事工程技术的高级人才,这样的人才必须是高素质的,包括在政治思想上、业务技术上、体魄体能上,都要达到较高的标准。其中道德素质应该摆在重要地位。当前尤其要强调工程伦理教育,其主要原因是:①工程伦理教育是德育的重要环节,但又是易被忽视的部分。长期以来由于对其重要性认识不足,没有提到应有高度;有的地方即使注意到了其重要性,也是宏观的多,微观的少;概念性强调的多,具体操作部分不详细。随着市场经济的深入,某些政治上的腐败消极现象也或多或少地渗透到学术和工程领域,也称之为学术腐败。如工程中的豆腐渣工程、偷工减料、乱编数据、伪造工程资料等。对在校工科学生加强工程伦理教育,是塑造未来高素质工程技术人员必不可少的环节,是学校德育教育的一个重要举措。②科学的发展呈现了许多新的工程伦理问题,需要回答和解决能源危机、环境污染、生物工程、克隆技术等许多全新的工程伦理问题。社会科学和自然科学工作者应该认真面对这些问题。可持续发展道德观要求我们应当充分承认和尊重"自然"的生存权与发展权。人类对自然的索取应与对自然的给予保持一种动态平衡。人类要热爱和保护自然,努力用自己的聪明才智,按照自然本身的规律改善和优化自然。同时,要尊重后代人的生存权和发展权,不能以浪费和牺牲生态环境资源为代价增加自己的财富,损害后代人的权利和利益。可以说,研究工程伦理学,加强工程伦理教育,是培养21世纪高素质人才的需要,是现代科学技术发展的要求。

工程伦理学的作用和意义如前所述,工程伦理学这门学科的诞生是与工程发展造成严重的社会和环境问题以及人们试图解决这些问题密切相关的。所以,工程伦理学首先是有助于解决实际社会问题。工业革命以来,直到20世纪中期以前,正如著名思想家弗洛姆(E. Fromm)所总结的,人们对工程技术发展的态度是:①"凡是技术上能够做的事情都应该做";②"追求最大的效率与产出"。许多具有政治、经济和军事目的的工程也往往只顾及直接的功利目的,很少考虑其深层的伦理含义。但是,20世纪中期以后,技术的负面后果逐渐显现并日趋严重,人们开始对工程技术的伦理意义进行思考,这已经对解决技术的社会和环境问题产生了一定的效果。例如,20世纪60年代末70年代初在美国出现了技术评估(technology assessment),其目的是把应用工程(孤立的时空子系统)经济可行性(消费者行为)和短期政治(选举)的标准时未考虑到的第二位、第三位的社会后果统筹考虑在内,并且由当初主要是预测给定类型的技术会产生什么后果,逐渐扩展为探讨达到预期目标可供选择的技术手段。与技术评估一样,20世纪70年代以后兴起的环境工程、工业生态化、核工程等新的工程实践都是这种将伦理制约内在的趋势代表,从工程的开始阶段起就将伦理因素作为一个直接的重要影响因素加以考量,使道德制约成为工程发展的内在维度之一,这样就可以提醒人们注意到技术中隐蔽的价值观和可供选择的其他途径,提高人们发展和运用技术的自觉性,审慎地思虑它们的后果,避免盲目行动造成严重恶果。

伦理不仅是一种控制人的行为的机制,更重要的,它先于、高于法律等社会机制,伦理对一切行为、政策、社会现象是否正当进行思考和评价。确实,伦理道德的视角和观点不同于习俗、法律、经济、组织权威等其他视角和观点。工程师在实践中决定采取某一行动时,应当批判性地反思这些问题:①我们过去一直做的事情就是我们应当做的吗?(习俗就是道德吗?)②某一行为仅仅因为它合法,就对吗?(道德等于法律吗?)③仅仅因为一件事情最符合我们的利益,我们做它就合道德吗?(道德等同于慎重吗?)④最经济的决定就是最道德的吗?(道德与经济是一回事吗?)⑤服从不那么合适的命令,是一个合法或符合道德的辩护理由吗?(道德不等于服从组织权威。)⑥为了给某些行为辩护,纯粹的个人观点是否就足够了?是否需要继续探索不限于此的、更深刻的理由?(道德等于纯粹的个人意见吗?)⑦别人都这样做,所以我这样做就是道德的吗?(别人的观点,或者许多人的观点就是道德的依据吗?)美国著名的海斯汀中心(The Hastings Center)的研究表明,若工程师事先没有在思考道德挑战方面受到相应的教育,一旦面临现实问题,他们就可能手足无措,其行为就可能产生出乎自己意料的结局。因此,它指出在工程教育中讲授工程伦理要达到开发学生识别和处理伦理问题的能力的目的。工程伦理还有一个独特的重要任务就是思考什么样的工程师才是一个有德行的人,使工程师成为负责任的人。爱因斯坦在1952年10月5日给《纽约时报》所写的一篇文章中尖锐地指出:"用专业知识教育人是不够的。通过专业教育,他可以成为一种有用的机器,但是不能成为和谐发展的人。要使学生对价值有所理解并产生热烈的感情,那是最基本的。他必须获得对美和道德的善,有鲜明的辨别力。否则,他——连同他的专业知识——就更像一只受过很好训练的狗,而不像一个和谐发展的人。"

因此,工程伦理教学和研究的目的,除了提高工程师解决伦理问题的能力外,还有重要的一点,就是使工程师增强道德意识,理解做一个专业人员(工程师)的含义,了解工程师对同事、雇主/客户、社会以及环境的道德责任,增强工程师的道德自主性。也就是说,工程伦理的一个重要目标是帮助那些将要面对工程决策、工程设计施工和工程项目管理的人们建立起明确的社会责任意识、社会价值眼光和对工程综合效应的道德敏感性,以使他们在其职业活动中能够清醒地面对各种利益与价值的矛盾,做出符合人类共同利益和长远发展要求的判断和抉择,并以严谨的科学态度和踏实的敬业精神为社会创造优质的产品和服务。

1.4 编写《工程伦理》教材的目的和意义

早在20世纪70年代,美国的工程伦理学就伴随着经济理论学和企业伦理学产生,经过数十年的发展,已经形成了比较健全的学科体系。在美国,工程伦理是大学中工程专业普遍要开设的一门课程。一所院校的工程学学科必须将工程伦理纳入整个工程学教育规划之中,才能通过工程和技术认证委员会(ABET)的认证。美国职业工程师(P.E.)执照的考试中也包含了工程伦理的内容。其他国家如德国、日本等也在工程伦理学的研究方面取得了显著的成果。20世纪末期,我国台湾一些工科学校和专业相继开设了此课程。我国开展这方面的研究明显晚于发达国家,尤其是大陆工程伦理研究发展较慢。可喜的是,近年来学者们已经注意到了工程伦理的重要性,通过积极探索和研究,取得了一定的成果。北京科技大学于1999年开设了"工程伦理学"课程;西南交通大学于2000年开设了"工程伦理学"选修课。到现在越来越多的高校在相关专业开设了此课程。但一个现实问题也摆在我们面前,那就是工程伦理学的教材与其他学科相比数量较少,可选择性不强。

为了适应经济发展的要求,加强高等院校工科专业学生的素质教育,促进工程建设的良性发展,结合国家教材建设规划,中国高等教育学会工程教育专业委员会组织编写了此教材。

第2章　工程与伦理

学习目标

　　通过本章的学习,使同学们了解和掌握工程伦理的基本概念,包括工程、伦理、工程与技术的关系、工程共同体、工程伦理等;让同学们更加认识到工程、伦理以及工程实践中的伦理问题;让同学们能够运用工程伦理规范和基本思路解决生活中遇到的各种伦理问题。

引导案例

重庆石门嘉陵江大桥——"伤心桥"

　　【网络显示】在网络上搜索"重庆石门大桥",网民炮轰这座桥的帖子可谓是数不胜数。这座1988年竣工的大桥,由于在通车后不久就经常性地缝缝补补,不是换拉索就是补路面,被不少重庆人称为"伤心桥"。

　　【记者调查】重庆石门大桥的修补问题让重庆人很头疼,也是媒体一度监督报道的焦点。最近的情况是:2008年1月底,该桥的左半幅桥面维修铺设完工,但当双向车流转换到这半幅"新"桥面行驶几天后,大家就发现新桥面的沥青混凝土上有纵向裂纹,在2008年春节后,这半幅桥面更是出现了坑洞,露出路基的钢筋。

　　【有关部门调查】针对群众反映的修补问题,大桥经营管理方——重庆路桥股份有限公司曾公开给予答复:由于该桥斜拉索设计使用年限为20年,斜拉索达到设计年限以后,其性能已经有所退化,使用安全度和安全储存有不同程度的下降。2005年,重庆市有关部门曾组织相关技术和施工单位更换了36根拉索。后经市政府批准,石门嘉陵江大桥换索工程于2008年10月10日开工,到2010年上半年剩余180根拉索全部更换完毕,恢复正常通车。

　　而对于桥面的修补,大桥方面一直否认有重大质量问题,只是承认有赶工期的因素。记者最新从重庆得到的有关大桥安全问题的答复是:目前,石门大桥运行正常,符合安全标准。

　　(资料来源:佚名.网友曝各地问题桥:重庆石门大桥成"伤心桥"[N].京华日报,2011-07-19.内容有整理)

　　通过上述案例,同学们应用工程伦理知识分析,石门大桥为什么会反反复复修补?管理方从工程伦理角度去分析,石门大桥为什么一直出现修修补补情况?

2.1 工程概述

2.1.1 "工程"一词的由来

1."工程"在中国的往昔

"工程"一词由"工"和"程"构成。《说文解字段注》中解释"工,巧饰也"。又说:"凡善其事者曰工。"《康熙字典》集前贤之说,对"工"补充有:"象人有规矩也。"再看"程"字,"程,品也。十发为一程,十程为分""品,即等级""品评程"即一种度量单位,引申为定额、进度。《荀子·致仕》中有"程者,物之准"。准,即度量衡之规定。可见"工"和"程"合起来即工作(带技巧性)进度的评判,或工作行进之标准,与时间有关,表示劳作的过程或结果。"工程"一词出现在北宋欧阳修的《新唐书·魏知古传》中:"会造金仙、玉真观,虽盛夏,工程严促。"此处"工程"指金仙、玉真这两个土木构筑项目的施工进度,着重过程。清代钦定《工程做法则例》记录了27种建筑物各部尺寸单和瓦石油漆等的算料算工算账法。总之,中国传统工程的内容主要是土木构筑,如宫室、庙宇、运河、城墙、桥梁、房屋的建造等,强调施工过程,后来也指其结果。

2.西方 engineering 词义的发展

西方 engineering 词义的发展与工程师(engineer)紧密地联系在一起。西方 engineering 起源于军事活动,战争的设施是弩炮、云梯、浮桥、碉楼、器械等,那么其设计者就是 engineer。大约18世纪中叶,出现了一种新型工程师,他们工作的对象是道路、桥梁、江河渠道、码头、城市及城镇的排水系统等,于是出现民用工程(civil engineering),中国习惯称为土木工程。据中国工程学会的创始人之一吴承洛考证,1828年,英国伦敦民用工程师学会[the institution of civil engineering(London)]把 civil engineering 定义为"驾驭天然力源、供给人类应用与便利之术"。当时工程重事实,理论尚属幼稚,故谓之"术"。工业革命时期出现了机械工程、采矿工程。随着科学技术的发展,几乎每次新科技出现都会产生一种相应的工程,而且各门工程之"学理"亦日臻完备。工程不仅为技术而且也是科学,即 engineering sciences,于是 engineering 又增加一个"学科伦理"的含义。engineering 被美国职业开发工程师协会(the engineers council for professional development)定义为下面这些科学原理的创造性应用:"设计或完善结构、机器、器械、生产程序及单独或联合地利用它们进行的工作;如同充分理解设计一样制造和操作;预见它们在具体操作条件下的行为;顾及所有方面,预期的功能、运作的经济性及对生命财产的安全保障。"据《不列颠百科全书》解释,Engineering 范畴相对应的工程师职能分为:①research(研究);②development(开发);③design(设计);④construction(构建),构建工程师负责准备场地,选择经济安全又能产生预期质量的程序,组织人力资源和设备;⑤production(生产),是制造工程师的任务;⑥operation(操作),操作工程师控制机器、车间及提供动力、运输和信息交流的组织,他安排生产过程,监督员工操作;⑦management and other function(管理及其他职能)。总而言之,其主要内容总离不开研究与开发、设计与制造、操作及管理等方面。

3. 西方engineering引入中国

洋务运动时期,英国人傅兰雅及其合作者译述了几本题名"工程"的书,如《井矿工程》(1879)、《行军铁路工程》(1894)、《工程器具图说》、《开办铁路工程学略》等。其中最有代表性的是《工程致富论略》(1897),书中分13卷论述了铁路与火轮车、电报、桥梁开市集、自来水通水法、城镇开沟引粪法等民用工程。它们用"工程"对应着外来的"engineering",赋予汉字"工程"新的含义。1896年10月,张之洞在奏折中记载湖北武备学堂设有"操营垒工程"。北洋武备学堂在1897年增设"铁路工程科"。这表明当时一些新式学堂已开设有"工程"课程。在晚清官方文件中,"工程师"字样出现于1883年7月李鸿章的奏折中:"北洋武备学堂铁路总教习德国工程师包尔。"从题名"工程"的译著到"工程(学科)"及"工程师"字样在官方正式文件中的出现,表明engineering与"工程"的对译已进入标准规范阶段。詹天佑创立中华工程师会(1912年)之后,他们自称"工程师"。张之洞在《劝学篇》中还提到"工程学",他解释"矿学者兼地学、化学、工程学三者而有之"。可见他所称"工程学"主要是土木工程学,因为他所说的矿学指采矿之学,并非冶金,更非制造。张之洞的观念对清末"新政"的学制改革有最大的影响,后来学部(即教育部)在学科的划分基本上以《劝学篇》为纲。所以除"土木工程"门(系)外,其他如机械、化学等学科均不加"工程"二字。中国在学科名称中较多地使用"工程"而省略"工程学"的"学"字,大抵来源于欧美高等学校带有engineering名称的学科。如1921年交通大学有土木工程、机械工程、电机工程三科。不过,在20世纪30年代,作为严谨的学科名称,又加上"学"字,如西南联大工学院下分土木工程学系等。但作为课程名称,技术性的一般不加"学"字,如制冷工程等;理论性的加"学"字,如热力工程学(热工学)。

改革开放以来,高校学科、专业、课程名称又重新与西方接轨。"engineering"一词以前所未有的频率出现,一般均简单地译为"工程",而造成了今天"工程"名称的大泛滥。对工程与科学、技术等概念展开探讨的,首推钱学森先生。他把"systems engineering"译为"系统工程",强调"系统工程是工程技术"。他在构建其科学体系观时,特提"工程技术"而不单独提工程学科。钱先生把工程技术作为另一层次,意在突出其实践性和应用性,以及较"学"为低的"术"的地位。其科学的体系分为哲学、基础科学、技术科学、工程技术四层次。国外将技术科学界定为包括传统的工程学科、农业科学以及关于空间、计算机和自动化等现代学科的科学。在20世纪50年代,我国科学院划分出"技术科学"学部,其成员包括工程界杰出人物,因而技术科学包含工程技术。1994年又成立中国工程院,显示了对工程科学与技术的重视。另外在《自然辩证法百科全书》中,刘则渊撰写的"工程"与"工程科学"两词条都与engineering相对应,并对这两个概念都做了深入研究,并归纳出了各自特点。

2.1.2　工程理念

对于工程,我们并不陌生,比如我国的都江堰水利工程、万里长城、京杭大运河、埃及的金字塔、罗马的凯旋门等都是古人留下的伟大工程。20世纪40年代的曼哈顿工程、60年代的阿波罗登月工程,以及90年代的人类基因组计划工程,堪称现代世界三大工程。我国20世纪六七十年代完成的"两弹一星"工程、改革开放后建设的大亚湾核电工程、宝钢二期工程、中国铁路5次大提速工程,以及当下正在进行的探月工程、南水北调工程、西气东输工程等,创造了中国历史发展进程的神话。可以说工程活动塑造了现代文明,并深刻地影响着人类社会生活的各个方面。现代工程构成了现代社会存在和发展的基础,构成了现代社会实践活动的主要形式。

工程活动是人类利用各种要素的人工造物活动。工程既不是单纯的科学应用,也不是相关技术的简单堆砌和剪贴拼凑,而是科学、技术、经济、管理、社会、文化、环境等众多要素的集成、选择和优化。一切工程都是人去建造的,是为了人而造。因此,要建立顺应自然、经济和社会规律,遵循社会道德伦理、公正公平准则,坚持以人为本、资源节约、环境友好、循环经济、绿色生产,促进人与自然和人与社会协调可持续发展的工程理念。工程理念深刻地渗透到工程策划、规划、设计、论证和决策等各方面的各环节中,不但直接影响到工程活动的近期结果与效应,而且深刻地影响到工程活动的长远效应与后果。许多工程在正确的工程理念指导下,不仅成功而且青史留名。如公元前256年李冰主持修建的都江堰水利枢纽,科学分水灌溉,与生态环境友好协调,造就了"天府之国"。但也有不少工程由于工程理念的落后导致错误酿成灾难殃及后世。埃及建造的阿斯旺大坝使富饶美丽的尼罗河下游变成了盐碱地,甚至因此而荒漠化。造物就要做精品、造名牌,造福于人民。当代工程的规模越来越大,复杂性程度越来越高,社会经济、产业、环境的相互关系也越来越紧密,这就要求我们从"自然—科学—技术—工程—产业—经济—社会"知识价值链的综合高度,来全面认识工程的本质和把握工程的定位,在工程的实施和运行全过程中处理好科技效益、资源、环境等方面的关系,促进国民经济和社会生活的全面、协调、可持续发展。

什么是工程?怎样来理解和把握工程?李伯聪教授提出的"科学—技术—工程三元论"已被越来越多的专家、学者所接受。李伯聪把工程定义为"人类改造物质自然界的完整的全部的实践活动和过程的总和";而《2020年中国科学和技术发展研究》给出的定义则为"人类为满足自身需求有目的地改造适应并顺应自然和环境的活动"。我们把工程定义为"有目的、有组织地改造世界的活动"。这一定义中的限制词"有目的"把无意识地自发改变世界的活动排除在外。例如人们污染环境的行动虽然也改变世界,但不能称为工程。而环境工程是有目的地改善环境的活动,所以是工程的一种。另外,定义中的限制词"有组织"则把分散的个体活动排除在外。因此,原始人把野生稻改造为栽培稻不算工程,但"大禹治水"是组织很多人进行的,应是一种早期的工程活动。朱京强调"工程的社会性",这一社会性与本定义中的"有组织活动"应当是同义词。到目前为止,工程都是按照被改造的对象而命名的。世界分为自然界和人类社会,所以工程也可分为自然工程和社会工程,前者不妨称为"硬工程",后者不妨称为"软工程"。虽然工程的名称起源于硬工程,但把它推广到社会改造也是顺理成章之事,例如当前频繁出现的"希望工程""五个一工程""知识创新工程"等。按出现的次序,工程也可分为传统工程与现代工程。前者如土木、水利、建筑、机电、能源等,后者如材料工程、环境工程、生物工程、生态工程等。

在这里,我们可以把握工程这样几点内涵:第一,工程活动是从制定计划开始的,或者说计划是工程活动的起点。第二，实施（操作）是工程活动最核心的阶段，工程活动的本质是实践、是行动。第三，工程的决策理论和方法在工程的成败和工程哲学中具有特殊的重要意义。它涉及工程的自然要素、科学技术要素、环境要素、社会人文要素和价值要素等一系列要素，是工程伦理研究的核心问题。

2.1.3　工程管理

工程活动不仅受到工程理念、决策、设计、构建、组织、运行等过程的支配，也关联到资源、材料、资金、人力、土地、环境和信息等要素的合理配置。同时，一个工程往往有多种技术、多个方案、多种路径可供选择，如何有效地利用各类资源，用最小的投入获得最大的回报，实现在一定边界条件下的综合集成和多目标优化？必须在正确的理念指导下，对工程活动进行决策、计划、组织、指挥、协调和控制，亦即工程管理。它是围绕工程活动过程产生到发展的系列管理活动（包括工程决策管理、研发管理、计划管理、设计管理、施工管理、生产管理、经营管理、产品管理、产业管理和工程评价等）。这些管理的理论与方法系统化而形成工程管理学。

2.1.4　工程教育

中国高等工程教育的规模虽居世界首位，但毕业生普遍存在实践能力不足、知识面窄、创新能力差、职业热情缺乏等问题，致使许多企业对毕业生的满意度不高。同时缺乏具有战略眼光、系统思想和高综合素质的工程技术人才，又是导致我国能源利用率、矿产资源总回收率与工业用水重复利用率，分别约低于世界先进水平10%、20%与25%的主要原因之一。我们要遵循工程教育的特点和规律，努力提高工程教育的质量和水平，创建有中国特色的、世界一流的工程教育体系。

现代工程教育必须与现代工程发展相适应。随着科学技术学科的交叉、渗透与融合，现代工程的科学性、系统性、复杂性、集成性、创新性、社会性等特点更加突出，多学科交叉融合程度越来越高，综合集成创新功能日益强大，对工程师的观察视野、知识范围、实践能力不断提出了新的更高的要求。培养高素质工程技术人才的关键是拓宽专业口径与优化课程结构，核心是拓宽学生的知识面，使学生的知识结构文理渗透、理工结合。教学内容能兼容科学、技术、经济、文化、艺术、管理道德、环境、国际关系和社会发展等诸方面的理论与经验，体现时代的综合发展。人只有具备广博的人文社会科学、自然科学、文化艺术修养、国际交流与体育军事等通识知识，才能打好基础，造其无限发展之势。人只有具备多学科交叉与综合背景下的宽口径学科基础知识（包括工程科学、工程技术、工程管理知识），才能能力强，适应性广，撑起高耸凌云之志。人只有具有精深的专业技能（宽厚学科基础平台），才能有特长，适应社会不断发展的需要。这样，不仅有利于学生综合运用多种知识解决实际问题，为学生跨学科研究和实践做好准备，而且可让学生具有参与管理现代工程的领导、决策、协调、控制的初步能力和管理素质，同时也可使学生根据工程实际，掌握深入思考科学技术对社会、政治和经济影响的方法，为建造优秀工程打下思想基础。

现代工程教育要突出创新与和谐理念。首先,以创新为教学改革突破口,结合生产实际与专业前沿课题,开展深入的创新教育,不断提高学生勇于探索的创新精神和善于解决问题的实践能力。同时要高度重视可持续发展等先进工程理念、文化传统和社会责任的教育,增强学生服务国家、服务人民的社会责任感。工程教育回归实践,不仅是世界工程教育发展的共同趋势,更是探索具有中国社会主义特色的工程教育实践的迫切需要。主要是通过产学研合作办学、合作育人、合作发展等途径来提高学生的创新能力和实践能力。实践训练应由局部到全局,循序渐进,始终不断线。学生的综合素质与能力单靠课堂教学是难以得到培养和锻炼的,是不能内化成素质的,还要配套教学与生产相结合的实践创新教学体系。实验教学只有与生产实际相结合,才能充分体现其教育价值。生产企业、科研单位今天所进行的产品研究、开发、制造、试验、检验、使用、维修、改进创新工作,就是学生明天将要从事的工作。为此,建设与"产品研究—开发—制造—检测—使用—维修—改进"全过程相适应的CDIO(构思设计、实现、运作)工程模式专业实验室,由产品结构分析、产品性能提高、单项试验研究测试技术与产品创新等分室组成。这样,把分散在各门课程的实验与工程训练、科学研究实验有机地结合起来,坚持创新试验与生产实际相结合,将科研活动引入教学,加强学生的社会责任感、竞争意识、创新意识和综合实践能力培养。因此,工程教育一要树立顺应自然规律、经济和社会规律,遵循社会道德伦理以及公正公平准则,坚持以人为本、资源节约、环境友好、循环经济,促进人与自然和人与社会协调发展的工程理念。二要遵照科学规律开展创造性、构建性、设计性的工程思维活动,消除违背科学规律的幻想。注重追求工程知识价值与经济价值、社会价值、环境价值、伦理价值、美学价值、心理价值、人文价值融合的价值目标。三要追求美、弘扬美,成为美的工程。四要突出创新与和谐理念,拓宽专业口径与优化课程结构,拓宽学生的知识面,坚持产学研合作,注重学生实践能力培养。

2.1.5 工程思维

思维是宇宙中最复杂、最奇妙的现象之一。人的实践活动方式与内容直接影响着思维活动的各个方面,从而出现了与不同实践活动相应的思维方式。如科学实践、工程实践、艺术实践活动分别产生了科学思维、工程思维与艺术思维方式。科学活动、工程活动、艺术活动的任务、目的、本质、思维与现实关系的特征和思维特点见表1-1。

表1-1　科学活动、工程活动、艺术活动对比

项目类别	任　务	目　的	本　质	思维与现实关系的特征	思维特点
科学活动	研究和发现事物规律	发现、探索、追求真理	知识创新	反映性	抽象的普遍性思维
工程活动	人工造物	追求使用价值、创造价值	创造物质	创造性从无到有	具体的个别性思维
艺术活动	创造艺术作品	展现美感	创造美	创造美	设计个别

上述三种思维方式在思维与现实的关系上,有着异中有同、同中有异的复杂关系。然而,个人的具体思维活动是复杂的,不能笼统断定科学思维或工程思维就是科学家或工程人员的思维方式,而其他人就不运用这些思维方式。众所周知科学家发现(discover)已经存在的世界,工程师创造(create)一个过去从没有过的世界,艺术家想象(imagine)一个过去和将来都不存在的世界。科学家在进行反映性思维活动中(如发现科学定律),思维的对象已经存在于现实世界之中了,而工程师、艺术家在进行想象性思维活动中(如工程师设计太阳能飞机、作家写一本小说),思维的对象是现实世界中不存在的。这就是思维与现实关系中"反映性"关系与"创造性"和"想象性"关系的根本区别。与科学思维相比,工程思维注重科学性,遵照科学规律开展创造性、构建性、设计性思维活动,消除违背科学规律的幻想。这是因为:①任何违背科学规律的做法都是徒劳的,"永动机"是永远做不成的;②科学规律指出了理论上的限度和工程活动可能追求得到的目标,不能幻想达到违背科学规律的目标;③任何高新技术都是在自然科学的基础上发展的。与艺术思维相比,工程思维也具有想象性与艺术性,既注重目标和过程的想象,也追求美与弘扬美。工程思维渗透到工程理念、工程分析、工程决策、工程设计、工程构建、工程运行以及工程评价等各个环节之中,从而在很大程度上决定着工程的成败和效率。

2.1.6 工程活动的内涵

工程活动的内涵可以概括为"一个对象、两种手段和三个阶段"。

工程改造的对象可以是原始的自然物,如水利工程中的一条河流、矿业工程中的一座矿山、农业工程中的一种野生动植物,也可以是已经改造的东西,如机电工程中的钢铁等原材料。有的工程改造的对象可能不是单一的,例如建筑工程改造的对象既是一块土地,也有一批建筑材料。改造结果得到成品。工程实施后得到的成品一般是综合性的,例如水利工程建设的结果既是一条渠化了的河流,也包括大坝、隧洞等水工建筑物。机电工程实施结果得到定型产品,也包括制造工艺和生产流程等。

改造手段包括技术手段和管理手段。①技术手段。如果不包括个人的经验技术,则技术的含义是指工具技术和知识技术。从远古时期的石器和钻木取火,到今天的纳米技术和转基因技术,人类改造自然离不开工具。但知识技术含义已不能简单地归结为工具。现代技术又可区分为通用技术和专用技术、硬技术和软技术等。通用技术如信息技术和照相技术,不但在各种工程活动中都有用处,在人类生活中也广泛使用。专用技术则只在某一工程领域内得到应用,如水利工程中的水文分析、土木工程中的混凝土浇筑、机电工程中的模具制造等。数学是一门科学,但其中也有应用的内容,如应用数学和计算数学,它们的成果为工程的规划、设计提供了计算和分析的手段,这些可以称为软技术。同样,在物理学和化学中也有许多可以实际应用的软手段,这些手段一般称为方法。所以,硬技术就是工具,软技术就是方法。另外,很多现代技术可能是综合性的,例如CT技术,既包括扫描设备,也包括计算机成像软件。②管理手段。前面把工程定义为有组织地改造自然的活动,而不是自发的个人行动,因而管理手段同样是不可缺少的。管理手段也是多种多样的,如行政手段、经济手段和法律手段等。管理中当然也要用到各种技术,如运筹学、最优化方法和计算机管理软件,还有各种监测仪表等。这些技术一般是通用技术。

工程活动的三个阶段包括策划阶段、实施阶段和使用阶段。①策划阶段。这一阶段工程活动的内容包括可行性研究、规划、设计、调查、勘测、试生产等一系列前期工作。显然,各种工程都有自己的特点,具体内容不会一样。②实施阶段。这一阶段的活动内容包括施工、制造等,是工程活动的主体。③使用阶段。工程活动的成品,不管是房屋、道路、大坝,还是普通的机电产品以及操作规程、工艺流程等"软成品",都有使用、跟踪监测和维修问题。因此成品的使用应当是工程的继续。

探讨工程伦理问题,分析人类工程实践中出现的伦理困境,首要的是明确"工程"的概念。然而,在现代社会,人类的工程活动都要以技术为基础,对技术的选择和应用直接或间接地影响工程的进步及发展方向。因此,工程与技术密切相关。在讨论工程伦理的相关问题之前,必须先理清技术与工程之间的联系与区别。

2.1.7 工程哲学

工程哲学(engineering philosophy)是改变世界的哲学,主要是探索人们什么不能做、什么能做和应该怎样做的问题。如运用哲学的智慧去把握和处理好所用技术的先进性和成熟性、引进技术与自主创新、质量和造价及进度的关系问题,工程建设与生态保护问题,竞争与合作、保密与交流等多重关系问题等,可使人们在工程活动中少走弯路,提高效率和效益。自从人类有了生产活动以后,由于不断地与自然界打交道,客观世界的系统性便逐渐反映到人的认识中来,从而自发地产生了朴素的系统性思想,反映到哲学上来就是把世界当作统一的整体,从而认为世界是由无数相互关联、相互依赖、相互制约与相互作用的过程所形成的统一整体。所以,做事要善于从天时、地利、人和等方面进行整体分析,达到最佳效果。自然界物质自身的运动、变化与发展过程及其结构的层次性与无穷性,决定了我们认识自然规律、实现工程最佳化必然是循序渐进、逐步逼近的,这就是优化设计、优化试验、寻找最佳方案的哲学基础。绝大多数的优化方案,都不是一次就找到的,必须通过逐步逼近的途径才能得到最佳效果。工程技术中充满着辩证法,高层建筑和大型桥梁静不定结构的问题、热力设备的热平衡过程,都是辩证法的生动实例。如上海"东方明珠"电视塔的最大摇摆幅度大约有1米,它一直在摇摆,摇摆才能稳定。如果不让它动,大风来了,反而要折断了,而静不定恰恰是最稳定的。又如根据绝热原理,将高温冶金炉衬用绝热材料制成,可是越是绝热,炉内壁温度越高,熔蚀也越快,绝热材料消耗就越多。后来想明白了这是一个热平衡过程,需要把一部分热量散走,使得绝热材料承受的温度不超过它的熔蚀点,这样绝热材料就可以"长寿"。工程活动的核心是创新,违背了辩证法,就不可能有新突破。每一项新技术的产生,都来自人类对客观事物规律认识能力的提高,呈现出否定之否定的发展规律。

2.1.8　工程文化

一切工程活动都是在自然—人—社会的三维场域中进行的,工程活动与文化的交集形成工程文化。通常,工程文化是指工程人群共同体(工程决策者、投资者、工程师与工人等)各成员之间在工程活动中所体现的共同语言、共同风格与共同的办事方法(包括工程理念、决策程序、设计规范、生产条例、建造方法、操作守则、劳动纪律、安全措施、审美取向、环保目标、质量标准、行为规范等)。显然,工程文化因工程活动的地域、民族、环境、时代、行业背景与企业传统的不同,而呈现出地域性、民族性、时间性、行业性等特征。如中国的长城、埃及的金字塔、澳大利亚的悉尼歌剧院既是雄伟的建筑,也是民族文化的象征。审美是工程文化的主要内容之一,工程美不仅是工程结构外在形式的美,还应能充分表达和谐、愉悦的感受。各类工程都要从结构的合理性、建造的艺术性、整体运行的有效性及与环境的融洽性等方面来追求美、弘扬美、检验美,让"工程中存在美""工程要创造美"的理念落到实处,使各类工程都能成为美的工程。工程问题的求解是非唯一性的,如桥梁工程,不仅建桥地址不是唯一的,而且桥梁的结构、材料、架桥技术与施工方案都不是唯一的,这就为设计与决策提供了创造文化、艺术的广阔空间。同时,也会出现平庸的或拙劣的决策。好的工程往往是优秀文化的载体与美的展现,也是先进工程理念和工程人群共同体整体素质高的具体标志,尤其是工程师敢于探索的创新精神、深厚的文化底蕴、坚实的工程科学基础与高尚的艺术素养的体现。

工程文化强烈地影响着工程的未来发展蓝图。工程师既要有文化,又要受到艺术的熏陶。工程教育必须与人文科学和艺术熏陶相结合,以激发学生的求异思维和发散思维,提高学生的综合能力,这些都是创造工程美的基本前提。人类将面临更多的资源问题和环境问题,工程师不仅要改造物质,而且要促进整个人类进步。工程教育必须注重工程道德教育,使未来的工程师能自觉遵照人道主义、生态主义、安全无害等原则,做到既尊重自然,也注重人类后代的生存权和发展权。

2.2　伦理与道德

英语中"伦理"概念(ethics)源于希腊语的 ethos,"道德"(moral)则源于拉丁文的moralis,且古罗马人征服了古希腊之后,古罗马思想家西塞罗是用拉丁文 moralis 作为希腊语 ethos 的对译。由此可见,这两个概念在起源上的确密切相关,都包含传统风俗、行为习惯之意。此后这两个概念的含义发生了一定的变化,"道德"(moral)一词更多包含了美德、德行和品行的含义。因此,尽管"伦理"一词经常与"道德"这个概念关联使用,甚至有时被同等地加以对待。但人们也注意到两者之间存在的差异。比如德国哲学家黑格尔就认为,道德与伦理"具有本质上不同的意义"。"道德的主要环节是我的识见、我的意图;在这里,主观的方面,我对于善的意见,是压倒一切的。道德是个体性、主观性的,侧重个体的意识行为与准则、法则的关系,伦理则是社会性和客观性的,侧重社会"共体"中人和人的关系,尤其是个体与社会整体的关系。较之道德,伦理更多地展开于现实生活,其存在形态包括家庭、市民社会、国家等。作为具体的存在形态,"伦理的东西不像善那样是抽象的,而是强烈的、现实的"。从精神、意识的角度考察,道德是个体性、主观性的精神,而伦理则是社会性、客观性的精神,是"社会意识"。

在中国文化中,"伦理"的"伦"既指"类"或"辈",又指"条理"或"次序",常常引申为人与人、人与社会、人与自然之间的关系。"理"即道理、规则。顾名思义,"伦理"就是处理人与人、人与自然的相互关系应遵循的规则。"道德"这个概念则可追溯到中国古代思想家老子的《道德经》,老子说:"道生之,德畜之,物形之,势成之。是以万物莫不尊道而贵德。道之尊,德之贵,夫莫之命而常自然。"其中,"道"可引申为自然的力量及其生成变化的规则与轨道,"德"则意味着遵循这种规则对自然的力量善加利用,唯此方可更好地在自然之中生存与发展。

把"伦理"与"道德"关联起来看,这两个概念的区别在于"道德"更突出个人因为遵循规则而具有"德行","伦理"则突出之依照规范来处理人与人、人与社会、人与自然之间的关系。两者的共同之处在于,伦理与道德都强调值得倡导和遵循的行为方式,都以善为追求的目标。就其表现形式而言,善既可以取得理想的形态,又展开于现实的社会生活。善的理想往往具体化为普遍的道德准则或伦理规范,以不同的方式规定了"应当如何"——"应当如何行动(应当做什么)"——"应当成就什么(应当具有何种德行)"——"应当如何生活"等。进而,善的理想通过人的实践进一步转化为善的现实。"应当"表现为人和人之间相互关系的要求和道德责任,从而引申出"应当如何"的观念和伦理规范。伦理规范"反映着人们之间,以及个人同个人所属的共同体之间的相互关系的要求,并通过在一定情况下确定行为的选择界限和责任来实现",它既是行为的指导,又是行为的禁例,规定着什么是"应当"做的,什么是"不应当"做的,因而同时也就规定了责任的内涵。

伦理规范既包括具有广泛适用性的一些准则,也包括在特殊的领域或实践活动中被认为应该遵循的行为规范,或者那些仅适用于特定组织内成员的特殊行为的标准。后者往往与特殊领域的性质和行为特点密切相关,是结合所从事的工作的特点,把具有一定普遍性的伦理规范具体化,或者从特殊工作领域实践的要求出发,制定一些比较有针对性的行为规范。我们所讨论的工程伦理,就属于工程领域中的伦理规范。

根据伦理规范得到社会认可和被制度化的程度,我们可以把伦理规范分为两种情况。

一是制度性的伦理规范。在这种情况下,伦理规范往往得到了比较充分的探究和辩护,形成了被严格界定和明确表达了的行为规范,对相关行动者的责任与权利有相对清晰的规定,对这些行动者有严格的约束并得到这些行动者的承诺。比如,对医生、教师或工程师等职业发布的各种形式的职业准则大体上属于这种情况。

二是描述性的伦理规范。在这种情况下,人们只是描述和解释应该如何行为,但并没有使之制度化。描述性的伦理规范往往没有明确规定行为者的责任和权利,因此可能在一些伦理问题上存在不同程度的争议。同时,描述性的伦理规范也比较复杂,其中既可能包括对以往行之有效的约定、习惯的信奉和维护,也可能包括对一些新的有意义的行为方式的提倡。因此,同制度性的伦理规范相比,描述性的伦理规范并不总是落后的或保守的,对其中在实践中形成的有价值的、合适的新的行为方式,在一定条件下经过进一步的探究和社会磋商,有可能成为新的制度性的伦理规范。

另一个需要重点探讨的概念是伦理,"伦理"通常与"道德"这个概念关联使用,甚至"这两个词常常被相互替换地使用"。但实际上,这两个概念既密切相关,又有一定的区别。在本节中我们将具体探讨道德与伦理概念的关系,分析不同的伦理立场,可能出现何种伦理问题,以及面对伦理选择时一般应注意的问题。

伦,即人与人之间的关系;理,即道理、规则。通常谈到伦理,就会与道德联系在一起。"伦理"与"道德"二词的英文对等词分别是"ethics"及"morality"。不过,"ethics"是个多义单词,它除了指某种规范系统之外,亦指对于这类规范的研究;就前一意义而言,可译为"伦理",就后一意义来说,则应译为"伦理学"。"morality"则较单纯,它仅指某种规范系统,相关的研究即称为"道德哲学":philosophy of morality 或 moral philosophy。严格说来,伦理学包含的范围要比道德哲学广。伦理学根据不同的研究进路可分为三种:描述伦理学(descriptive ethics)、规范伦理学(normative ethics)及元伦理学(meta ethics)。描述伦理学主要对于某一社会或某一文化中实际运作的规范进行实然的陈述,通常为社会学家、人类学家、历史学家所关心。传统哲学界关心的是找出一套普遍有效的应然规范,指出什么是真正的善恶对错,这就是规范伦理学的研究重点。20世纪的哲学家又发展出后设伦理学,承袭语言分析的学风,着重分析道德语词的意义及道德推理的逻辑。伦理的意义:人伦常理应该作为一种长期稳定的社会道德领域的一种价值观念而存在,维护已存在又合乎大众的伦常理范与我国当下强调构建的和谐社会的理念是殊途同归的。一旦伦理意识有很大程度改变,那么最终就会对与之相存的社会环境进行相应的影响,这种影响可以是向好的方向前进,也可能向坏的一面腐蚀。

现在一般认为,伦理学,又称道德哲学,是哲学的一个分支,是关于道德的。有人认为,伦理学研究什么是道德上的"善"与"恶"、"是"与"非",它的任务是评论并发展规范的道德标准,以处理各种道德问题。还有人认为,伦理学是探讨善、义务、责任、美德、自由、合理、选择等实践理性问题的学问。通常,我们可以把义作为研究道德问题的学问。既然伦理学是研究道德的,那么,什么是道德呢?有一种倾向把道德等同于价值。按照这种理解,道德是关于对与错、好与坏、应当遵循规则等问题的。但是,这个定义是不确切的,因为这种说法除了含有道德方面的意思外,还有非道德方面的含义。应当指出,伦理问题、道德问题,严格来说不完全等同于应当或不应当、对或错、好或坏的问题。只有在道德上,应当或不应当、好或坏、对或错的问题才是道德问题,才是伦理学问题。而道德的(或伦理的)价值只是价值中的一种;道德评价只是价值判断中的一种。

总之,道德判断是关于什么是在道德上正确的或错误的,或者道德有价值或有害的,以及道德上应该或不应该做的。按照一般伦理学的理解,说一个行为是属于道德(伦理)性质的行为,这个行为必须是具有自我意识的人的行为,是经过道德主体自主意识抉择并具有社会意义的行为。也就是说,判断一个行为是否具有道德行质,就是看它是否具有以下三个基本特征：①道德行为是否是基于自觉意识而做出的行为。这里的自觉意识包含两种意义：其一是指对行为本身要有自觉意识；其二是指对行为的意义、价值有所意识。②道德行为是否是自愿、自择的行为。所谓自愿、自择，就是意志自抉。这里也包含两方面的意义：一方面是要有意志自主、自愿；另一方面是依据一定的道德准则，出于对道德准则的"应当"的理解。③道德行为不是孤立的个人意志的表现，而是与他人意志有着本质联系的行为。也就是说，是与他人和社会的利益相联系的行为，是具有社会意义的行为。如果我们用论证的理由来判断一个问题是否属于伦理性质，即用以论证关于道德问题和道德理想的判断的理由来规定道德问题和道德理想的属性，那么，这个问题就容易弄清楚了。道德理由明显不同于我们在论证其他类型的价值判断时的理由。例如，如果问人为什么应当刷牙，答案是健康和社交礼貌方面的理由，那么这不属于伦理问题；如果问为什么一幅画是好的，答案在于这幅画的线条、颜色、和谐、象征意义等，那么这也不属于伦理问题。在这两个例子中，为支持命题而给出的这些理由明显地说明这些命题是非道德性质的判断。同样，如果仅仅因为一个工程设计满足了所有的规格就说它是好的，那么我们是就工程的技术价值而言的，而不是就其道德价值而言的，在这里是技术方面的理由而非道德方面的理由在起作用。当然，技术规格也可能含有道德内容，例如要求产品是安全的、可靠的、容易维修的，以及对环境友好等规格就具有道德内容。

伦理学基本问题的观点主要包括：①道德和利益的关系问题，包括经济利益与道德的关系问题；个人利益与社会利益的关系问题。②善与恶的矛盾及其关系问题。③道德与社会历史条件的关系问题。④应有与实有的关系问题。⑤伦理与利益的关系问题。⑥道德规范与意志自由的关系问题。⑦道德观的问题，包括道与德、义与利、群与己的关系问题。⑧人的发展及个体对他人和社会应尽义务的问题。伦理学基本问题的构成要件是：基本问题是本学科独有的问题；对此问题的回答决定对其他问题的回答；对此问题的回答体现了伦理学的基本立场，决定着诸流派的划分；基本问题具有永恒价值，对它的探讨不可穷尽。以此标准来回顾和批判以往有代表性的观点，可以发现，将道德与利益的关系定位成伦理学的基本问题，是对哲学基本问题的翻版，容易导致将利益物质化和将道德视为第二性的庸俗唯物主义，社会财富的高低和个人利益的多少不能决定道德水平的高低，将道德与利益铸在一起是经济学的观点；善与恶的关系问题只能算作一般问题，而不是基本问题。综上所述，义务与利益的关系问题是伦理学的基本问题。其中义务涉及群己关系，利益涉及个人发展。

2.3　工程伦理的蕴含

工程活动是人类一项最基本的社会实践活动，其中涉及许多复杂的伦理问题。今天，我们已经生活在一个人工世界中。工程和科学一起，使人类具有了前所未有的力量。它们在给我们带来巨大福祉的同时，也使我们遇到了众多的风险和挑战。工程伦理问题实际上已成为我们这个时代的诸多问题之一。

2.3.1　工程伦理的起源

由于工程直接关乎人们的福利和安全,在古代,工匠的活动要受到伦理和法律的约束。中国古代的匠人们把道德良心当作发挥工艺技能的基础或前提,而在著名的《汉谟拉比法典》中,则有对造成房屋倒塌事故的工匠进行严厉处罚的规定。直到18世纪,工程(engineering)一词在欧洲都主要是指战争武器的制造和执行服务于军事目标的工作,因而工程师的主要义务是服从。尽管在18世纪已有公共设施建设的兴起,乃至后来机械、化学和电力工程等领域的发展,但是都没有改变这种状况,因为它从属于仅有的企业体制中,除了追求效率以外,似乎没有独立的价值取向和职业行为准则。

19世纪末到20世纪初,桥梁学家莫里森(G.S. Morison)等人提出:"工程师是有着广泛责任以确保技术改革最终造福人类的人。"然而,在20世纪初的西方工业发达国家,各工程师专业学会在制定自己的伦理准则时,还主要是强调对雇主的义务。主题的最初转变是在第二次世界大战末期。原子弹投放的毁灭性后果和纳粹医生的罪行引起了科学家的反思。在这一背景下,美国工程师专业发展委员会(ECPD,后来成为工程和技术认证委员会ABET)在1947年起草的第一个跨学科的工程伦理准则中,对工程师提出了"对公众福利感兴趣"的要求。

20世纪七八十年代起,工程伦理学作为学科或跨学科研究领域蓬勃发展起来。1980年,在美国首次召开了关于工程伦理学的跨学科会议。美国的工程伦理研究主要从职业伦理学的学科范式入手,结合案例分析,探讨工程师在工程实践中可能面对的道德问题和如何做出选择。这一研究还与技术评估的实践相互促进。注重工程伦理教学也是美国工程伦理学发展的重要方面。美国工程和技术认证委员会要求工程学科的教育规划中必须包括工程伦理的内容。1996年起,他们还把工程伦理的内容纳入注册工程师"工程基础"的考试中。如果说,美国的工程伦理研究由于分析哲学和经验主义背景的影响而在微观上十分深入(注重案例分析是他们的一大优势),相比之下,德国的研究则依托了实践哲学的发展而显示出不同的风格。一般说来,在德国,人们并不对工程与技术做明确的区分。

20世纪70年代初,伦克(H.Lenk)和萨克塞(H.Sohs)等人就提出了对技术发展的人道的和理性的评价问题,道德责任以及与新的社会总的状况相符合的价值观等"已成为日益紧迫的和开放性的问题",从而进入有责任感和善于反思的设计人员的视野。德国的技术伦理研究更多地着眼于工程和技术伦理问题的解决原则和战略选择,重点是伦理责任和技术评估问题。德国工程师协会(NDI)颁布的《工程伦理的基本原则》旨在帮助工程技术人员提高对工程伦理的认识,为他们的行为提供基本的伦理准则和标准,在责任冲突时提供判断的指南和支持,以及协助解决与工程领域有关的责任问题的争议,保护工程技术人员;同时要求工程师对他们的职业行为及其引起的后果负责,对职业准则、社会团体、雇主和技术使用者负责,尊重国家制定的、与普遍道德原则不相违背的法律法规,明确自己对技术的质量、安全性与可靠性的责任,发明与发展有意义的技术和技术问题的解决办法。他们还将"人与技术"的关系纳入技术评估大纲,并专门成立了相应的委员会,德国工程师协会3780号文件建议用个性发展、社会质量、舒适、环境质量、经济性、健康、技术功能、安全性等八大价值取向来表示技术与社会之间的复杂联系。还有一些国家也进行了类似的理论和实践的探索。

工程伦理之所以兴起于20世纪70年代,显然与当时人们对环境破坏、核威胁等问题以及一些重大的工程事故,如斑马车油箱事件和DC-10飞机坠毁事件的关切紧密相关。但是如果仅仅把它简单地看作对工程和技术发展的"副作用"的回应,乃至只是要对科学家和工程师进行道德约束,还是肤浅的。科学技术在今天已经成为一种无比巨大的力量,它以空前的速度在发展着。但是科学和工程并不就是自然而然地造福人类的,它们的发展又内在地具有不确定性并使我们处于风险之中。然而我们对今天的科学技术和它们引发的各方面的变化还缺乏深刻的理解,我们的制度、法律、道德实践等也都还不能够跟上这种发展,不足以合理地运用和引导这种巨大的力量。这些比起"副作用"来更能说明问题的根源。正像美国国家工程院院长沃尔夫(W.A.Wuif)所指出的,当代工程实践正在发生深刻变化,带来了过去未曾考虑的针对工程共同体的宏观伦理问题,这些问题令人类越来越难以预见自己构建的系统的所有行为,包括灾难性的后果。由此,工程将成为一个需要更加密切地与社会互动的过程,工程师共同体和伦理学家共同体必须参与对话,共同解决现代工程技术带来的根本问题。

2.3.2　工程伦理的跨学科交叉融合

人们常常把工程伦理学等同于工程师的职业道德。职业道德是工程伦理学的基本层次,但远不是它的全部。从宏观上说,自觉地担负起对人类健康、安全和福利的责任,是工程伦理学的第一主题。例如,美国工程师专业发展委员会(ECPD)伦理准则的第一条就要求工程师"利用其知识和技能促进人类福利",其"基本守则"的第一条又规定"工程师应当将公众的安全、健康和福利置于至高无上的地位"。德国工程师学会的《工程伦理的基本原则》又被称为关于工程师特殊责任的文件,文件开宗明义即指出:"自然科学家和工程师是决定未来发展的重要力量,对我们的日常生活施加积极和消极的影响……专业的工程领域对施加这些影响具有一种特别的责任。"上述准则还包括了"工程师应明白技术体系对他们的经济、社会和生态环境以及子孙后代生活的影响""有义务发展理性的和可持续发展的技术体系"等条款。世界工程组织联合会(WFEO)也把承担可持续发展的责任、寻求人类生存中所遇到的各种问题的解决方法作为自己的基本宗旨。2004年第二届世界工程师大会的《上海宣言》宣布"为社会建造日益美好的生活,是工程师的天职"。《上海宣言》把"创造和利用各种方法减少资源浪费,降低污染,保护人类健康幸福和生态环境""用工程技术来消除贫困,改善人类健康幸福,增进和平的文化"作为自己的责任和承诺,以及工程技术活动的目标。显然,这是一种扩展了的、普遍化的也是更为积极的责任观念。它超出了那种只是把伦理责任看作一种担保责任和过失责任,并立即指向对少数过失者或责任人的追究的狭隘理解。美籍德裔学者汉斯·尤那斯率先从哲学上研究了科学技术活动的伦理责任问题,为解决当代人类面临的复杂课题提供了一些适当且重要的原则。科学技术力量的强大、它们的发展以及后果的不确定性,使我们置身于巨大的风险之中,这才是我们试图提出责任伦理的根本原因。我们生活在一个日益人工化的世界中,人工安排(包括按照技术理性和方法设计的社会环境)以及人类活动影响下的自然已取代原有的自然,构成了我们生存的基本环境。这样的环境系统还具有脆弱性和易受攻击性。这些因素和其他一些因素,例如人类对自然的干预和开发已臻于某种极限,多数人都在使用技术而很少理解它等,与经济的、政治的因素一起,共同把我们的社会推入一个"风险社会"。这就要求我们超越对科学技术负面作用的纠缠,以一种更为积极、主动和前瞻性的态度,去解决当前人类面临的诸多重大问题,并且把责任扩大为人类的集体责任,通过政府、企业、公众与科学家、工程师携手合作,共同引导科学技术和经济社会的发展。

2.3.3　工程伦理是一种实践伦理

当我们着手对一项工程或一种新技术的可行性进行分析,或试图去解决某个伦理冲突,或提出某种规范时,都要首先确定事实,然后运用社会的公共道德和伦理学理论来对自己的判断做出论证和辩护,以使人们可以达到共识。在工程伦理学中,最常用到的伦理学理论和方法有两类:目的的(ethics of ends,亦可称后果的)和义务的(ethics of duty)伦理学。后果论的好处是关注一个决定对人们的实际影响。它顺应现实,并要求对世界和人的行为本身有正确的认识。它的主要问题是,缺乏可用来权衡一种结果胜于另一种结果的标准。此外,尽量全面地发现并确定我们的行为可能产生的结果,无论如何是个困难的任务。义务论的好处是它的出发点清晰明确,工程伦理学中"尊重人的伦理学"可以看作义务论的表现。义务论的主要问题是对于结果的不敏感。科学技术和资本主义的发展,乃至今天人类遇到的各种挑战,都使后果论方法受到更多的关注。然而义务论也可以用来补充后果论的不足,反之亦然。

总之,两种理论和方法各有其适用的情境和限度。人们在解决伦理问题时,往往把它们结合起来。但工程实践中的伦理难题不是简单地搬用原则就可以解决的。把工程伦理学称为一门"实践伦理学",以区别流行的"应用伦理学"。因为在这里,"应用"是一个容易引起误解的说法。近代以来流行的理论与实践关系的二元论以及重理论、轻实践的观念往往把应用理解为首先获得一种纯理论的知识,或者从这种知识中制定出一个普遍有效的行为原则,然后把它现成地搬用到一个特殊的情境中去。这种看法没有正确把握理论和实践的关系,尤其是没有把握实践的特征和丰富内涵。实践伦理开始于问题,即那些生活、实践中提出的而以往的伦理原则不能直接回答的问题,或原则之间的冲突与对抗,其目的也首先是要解决问题(事实上,20世纪60年代以后伦理学向应用或实践伦理学的转变,正是缘于大量困扰着今日世界的道德的、社会的、政治的难题,缘于人类生存发展的共同问题)。实践的判断和推理也不同于理论的,它不是简单的逻辑演绎,而是包含着类推、选择、权衡、经验的运用等的复杂过程;其结果也不是抽象的普遍性,而是丰富的具体,是针对问题情境的"这一个"。

因而,实践的推理是综合的、创造性的,它把普遍的原则与当下的特殊情境、事实与价值、目的与手段等结合起来,在诸多可能性中做出抉择,在冲突和对抗中做出明智的权衡与协调。对"理论或原则的应用"的理解也不同于以往:由于我们面对的是新的现象,在实践推理中,我们总是往来于对情境的理解和对原则的理解之间,根据当下的情境来理解原则,又依据原则来解释和处理这些情境。这需要一种实践的智慧而不只是逻辑的运用。上述过程并不只是"思",同时也是"做",是行动。实践推理(或实践的伦理)不仅是导向行动的,而且是"行动中的"。当代许多伦理学家都十分强调对话,不同的社会角色、各种价值和利益集团的代表(包括广大公众)的参与、对话并力求达到共识是解决工程伦理问题的最重要的环节。

2.3.4　工程伦理的研究范围

工程伦理的英文为 engineering ethics。与 ethics 具有"伦理学"和"伦理道德"两种含义相对应,engineering ethics 也具有以下两种含义:

首先,从伦理学是一种研究的活动和领域这个方面看,它是理解道德价值、解决道德问题和论证道德判断的活动,以及由这种活动形成的研究学科或领域。与之相应,工程伦理学是旨在理解应当用以指导工程实践的道德价值、解决工程中道德问题以及论证与工程有关的道德判断的活动和学科。具体来说,工程伦理是应当被从事工程的人们同意的经过论证的关于义务、权利和理想的一套道德原则,发现这样的原则并将它们应用于具体的情形是工程伦理学学科的中心目标。美国学者 Albertore 提出,工程伦理学"是从事工程专业的人们的权利和责任"。

其次,从"伦理"一词被用于指一个人或一个团体或社会机关道德所表现出的特定的信念态度和习惯这个方面看,它是指人们在道德问题上的实际观点。与伦理的这种含义相对应,工程伦理就是当下接受的各个工程师组织和工程学会所批准的行为准则和道德标准以及工程师个人的道德理想、品质、观念和行为。例如,Donwilson 认为工程伦理"是被(工程)这一职业接受的与工程实践有关的道德原则"。这里需要指出,由于人们对伦理学有不同的理解,对于工程伦理学的研究范围也产生了不同的理解。美国哲学家 Jadd 认为,追求专业伦理准则是种"理论上和道德上的混淆"。他主张把工程学会所制定的伦理准则排除在工程伦理学的研究范围之外。美国工程师及哲学家佛罗曼把伦理等同于个人的道德观念、个人的良心,认为工程师个人的道德良心没有普遍的共同点,仁者见仁智者见智,不如法律和工程标准那样具有客观性和可操作性。所以,他主张解决工程中的社会问题要靠法律、技术规章以及政治过程,而不是靠伦理道德。

工程伦理学研究范围包括下列两个层次的道德现象:①工程师个人的道德观念、道德良心、道德行为;②工程组织的伦理准则(这是伦理的制度化、结构化和外在化表现)。一方面要对它们进行描述性研究,弄清楚它们的现实状况、具体含义;另一方面,诉诸各种基本伦理理论对上述道德概念、道德行为和标准、制度进行分析、论证或批判。如果把工程(科学技术)与伦理道德看作两个相对独立的自成体系的系统,它们之间实际上是相互作用的互动关系。工程伦理学研究不能仅仅拿既定的道德范畴、规范、原则一成不变地去套用工程活动。在工程发展的过程中,伦理观念、行为规范也要随之发生变化。所以,在工程伦理学研究中要保持一种相互关照的双向走势:一方面,从伦理到工程,用伦理道德分析约束工程实践的发展,使之更好地为人类造福;另一方面是从工程到伦理的方向,要研究工程发展对伦理道德的影响,相应改变陈旧的伦理观念。尽管还没有人在理论上对工程伦理学内容进行这样的概括,但是,在已有的工程尤其是技术与伦理问题的研究中,实际上这样两种走势都已经存在。例如,德国和美国学者对伦理学中"责任"概念随着科技发展的不同阶段而相应变化的情况进行了考察。这种走向的研究常常在"工程的伦理含义"(ethical implications of engineering)这样的标题下进行。例如研究基因工程生命技术对人、生命的定义的影响等。另外,美国的大多数工程伦理学教材则按照美国工程教育机构ECPD对工程课程的要求,侧重向工程学生传授工程专业的伦理准则及其具体应用。这种研究范式往往以"工程中的伦理问题"(ethics in engineering)的名义进行,以特定的伦理理论、伦理标准来分析、解决工程专业活动过程中所发生的伦理现象、涉及的伦理问题。

因此,工程伦理学一方面概括指出工程发展突显的责任在伦理学中的重要性,另一方面也探讨工程师要承担什么责任等问题。从逻辑上讲,工程伦理学问题研究的思路大致可以这样表述:以工程实践作为逻辑起点,工程的发展出现新的情况、产生新的问题,要求伦理道德(道德观念、规范和实践)做出相应的变化和调整(具体表现可以是使原有的道德范畴的含义发生变化,引进新的范畴,道德规范适用的情况发生变化,伦理体系的结构、重点发生变化等),这些新的伦理反应不会局限在自己的领域内,它反过来对工程实践的主体及活动进行引导、控制、约束和调整,这样形成一个完整的循环。

由此看来,工程伦理学的研究对象主要是工程师,但是又不限于工程师。工程伦理学在范围上要比工程师伦理学宽。工程伦理学还适用于由其他从事或控制技术事业的人们,包括科学家、经理、生产工人和他们的监督者、技术员、技术作家、销售人员、政府官员、被选举的代表、律师以及一般公众做出的决策。对工程伦理学研究问题的范围的把握,还可以区分工程活动中的伦理问题和工程师在从事专业活动以及作为社会公民因其特殊专业技术知识而履行社会角色(如进行政策咨询、法庭作证、参加环境运动等社会活动)时发生的伦理问题。

2.3.5　不同的伦理立场

伦理规范在人类社会生活中是否值得应用、如何得到应用? 什么是好的、正当的行为方式? 对问题的思考和争议由来已久,而且形成了不同的伦理学思想和伦理立场。大体上我们可以把这些伦理立场概括为功利论、义务论、契约论和德行论。

1.功利论

伦理思想可以追溯到古希腊的伊壁鸠鲁等人,他们把正当的行为视为追求幸福和快乐的行为。但功利论被发展成为系统的、有影响力的伦理学理论,是在18世纪和19世纪。其主要代表人物是英国思想家穆勒(John Stuart Mill)和边沁(Jeremy Bentham)等。

功利主义者认为,一种行为如有助于增进幸福,则为正确的;如果导致了与幸福相反的东西,则为错误的。同时他们强调幸福不仅涉及行为的当事人,也涉及受该行为影响的每个人。最好的结果就是达到"最大的善",只有当一个行为能够最大化善时,它才在道德上是正确的。功利论聚焦于行为的后果,以行为的后果来判断行为是否是善的。功利论也被称为后果论或效益论,其本质的特点是它对后果主义的承诺和它对效用原则的采用。

在工程中,"将公众的安全、健康和福祉放在首位"是大多数工程伦理规范的核心原则,功利主义是解释这个原则最直接的方式。一方面,它以成本—效益分析方法帮助工程师对可供取舍的行动及其可能产生的结果进行比较和权衡,然后把这些结果与替代行为的结果在相同单位上进行比较,以便最大限度地产生好的效应。同时,通过对以往人类关于什么类型的行为使效用最大化的经验进行总结,为形成伦理规范提供了基于过去经验的粗略的指导。例如要求工程师"在职业事务上,做每位雇主或客户的忠实代理人或受托人,避免利益冲突,并且绝不泄露秘密"。另一方面,当在特定场合不这么做将产生最大善的时候,这些规则可以修改乃至违背,不做损害雇主和客户利益的事,除非更高的伦理关注受到破坏。当一套最优的道德准则产生的公共善大于别的准则(或至少与别的准则一样多)时,个人行为就可在道德上得到辩护。

2. 义务论

义务论者更关注人们行为的动机,强调行为的出发点要遵循道德的规范,体现人的义务和责任。对义务或责任的强调,同样可以追溯到古代的思想家,比如中国春秋时期的儒家伦理思想就倡导要"取义成仁",不能"趋利忘义",认为"君子喻于义,小人喻于利"。西塞罗在《论义务》一书中,以父母和子女的天然情感为基础,认为公民对祖国的爱是最崇高的,并主张将仁爱与公正推广到一切民族。直到18世纪和19世纪,经过霍布斯、洛克、卢梭和康德等人的探讨,义务论的思想不断丰富,形成了比较系统的伦理学思想。

如果说功利论聚焦于行动的后果,那么义务论则关注的是行为本身。义务论者强调,行为是否正当不应该仅依据行为产生好的后果来判定,行为本身也具有道德意义。行为本身或行为所体现的规则是否遵从了道义或道德准则,可以帮助我们判断行为是否正当。因此,义务论也被称为道义论。总体上看,义务论反对把"人"作为获得功利目的的工具或手段,强调"人"本身应该是目的。维护人的权利和尊严,应该是判断行为正当与否的重要原则。因此,义务论强调正当的行为应该遵循道义、义务与责任,而这些道义、义务与责任都基于把人的权利和尊严置于极其重要的位置。

康德是理想主义义务论的主要代表。在康德看来,人是理性的存在,道德法则的使命就是"自己为自己立法",人的自由意志就是要实践道德法则。为遵循"心中的道德法则",康德强调对道德律令的理性自觉和自我约束,即道德自律。

康德有关义务、人是目的、对人的尊重和不受个人感情影响的合作的论述已经在工程伦理学中产生很大影响,尤其是其责任观念对工程伦理规范的制定发挥了重要的作用,比如"工程师在履行职业责任时不得受到利益冲突的影响""工程师应为自己的职业行为承担个人责任""接受使工程决策符合公众的安全、健康和福祉要求的责任"。在康德之后,罗斯(W.D.Ross)就提出了直觉主义义务论的思想,以克服康德的绝对主义的弊端。

3.契约论

通过一个规则性的框架体系,把个人行为的动机和规范伦理看作一种社会协议。契约论的思想可以追溯到古希腊思想家伊壁鸠鲁,他视国家和法律为人们相互约定的产物。在17~18世纪,英国哲学家霍布斯、洛克,法国思想家卢梭等人进一步发展了契约论的思想,提出了社会契约论。20世纪契约论的主要代表人物是美国学者罗尔斯。他主张"契约"或"原始协议"不是为了参加一种特殊的社会,或为了创立一种特殊的统治形式而订立的,订约的目的是确立一种指导社会基本结构设计的根本道德原则,即正义。罗尔斯围绕正义这一核心范畴,提出了正义伦理学的两个基本原则:①个人自由和人人平等的"自由原则";②机会均等和惠顾最少数不利者的"差异原则"。

事实上,原初的传统风俗和行为习惯正是经过不同形式的社会契约,才得以发展为伦理的规范。工程伦理最初是作为工程师职业道德行为守则而出现的,通过建立于经验之上的理想化的原初状态达成理性共识的工程职业行为准则,并将其制度化为具体行业的行为规范,这个制度框架既允许理性的多元性存在,又能够从多元理性中获得重叠共识的价值支持。这样,当具有理性能力的工程师从事具体的职业活动时,个人自由权利就能在现实工程实践中得到有效保障,而且这些规范为他们提供了相应的评估行为的优先次序的指导。比如,西方几乎所有的工程师协会的伦理准则既把公众的安全、健康和福祉放在首位,同时也认同工程师有"生活和自由追求自己正当利益的基本权利""履行其职责的回报接受工资的权利和从事自己选择的非工作的政治活动,不受雇主的报复或胁迫的权利",以及"职业角色及其相关义务产生的特殊权利"。

4.德行论

德行论有时也被称为美德伦理学或德行伦理学。功利论或义务论以"行为"为中心,关注的是"我应该如何行动"。与此不同,德行论以"行为者"为中心,关注的是"我应该成为什么样的人"。

德行论者认为,伦理学的核心不是"我应该做什么"的问题,而是"我必须是具有何种品德的人"的问题。由此出发,德行论关心的主要是人的内心品德的养成,而不是人外在行为的规则。它反对把伦理学当作一种能够提供特殊行为指导规则或原则的汇集,强调要培养和产生高尚、卓越的人,这种人是出于他们高尚、卓越的品格来自发行动的。

德行论的主要代表包括古希腊时期的亚里士多德,以及当代伦理学家麦金太尔等。亚里士多德把道德的本质特征定义为"实践智慧"和"卓越",认为"人的德行就是一种使人变得善良,并获得其优秀成果的品质主张。德行是在适当的时间、就适当的事情、对适当的人物、为适当的目的和以适当的方式产生情感或发出行动"。亚里士多德具体讨论了理智、勇敢、节制、慷慨、自重、诚实、公正等个人美德,同时把公正作为一种社会美德,并明确提出了公正乃美德之首。

当代伦理学家麦金太尔继承并发展了亚里士多德的德行论思想。麦金太尔认为,并不存在抽象的超越历史的德行,德行只有通过实践才能达到自我实现。在《依赖性的理性动物:人为什么需要德行》中,他从人的生命脆弱性与依赖性出发,提出德行是人们共同抵御生命的脆弱性和无能(disability)的精神纽带,是扶持人们共同支撑生命存在的社会力量源泉。生命的脆弱性、生存的依赖性,使得人类的共处只有在有德行的状态下才可得到兴旺与昌盛。因此,拥有德行并在实践中践行德行的行为才是正当的、好的行为。麦金太尔认为德行体现了人类生活的实践智慧,承载了文明的传统,也是维系人类生存的力量。

2.3.6　伦理困境与伦理选择

价值标准的多元化以及现实的人类生活本身的复杂性,常常导致在具体情境之下的道德判断与抉择的两难困境,即"伦理困境"。

"电车悖论"即伦理学上著名的"两难"思想实验,由菲利帕·福特在1967年发表的《堕胎问题和教条双重影响》中首次提出:假设你是一名电车司机,你的电车以60km/h的速度行驶在轨道上,突然发现在轨道的尽头有五名工人在施工,你无法令电车停下来,因为刹车坏了,如果电车撞向那五名工人,他们会全部死亡。你极为无助,直到你发现在轨道的右侧有一条侧轨,而在轨道的尽头,只有一名工人在那里施工,而你的方向盘并没有坏,只要你想,就可以把电车转到侧轨上去,牺牲一个人而挽救五个人。你该做出何种选择?

"电车悖论"反映出人类社会生活和道德生活中的一个不可忽略的事实,那就是,在多元价值诉求之下,伦理规范应对人类复杂的社会与道德生活的力不从心,从而显现出越来越多的局限性。同样,现代工程是复杂的,并且它使得人们"处于风险之中就是置身于和受制于现代性世界之中的方式",工程伦理规范在复杂性和风险性之下也面临着与时俱进的挑战和压力。

工程实践中应该坚持何种伦理立场?功利论以道德"效用"或"最大幸福原则"为基础,认为行动的道德正确性标准在于通过行动来产生某个非道德的价值,比如幸福;义务论认为行动本身就具有内在价值,康德更是认为道德要求体现在所谓的"绝对命令"中;契约论并不偏重于行为的结果,而是更注重行为的程序合理性,达成共识契约之后按照契约行动;德行论则从职业伦理的角度为人的行动提供了一种内在的倾向性标准,比如诚信、正直、友爱等。价值标准的多元化导致人们在具体的工程实践情境中选择两难,工程生活本身的复杂性又加剧了行为者在反映不同价值诉求的伦理规范之间的权衡。此外,工程系统的各个部分之间"紧密的合作"和"复杂的配合"又使得运气的存在成为可能,它削弱了工程伦理规范带给行为者的安全感和稳定感,继而在对可期待的工程活动的结果中产生了深深的不确定性。工程实践中的伦理困境深刻地显现出伦理规范的脆弱性带给人类道德生活的脆弱性。

面对复杂的伦理问题或伦理困境,如何进行伦理选择和伦理决策?在工程伦理学被广泛讨论的案例中,一个人可以简单地把他的工作、生活、责任与义务截然分开吗?是通过相互让步来解决道德困境和分歧,还是通过部分有选择性的坚持来调和冲突?由于功利论和义务论对一种不偏不倚的观点的承诺,它们并不关注现实中特殊的个人关系,这就产生了不可接受的结果,要么他到实验室从事生化战争的研究,获得足以养家糊口的薪水,但是每天却经受着良心的拷问;要么他坚持自己基本的道德原则拒绝这份工作,生活清贫,但自己的孩子很有可能会饿死。麦金太尔曾指出,我们具有什么样的道德与个体所处的特殊伦理共同体及其文化传统和道德谱系有着历史的实质性文化关联,不可能有普遍有效的道德原则。当工程实践出现"超越于道德的"(beyond morality)情形时,我们只能承认存在一个有限的道德选择和伦理行为的范围,在这个范围内,通过道德慎思为自己的伦理行为划分优先顺序,审慎地思考和处理几对重要的伦理关系,以更好地在工程实践中履行伦理责任。

第一,自主与责任的关系。在尊重个人的自由、自主性的同时,要明确个人对他人、对集体和对社会的责任。

第二,效率和公正的关系。在追求效率,以尽可能小的投入获得尽可能大的收益的同时,要恰当处理与利益相关者的关系,促进社会公正。

第三,个人与集体的关系。在追求工程的整体利益和社会收益的同时,充分尊重和保障个体利益相关者的合法权益。反过来,工程实践也不能一味追求个人利益,而忽视了工程对集体、对社会可能产生的广泛影响。

第四,环境与社会的关系。工程实践的一个重要特点是对自然环境和生态平衡带来直接的影响,在实现工程的社会价值的过程中,如何遵循环境伦理的基本要求,促进环境保护、维护环境正义,将是工程实践不得不面对的重要挑战。

特别需要指出的是,当责任冲突导致工程实践的伦理困境时,行为者的实践智慧要诉诸遵循社会伦理和公序良俗的最初直觉,并且在尊重"我"与"你""它"的平等共存中关怀与"你""它"的相遇,"为他人好好生活在当前的环境中,并尊重自己作为这种希望的承载者",引领工程实践追求"好的生活"。在工程实践的伦理困境中做出正确的选择,不能仅靠他律的伦理规范,对每一位行为者来说,"我对……负责"的决定权在于生动的生活而不在于教条的规范,这就要求工程行为者不论是遵循伦理规范,汲取不同伦理原则的合理之处,还是恰当处理上述各种伦理关系,具体的责任落实是依赖于"我"积极主动的道德践履而非冰冷枯燥的规范说教。人类的工程活动本身就是一种完整而具体的伦理实践,在工程实践与个人生活结合的同时,伦理规范指导个体行为者在当下具体的工程活动中"应当如何做"和"应当做什么",而美德贯穿个体行为者的整个工程生活,与"好的生活"的思考紧密联系在一起,它是个体行为者获得"好的生活"的能力。因为,美德赋予个体行为者实现自身价值的方式,将工程行业的伦理规范与个人美德结合,通过自我反思而达到对伦理规范的更新认识,并以现实的行动实践这种认知。当面对工程实践中的伦理困境时,反思、认识、实践,一方面通过身体力行将静默在伦理规范条款中的原则、准则运用到每个具体生动的工程实践场景中,另一方面又将这种通过反思而达到的更新认识化作现实的意志冲动,变为自觉的行为。

伦理困境的解决必须融入个人美德对规则的反思、认识、实践。有了美德对理性和规范的认识,个体行为者才能在复杂的充满风险的工程伦理困境中寻求应对之法,进而创造卓越的道德,而不仅仅是技术的卓越和商业的卓越。

2.4　现实工程中的伦理问题

　　如前所述,工程实践过程是非常复杂的。从工程与科学技术的关系角度来看,工程实践是为了实现特定目标,调动社会力量,将相关科学技术高度集成后建造人工产品的过程。正是在此意义上说,工程实践既是应用科学和技术改造物质世界的自然实践,更是改进社会生活和调整利益关系的社会实践。这就意味着工程实践过程面临着多重风险:一是多种技术集成后应用于自然界所带来的环境风险;二是利用技术建造人工物质的质量和安全风险;三是工程应用于社会所导致的部分群体利益冲突和受损的风险。作为工程的主导者和建造者,工程师不仅需要具备专业的知识和技能,更要具备"正当地行事"的伦理意识,以及规避技术、社会风险和协调利益冲突的能力。

　　近代以来,随着工业化进程的不断推进,工程师和相关社会组织开始关注工程中的伦理问题。美国电气工程师学会(电子与电气工程师协会 IEEE 的前身)、美国土木工程师学会(ASCE)分别在 1912 年和 1914 年制定了相关工程领域的伦理准则。然而,工程实践中的伦理问题真正引起广泛关注是在"二战"之后,工程所发挥的强大建设力和破坏力引起工程师对环境问题和自身伦理责任的反思和重视,《美国科学家通信》和美国科学家联盟等专门刊物和机构相继出现。至 20 世纪 70 年代末期,工程伦理学作为一门学科得以确立,它"由那些从事工程的人们赞同的责任和权利以及在工程中值得期望的理想和个人承诺组成";西方各工程社团的职业伦理章程构成了工程伦理的主要内容。物质的实践是工程的基本特性,人是实践的主体,人与自然之间、人与人之间必然发生的多样化的、可选择的关系是伦理问题产生的重要前提。因此,对于工程实践中的伦理问题的探讨,应该以分析人这个实践主体为出发点,具体地说,应把对工程活动中的行动者网络的探讨作为起点。

2.4.1　工程中伦理问题

　　工程不是单纯的科学技术在自然界中的运用,而是工程师、科学家、管理者乃至使用者等群体围绕工程这一内核所展开的集成性与建构性的活动。可以说,工程活动集成了多种要素,包括技术要素、经济要素、社会要素、自然要素和伦理要素等。其中,伦理要素关注的是工程师等行为主体在工程实践中如何"正当地行事",其对于工程实践的顺利开展是必需的。"而且工程中的伦理要素常常和其他要素纠缠在一起,使问题复杂化",将伦理维度运用到其他要素,就形成了工程伦理所关注的四个方面的问题,即工程的技术伦理问题、工程的利益伦理问题、工程的责任伦理问题和工程的环境伦理问题。

　　1.工程的技术伦理问题

　　工程活动是一种技术活动,工程技术伦理即工程技术活动所涉及的伦理问题。由于长久以来一直存在技术中立的相关学术主张,对于工程中的技术活动是否涉及道德评价和道德干预也存在较大争议。例如,技术工作者认为,技术是一种手段,本身并无善恶。

技术自主论者则认为,技术具有自主性。技术活动必须遵从自然规律,并不以人的主观意识为转移。与此相对,科学知识、社会学等相关领域的学者则认为,不仅技术,就连我们作为客观价值标准的科学知识也是社会建构的产物,与人的主观判断和利益纷争紧密相连。工程技术活动本身具有人的参与性,是技术系统通过人与自然、社会等外界因素发生相互作用的过程,同样的技术,因建造者和组织者的不同,建造的工程千差万别,这说明人在应用技术的过程中在如何应用技术方面具有自主权。同时,人还具有选择运用何种技术、将技术运用于何种环境的自由,以上种种都是工程的技术活动中不可或缺的环节。因此,在工程的技术活动中必须要考虑技术运用的主体,而人是道德主体,人有道德选择的自由,可见,工程技术活动牵涉到伦理问题,工程中技术的运用和发展离不开道德评判和干预,道德评价标准应该成为工程技术活动的基本标准之一。

2. 工程的利益伦理问题

从建造方法上来看,工程是一种技术活动;从建造目标和应用价值方面来说,工程则是一种经济活动,通过将科学技术集成,实现特定的经济价值和社会价值。因此,在工程建造过程中,涉及各种利益协调和再分配问题。随着科技的进步,工程建造进入大工程时代,工程牵涉的利益集团更为复杂,如工程的投资人和所有者、工程实施的组织者、工程方案的设计者、工程的建造者、工程的使用者以及受到工程影响的其他群体。能够尽量公平地协调不同利益群体的相关诉求,同时争取实现利益最大化,是工程伦理的重要议题,也是工程活动所要解决的基本问题之一。

概括来说,工程活动中的利益关系可以从工程内部和工程外部两个方面来进行分析。其中,工程内部的利益关系主要发生在工程活动各主体之间,例如工程计划环节中不同出资人之间的利益关系,工程的建造阶段工程师与管理人员、工人之间的利益关系,工程建成之后建造者与监督人、使用者的利益关系等。工程外部的利益关系主要是指工程与外部社会环境、自然环境之间的利益关系,例如工程在给一部分地区、一部分人带来特定利益的同时,也会对另一部分地区和另一部分人产生不良影响,其中包括经济利益、文化利益、环境利益等,这些利益又可分为短期利益和长期利益、直接利益和间接利益、局部利益和全局利益等。

工程的基本责任是为人类的生存和发展创造福祉,因此,如何通过工程活动平衡好各方利益,在争取实现效益最大化的同时,协调好各方利益,兼顾效益与公平两个方面,就成为工程中的利益伦理问题着力解决的核心问题,同时也是衡量工程实践活动好坏的重要标准。

3. 工程的责任伦理问题

工程责任不但包括事后责任和追究性责任,还包括事前责任和决策责任。工程师是工程责任伦理的重要主体,工程伦理研究首先从研究工程师的职业规范和工程师责任开始。随着工程哲学和工程伦理学的逐步兴起和发展,工程活动内部和外部的相关群体逐渐进入研究者的视线,包括投资人、决策者、企业法人、管理者以及公众都成为工程责任的主体,他们也需要考虑工程的责任伦理问题。

不仅工程的责任伦理主体发生着改变,责任伦理的内容也随着时代的变迁而改变。最初,工程伦理准则主要是对工程师职责进行规范,由于早期的工程源于军事,因此准则中尤其强调工程师对上级的服从、忠诚和职业良知,即"忠诚责任"。随着工程逐步民用化,加之环境、资源、污染等问题日益凸显,工程师通过工程建造,在经济、政治甚至文化领域发挥着积极作用,工程伦理开始强调工程师不仅需要忠于雇主,同时他们对整个社会负有普遍责任,人类福祉成为工程师伦理责任新的关注点,工程师责任从之前的"忠诚责任"逐步转变为"社会责任"。之后,随着工业化进程的加快,各国相继出现生态危机。工程师伦理责任也开始从"社会责任"进一步延伸为"自然责任"。自此,工程的环境伦理问题成为工程伦理关注的另一焦点。

4. 工程的环境伦理问题

环境污染问题的严重性与近代工程技术的迅速发展、工业化程度的不断提高、人类对自然的开发力度逐渐加大具有直接关系。工程造成的环境问题,使得可持续发展成为必由之路。工程的环境伦理也由此受到普遍关注,其不仅涉及工程设计和工程建造的安全与效率等基本准则,还涉及工程原料的利用和工程从建造到使用过程中对环境的影响,即在工程实践活动的各个环节都要力争减少对环境的负面影响,实现工程的可持续发展。现阶段,我国的环境问题尤为突出,如何协调保护环境与促进经济发展之间的关系,逐步形成节约能源的产业结构,实现经济的可持续发展,是急待解决的基本问题。现在的经济发展模式和企业经营方式大多数以牺牲能源、消耗环境资源为代价,换取某种经济增长和经济效益,所以,关注环境、保护环境就成为现实迫在眉睫的挑战。

2.4.2 工程伦理问题的特点

工程伦理问题的特点可以概括为历史性、社会性和复杂性三个方面,其中历史性是从时间的维度来看工程伦理问题,社会性和复杂性则分别是从参与者和涉及因素的维度来看工程伦理问题。

1. 历史性:与发展阶段相关

在工程由最初的军事工程逐步民用化的过程中,工程伦理的价值取向、研究对象和关注的焦点问题都随之改变。其中,工程伦理的价值取向经历了"忠诚责任—社会责任—自然责任"的转变,工程伦理的研究对象从工程师共同体逐步扩展为包括官员共同体、企业家共同体、工人共同体和公众共同体在内的多个群体,相应地,工程伦理关注的焦点问题也从工程师面临的道德困境和职业规范转为同时关注其他工程共同体的道德选择和困境。

同时,随着技术发展和工程应用范围的扩大,工程与技术、社会、环境的结合和相互影响更为紧密,工程伦理学的关注领域也有了新的发展,开始将网络伦理、环境伦理、健康伦理、生命伦理等关系到人类未来生存和发展的全球性问题纳入研究范畴。例如,计算机普遍应用所带来的技术胁迫、网络的言论自由、产生的权力关系以及大型工程技术的应用所导致的世界性贫困等问题。

2.社会性:多利益主体相关

工程伦理问题的第二个特点是社会性,这是由工程自身的社会性所决定的。与古代工程不同,现代工程具有产业化、集成化和规模化的特性,工程与科技、经济、社会以及环境之间都建立了极为紧密的联系。综上所述,现代工程牵涉到多种利益群体,其中的一部分作为工程的参与者构成了独特的社会网络,另一部分没有直接参与的利益群体,如日本核辐射受害者等,他们没有参与工程的决策和建造,却是工程的直接受益或受损者。鉴于此,如何平衡围绕工程组成的社会网络中各群体之间的利益,实现公平与效率的统一,如何公正地处理各种利益关系,特别是注重公众的安全、健康和福祉,是工程伦理着力解决的重要问题。

3.复杂性:多影响因素交织

除了历史性和社会性之外,工程伦理问题的第三个特点是复杂性。这种复杂性体现在行动者的多元化以及多因素交织两个方面。工程活动是一项集体性活动,同时也是经济的基础单元,一些国家级的项目在规模和影响力方面都达到了史无前例的程度,一项工程往往承担着科技、军事、民生、经济等多种功能。也正因为如此,以工程为核心形成的行动者网络日趋多元化,以 PX 项目中的决策环节为例,由于我国 PX 制造能力严重不足,导致这种基础性的化工原料长期依赖进口,PX 项目的建造属于国家的战略型工程。因此,投资者不仅有企业,还包括国家和地方政府,他们分别有着不同的利益出发点。同时,由于 PX 项目属于化工项目,存在危险性和环境污染的风险,PX 项目选址周边的居民也成为利益相关人,随着公共参与决策民主化进程的推进,他们在一些时候也成为决策主体,例如厦门 PX 项目就是因为公众的公开抗议而被迫叫停。可以看出,仅决策者这一角色的多元化就给工程带来了巨大的不确定性,而在现阶段的大型工程中,工程师、工人、企业家、管理者和组织者皆呈现出多主体跨地区、跨领域、跨文化合作的趋势,不仅在价值取向上千差万别,在群体文化、生产习惯等方面也存在难以消除的差异,这无疑为工程实践带来了巨大的复杂性和不确定性。

此外,技术的高度集成也使得技术系统对自然的影响产生不确定性,技术系统的构成要素和结构越复杂,失效的可能性就越大。加之工程本身就与科学实验不同,它是技术在现实环境中的创造性应用,过程本身就带有更高的不确定性,据此马丁等学者指出:"甚至看起来用心良好的项目也可能伴随着严重的风险。"这表达了工程的复杂性导致工程结果的不可控风险。

2.5　如何处理工程实践中的伦理问题?

对每一位工程行为者而言,处理好工程实践中的诸多伦理问题并不仅仅表现为一个形式化的遵循伦理规范的过程。工程伦理规范作用的对象——工程行为者及其行动——总是展开于具体的工程实践场景中,而具体情境对规范、原则的制约,又往往表现为行为者在实践过程中经由反思、认识后的调整和变通。在一般的意义上,处理好工程实践中的诸多伦理问题,行为者首先要辨识工程实践场景中的伦理问题,然后通过对当下工程实践及其活动的反思和对规范的再认识,将伦理规范所蕴含的"应当"现实地转化为自愿、积极的"正确行动"。

2.5.1 工程实践中伦理问题的辨识

在具体的工程实践中,工程伦理问题常常与社会问题、法律问题等其他问题交织在一起,在区分时需要注意以下问题。

1.何者面临工程伦理问题

工程伦理学科体系的建立,除了对工程伦理的理论问题和相关伦理困境提供分析的思想和方法,更是要从伦理道德角度对工程实践中存在的问题与风险、已发生的事故、可能的严重后果等给予价值关切,寻求现实的解决方法。因而,以规范工程活动各主体行为和行动为目标的工程伦理具有了应用伦理学特征。在西方,学者将应用伦理学问题按照来源进行分类,一类来自各个专业,一类来自公共政策领域,一类来自个人决定。按照以上三种来源,应用伦理学的研究对象包括两类,"一是在公共领域引起道德争论的特定个人或群体的行为;二是特定时期的制度和公共政策的伦理维度"。相应地,在工程实践活动中面临伦理问题的对象范围非常广泛,不仅包括工程师,还包括科学家等其他设计和建造者,以及投资人、决策人、管理者甚至使用者等工程实践主体。同时,不仅是个体,工程组织的伦理规范和伦理准则等也面临伦理问题。工程的社会实践性,决定其与所处的时代和社会制度等具体情境存在密切关联,不同时期的同一类工程实践也会呈现出不同的特点和道德价值取向,例如,"9·11"之后,大部分美国公民一度支持针对个人信息的监控工程,但随着利用网络技术可能大范围地侵犯公民的隐私权的披露,大部分的美国公民则对此类的信息监控工程持怀疑或反对态度。因此,伦理规范和伦理准则具有时代性和局限性,同时,其自身在形成之初也并不完备,同样会面临伦理问题,需要不断地修正和完善。

2.何时出现工程伦理问题

根据工程伦理问题的对象,可将工程伦理问题大体分为以下几种情况。

首先,因伦理意识缺失或者对行为后果估计不足导致的问题,如在工程设计、决策过程中,未考虑到某些环节会对环境或其他人群造成不良影响。

其次,因工程相关的各方利益冲突所造成的伦理困境,如经济效益与环境保护之间、数据共享与个人隐私之间的冲突等,特别是工程的投资方的利益诉求与大众的安全、健康和福祉存在严重冲突。

最后,工程共同体内部意见不合,或者工程共同体的伦理准则与规范等与其他伦理原则之间不一致导致的问题,如棱镜门事件中斯诺登、美国联邦政府对侵犯公众隐私权的伦理判断存在很大冲突,或者工程管理者对成本和时间的要求明显超出了安全施工的界限,就会造成工程师及其他实践主体的伦理问题。

由此可见,工程伦理问题的对象和表现形式具有多样性和复杂性,尤其是伦理问题往往伴随着伦理困境和利益冲突,因此,处理工程实践中的伦理问题首先需要借助一些基本伦理原则。

2.5.2　处理工程伦理问题的基本原则

伦理原则指的是处理人与人、人与社会、社会与社会利益关系的伦理准则。从不同的伦理学思想出发,人们对什么是合乎道德的行为有不同的认识,对应该遵循的伦理原则也有不同的态度。但总体上看,工程伦理要"将公众的安全、健康和福祉放在首位"。由此出发,从处理工程与人、社会和自然的关系的三个层面看,处理工程中伦理问题要坚持以下三个基本原则。

1.人道主义:处理工程与人关系的基本原则

人道主义提倡关怀和尊重,主张人格平等,以人为本。其包括两条主要的基本原则,即自主原则和不伤害原则。其中,自主原则指的是所有的人享有平等的价值和普遍尊严,人应该有权决定自己的最佳利益。实现自主原则的必要条件有两点:一是保护隐私,这一点是与互联网、信息相关的工程需遵从的基本原则;二是知情同意,这点在医学工程和计算机工程中被广泛运用。此外,不伤害原则指的是人人具有生存权,工程应该尊重生命,尽可能避免给他人造成伤害。这是道德标准的底线原则,无论何种工程都强调"安全第一",即必须保证人的健康与人身安全。

2.社会公正:处理工程与社会关系的基本原则

社会公正原则用以协调和处理工程与社会各个群体之间的关系,其建立在社会主义的基础之上,是一种群体的人道主义,即要尽可能公正与平等,尊重和保障每一个人的生存权、发展权、财产权和隐私权等。这里的平等既包括财富的平等,也包括权利和机会的平等。具体到工程领域,社会公正体现为在工程的设计与建造过程中,需兼顾强势群体与弱势群体、主流文化与边缘文化、受益者与利益受损者、直接利益相关者与间接利益相关者等各方利益,同时,不仅要注重不同群体间资源与经济利益分配上的公平公正,还要兼顾工程对不同群体的身心健康、未来发展、个人隐私等其他方面所产生的影响。

3.人与自然和谐发展:处理工程与自然关系的基本原则

自然是人类赖以生存的物质基础,人与自然的和谐发展是处理工程伦理问题的重要原则,这种和谐发展不仅意味着在具体的工程实践中注重环保,尽量减少对环境的破坏,同时,还意味着对待自然方式的转变,即自然不再是机械自然观视域下的被支配客体与对象,而是具有自身发展规律和利益诉求。人类的工程实践必须遵从规律。这种规律又包含两大类,一类是自然规律,例如物理定律、化学定律等,这些规律具有相对确定的因果性,例如建筑不符合力学原理就会坍塌,化工厂排污处理不得当就会污染环境;另一类是自然的生态规律,相比于自然规律,生态规律具有长期性和复杂性,例如大型水利工程、垃圾填埋场对水系生态系统和土壤生态系统的影响和可能的破坏,往往需要多年才得以显现,与此同时,对自然环境和生态系统的破坏影响更为深远、后果也更难以挽回。因此,人与自然和谐发展需要工程的决策者、设计者、实施者以及使用者都了解和尊重自然的内在发展规律,不仅注重自然规律,更要注重生态规律。

以上三点是在作为整体的工程实践活动中处理工程伦理问题的基本原则。为规范人们的工程行为,结合不同种类的工程实践活动,如在水利、能源、信息、医疗等工程领域各自形成了相对独立的行为伦理准则。这些行为准则建立在工程伦理基本原则的基础上,兼顾了不同伦理思想和其他社会伦理原则的合理之处,结合具体实践的情境和要求制定。

2.5.3　解决工程伦理问题的基本思路

不论哪种伦理学思想或伦理原则,都不能够完全解决我们在实践中面对的伦理问题。如前所述,当利益冲突、责任冲突和价值冲突导致工程实践的伦理困境时,行为者的实践智慧一方面要诉诸遵循社会伦理和公序良俗;另一方面要将工程行业的伦理规范与个人美德结合,通过自我反思而达到对伦理规范的更新认识,并以现实的行动实践这种认识。这样,才能在复杂的、充满风险的工程伦理困境中寻求应对之法,进而真正实现工程实践"最大善"的伦理追求。

在不同的工程领域,以及不同地区的工程共同体都在实践中不断探索应对工程伦理问题的方法。如中国台湾地区的《工程伦理手册》明确规范了工程师在面对道德两难时进行伦理行为的顺序:①适法性:审视事件本身是否已触犯法令规定;②符合群体共识:审视相关专业规范、守则、组织章程及工作规则等,检核事件是否违反群体规则及共识;③专业价值:依据自己及本身专业及价值观判断其合理性,并以诚实、正直之态度检视事件之正当性;④阳光测试:假设事件公之于世,你的决定可以心安理得地接受社会公论吗?具体可分为五个方面:

(1)培养工程实践主体的伦理意识。伦理意识是解决伦理问题的第一步,许多伦理问题是由于实践主体缺乏必要的伦理意识造成的,特别是当一些工程决策者和管理者缺乏伦理意识时,还会给工程师等其他群体造成伦理困境,因此,不仅是工程师需要培养伦理意识,其他实践主体也同样需要培养伦理意识。

(2)利用伦理原则、底线原则与相关具体情境相结合的方式化解工程实践中的伦理问题。其中,伦理原则包括本节第二部分中提到的处理伦理问题的三个基本准则,以及相关的道德价值包含的几个方面,即个人的伦理和道德自律、工程共同体的伦理规范与准则等。底线原则主要是指伦理原则中处于基础性并需要放在首位遵守的原则,例如安全、忠诚等,当发生难以解决的冲突和矛盾时,底线原则作为必须遵守的原则发挥作用。具体情境是指工程实践发生的相关背景和条件的组合,包括工程涉及的特殊的自然和社会环境实现的具体目标,关联到的具体利益群体,也包括不同类型的工程所特有的行为准则和规范。对不同的工程领域,具体情境都有较大差异,具体见本书其他各章的论述。解决伦理问题需要综合考虑以上几个相关方面。

(3)遇到难以抉择的伦理问题时,需多方听取意见。可采用相关领域专家座谈、利益关系群体调查、工程共同体内部协商的方式,听取多方意见,综合决策。

(4)根据工程实践中遇到的伦理问题及时修正相关伦理准则和规范。如前文所述,伦理准则和规范在形成之初并不完备,需要在具体实践中不断修正和完善。因此,需根据工程实践中遇到的伦理问题,及时修正伦理准则和规范自身存在的问题,以便其更好地指导工程活动。

（5）逐步建立遵守工程伦理准则的相关保障制度。目前,已经形成关于工程的行为规范、工程师行为规范等伦理准则,然而,对于遵守相关准则的保障制度仍然并不完备。由此当工程师等实践主体在面临雇主要求和伦理准则的矛盾之时,难以有效维护自身权益。因此,应该逐步探索和建立遵守工程伦理准则所需的相关保障制度,促进工程伦理问题处理的制度化。以上是处理工程伦理问题的基本思路。工程实践活动具有多样性、风险性和复杂性,同时,不同的伦理思想会产生不同的伦理价值诉求,并不存在统一的、普遍适用的伦理准则。相应的具体实践中面对的伦理选择也是复杂多样的,常常会面临诸如"电车悖论"的伦理困境,因此,在面对具体的伦理问题时,需要实践主体结合各类工程不同的特点与要求,选择恰当伦理原则并进行权宜、变通,相对合理地化解伦理问题。

2.5.4　结论

工程是以满足人类需求的目标为指向,应用各种相关的知识和技术手段,调动多种自然与社会资源,通过一群人的相互协作,将某些现有实体（自然的或人造的）汇聚并建造为具有使用价值的人造产品的过程。

工程实践既是应用科学和技术改造物质世界的自然实践,更是改进社会生活和调整利益关系的社会实践。工程实践不仅涉及与工程活动相关的工程师、其他技术人员、工人、管理者、投资方等多种利益相关者,还涉及工程与人、自然、社会的共生共长,因而面临复杂交叠的利益关系。同时,由于工程是在部分无知的情况下实行的,具有不确定的结果,工程活动既可能形成新的人工物,满足人们的需求,也可能导致非预期的不良后果。因此,工程也是具有风险的社会活动,可从哲学、技术、经济、管理、社会、生态和伦理等多个维度认识工程行为。

伦理是处理人与人、人与社会、人与自然相互关系应遵循的行为规范。伦理与道德都强调值得倡导和遵循的行为方式,都以善为追求的目标。但比较而言,道德是个体性和主观性的,侧重个体的德行、行为与准则、法则的关系。伦理是社会性和客观性的,侧重社会共同体中人与人、个体与社会整体的关系。伦理规范在人类社会生活中是否值得应用,如何得到应用？什么是好的、正当的行为方式？对这些问题的思考和争议,形成了不同的伦理学思想和伦理立场。大体上我们可以把这些伦理立场概括为功利论、义务论、契约论和德行论。

价值标准的多元化以及现实的人类生活本身的复杂性,常常导致在具体情境之下的道德判断与抉择的两难困境,即"伦理困境"。面对复杂的伦理问题或伦理困境,需要审慎地思考和处理几对重要的关系,即自主与责任的关系、效率和公正的关系、个人与集体的关系、环境与社会的关系。同时,伦理困境的解决必须融入个人美德对规则的反思、认识、实践。

　　工程实践中的伦理问题主要包括技术伦理、责任伦理、经济伦理和环境伦理等方面。工程伦理问题具有与发展阶段相关的历史性，与多利益主体相关的社会性，以及多影响因素交织的复杂性。从处理工程与人、社会和自然的关系的三个层面出发，应对工程中的伦理问题坚持人道主义、社会公正、人与自然和谐发展等基本原则，要将公众的安全、健康和福祉置于首要的位置。在工程实践过程中，要注意提高伦理意识，准确发现和辨识工程伦理问题，通过对当下工程实践及其生活的反思和对规范的再认识，将伦理规范所蕴含的"应当"现实地转化为自愿、积极的"正确行动"。

 参考案例

重庆市綦江县彩虹桥整体垮塌事故

　　彩虹桥位于重庆市綦江县（今綦江区）古南镇的一条河上，是一座连接新旧城区的跨河人行桥，该桥结构为中承式钢管混凝土提篮拱桥，桥长140米，主拱净跨120米，桥面总宽6米，净宽5.5米，桥面设计人群荷载$3.5kN/m^2$。该工程由綦江县重点建设办公室组织建设，重庆华庆设计工程公司（以设计为龙头的二级总承包公司）总承包，重庆市政工程质量监督站监督。该桥在未向有关部门申请立项的情况下，于1994年11月5日开工建设，并于1996年2月15日竣工投入使用，耗资418万元。

　　事故情况：1999年1月4日18时50分，30余名群众正行走于该桥上，另有22名驻扎该地的武警战士进行傍晚训练，由西向东列队跑步至桥上约2/3处时，整座大桥突然垮塌，桥上群众和武警战士全部坠入綦河中。造成40人死亡（其中18名武警战士、22名群众）、14人受伤，直接经济损失约631万元。

　　一座二十年前的县城小桥，在重庆人民，乃至全国人民心中的影响力不亚于任何一座桥梁。但不同的是，这影响力却是以惨痛的血的教训留给世人！

　　（资料来源：1.宋勤.重庆市綦江县虹桥特大垮塌事故的原因和教训[J].施工技术，1999，28（10）：54；2.渝嘉.血的事故血的教训——重庆綦江虹桥垮塌的启示[J].建筑安全，1999，14（5）：30-31.内容有整理）

　　运用工程伦理的知识来进行分析，运行不到3年的大桥突然垮塌，不得不让人们思考以下几个问题：（1）该桥设计是否符合规程规范伦理要求？（2）该桥在施工建造中是否进行了有效监督？

DDT 的发明与应用

　　DDT又叫滴滴涕，化学名为双对氯苯基三氯乙烷，为白色晶体，不溶于水，仅溶于煤油，可制成乳剂，是有效的杀虫剂。20世纪上半叶，DDT的发明为防止农业病虫害，减轻疟疾伤寒等蚊蝇传播的疾病危害起到了不小的作用。

　　但在20世纪60年代，科学家们发现DDT在自然环境中非常难降解，DDT有毒的有机物易溶于人体脂肪,并可在动物脂肪内蓄积。DDT已被证实会扰乱生物的激素分泌,2001年的《流行病学》杂志提到,科学家通过抽查24名16到28岁墨西哥男子的血样,首次证实了人体内DDT水平升高会导致精子数目减少。除此以外,新生儿的早产和初生时体重的增加也和DDT有某种联系,已有的医学研究还表明了它对人类的肝脏功能和形态有影响,并有明显的致癌性能。科学家甚至在南极企鹅的血液中也检测出DDT,鸟类体内含DDT会导致其产软壳蛋而不能孵化,尤其是处于食物链顶级的食肉鸟,如美国国鸟白头海雕几乎因此而灭绝。

1962年,美国科学家卡逊在其著作《寂静的春天》中怀疑,DDT进入食物链是导致一些食肉和食鱼的鸟接近灭绝的主要原因。因此20世纪70年代后,DDT逐渐被世界各国明令禁止生产和使用。然而直到今天,DDT并没有"寿终正寝",许多发展中国家还在使用它,使用目的是杀灭病虫害,如今南非、埃塞俄比亚等国都在广泛使用DDT以抗御疟疾,而疟疾每年造成100万人死亡。DDT现在仍然大有市场,它"大小是一个角儿",这一点连联合国环境规划署(UNEP)也不得不承认。联合国的统计表明,如果不使用DDT灭蚊,疟疾每30秒就会夺去一名非洲儿童的生命。疟疾不仅是非洲人健康和生命的大敌,也阻碍了经济的发展。

对于非洲和亚洲一些国家的人们来说,还存在着DDT无毒或对健康与环境无损的看法,在南非,人们在屋檐下和土屋内喷洒DDT,而且也只在蚊子抵抗力最弱的8月至10月份。喷洒时工人会穿上防护服。所以南非人认为联合国把DDT与其他11种POPs(持久性有机污染物)列为禁用物是太过分了。但联合国环境规划署认为,大量事实证明每年由人类释放到环境中的污染物中,持久性有机污染物的毒性是最大的。全球应当寻找替代DDT的控制疟疾的药物,避免再继续使用DDT。

(资料来源:赵华博,邱璟旻,王春浩.DDT的应用与危害[EB/OL][2012-05-13].https://wenku.baidu.com/view/bb95f4936bec0975f465e2db.html.内容有整理)

运用工程伦理的知识来分析,DDT的生产是否违背了我们的道德论?是否与关注公众的安全、健康和福祉等伦理问题相违背?

 思考与讨论

1. 结合工程活动的特点,思考为什么在工程实践中会出现伦理问题?
2. 结合本章内容,思考工程伦理与工程师伦理之间有什么联系?有什么区别?
3. 结合本章的参考案例,思考并讨论该如何妥善处理可能遇到的工程伦理问题?

第3章 工程中的风险及其伦理责任

　　通过本章的学习,了解工程风险的来源,深入理解工程风险评估原则和评估机制,掌握工程中的风险控制手段和风险伦理责任。

引导案例

"2·7"佛山地铁透水坍塌重大事故

　　2018年2月7日20时40分,佛山市轨道交通2号线一期工程土建一标段湖涌站至绿岛湖站盾构区间右线工地突发透水,引发隧道及路面坍塌,造成11人死亡、1人失踪、8人受伤,直接经济损失约5323.8万元。经查明,引发隧道透水坍塌的直接原因如下:

　　(1)事故发生段存在深厚富水粉砂层且临近强透水的中粗砂层,地下水具有承压性,盾构机穿越该地段时发生透水、涌砂、涌泥、坍塌的风险高。

　　①事故段隧道底部埋深约30.5米,地层由上至下分别为人工填土、淤泥质粉土、淤泥质土、粉砂、中砂、圆砾以及强风化泥质砂岩。大部分土体松散、承载力低、自稳性差、易塌陷,其中粉砂层属于液化土,隧道位于淤泥质土和砂层,总体上工程地质条件很差。

　　②隧道穿越的砂层分布连续、范围广、埋深大、透水性强、水量丰富,且上部淤泥质土形成了相对隔水层,下部砂层地下水具有承压性,水文地质条件差。

　　③事发时盾构机刚好位于粉砂和中砂交界部位,盾构机中下部为粉砂层,中砂及其下的圆砾层透水性强于粉砂层并且水量丰富和具有承压性,一旦粉砂层发生透水,极易产生管涌而造成粉砂流失。

　　在上述工程地质条件和水文地质条件均很差的地层中,盾构施工过程具备引发透水涌砂坍塌的外部条件,盾构施工风险高。

　　(2)盾尾密封装置在使用过程中密封性能下降,盾尾密封被外部水土压力击穿,产生透水涌砂通道。

　　①事故发生前,右线盾构机已累计掘进约1.36公里,盾尾刷存在磨损,盾尾密封止水性能下降。在事故发生前已发生过多次盾尾漏浆,存在盾尾密封失效的隐患。

②管片拼装期间盾尾间隙处于下大上小的不利状态,盾尾底部易发生漏浆漏水。

③盾构机正在进行管片拼装作业,管片拼装机起吊905环第2块管片时,盾尾外荷载加大,同时土仓压力突然上升约40kPa,对盾尾密封性不利。

上述因素导致盾尾密封装置在使用过程中耐水压密封性下降,导致盾尾密封被外部压力击穿。

(3)涌泥涌砂严重情况下在隧道内继续进行抢险作业,撤离不及时。

①19时03分盾尾竖向偏差已达307毫米,19时08分大约899环管片4点至5点位置出现涌泥涌砂,隧道内已有大量泥沙堆积,20时03分盾尾下沉了17.5毫米,激光导向系统已无法监测到盾尾竖向偏差。上述现象可判断出隧道已处于危险状态。

②19时03分作业人员向盾尾密封内打入应急堵漏油脂,并向盾尾漏浆处抛填沙袋反压,但盾尾透水涌泥涌砂现象仍在持续,表明抢险措施难以有效控制险情。

上述情况下,不及时撤离抢险人员属于险情处置措施不当。

(4)隧道结构破坏后,大量泥沙迅猛涌入隧道,在狭窄空间范围内形成强烈泥沙流和气浪向洞口方向冲击,导致部分人员逃生失败,造成了人员伤亡的严重后果。

盾构机所处位置为上坡段,盾构机距离井口较远(约1.36公里),人员逃生距离长,隧道周边地层被掏空后,上部地层突然下陷,隧道结构被破坏,地下水和泥沙流瞬间倾泻而入,形成的冲击力直接冲断了盾构机后配套台车连接件,使盾构机台车在泥沙流的裹挟下突然被冲出700余米,并在隧道有限空间内引发了迅猛的冲击气浪,隧道内正在向外逃生的部分人员被撞击、挤压、掩埋,造成重大人员伤亡。

调查认定这是一起参建各方对复杂地质条件下的地铁盾构施工安全风险防范意识淡薄、措施不力,对盾构施工过程中关键指标的监测监控不足,对风险处置不科学,现场指挥不当等因素造成的责任事故。通过该案例,我们可以发现引起工程风险的原因是多方面的,工程内部本身、工程外部环境以及人为因素都可能引发工程风险问题。

(资料来源:李天研,李传智.佛山地铁透水坍塌重大事故调查报告公布33名责任人员被处理[N].广州日报,2019-01-09.内容有整理)

通过此案例分析:本工程内部本身、工程外部环境和人为因素哪个在本次事故中造成的危害最大?

3.1　工程风险的来源

工程总是伴随着风险,这是由工程本身的性质决定的。工程系统不同于自然系统,它是根据人类需求创造出来的自然界原初并不存在的人工物。它包含自然、科学、技术、社会、政治、经济、文化等诸多要素,是一个远离平衡态的复杂有序系统。从普利高津与耗散结构理论的视角来看,有序系统要保持有序的结构,需要通过环境的熵增来维持,这意味着,如果对工程系统不进行定期的维护与保养,或者受到内外因素的干扰,它就会从有序走向无序,重新回归无序状态,无序即风险。因此,工程必然会伴随风险的发生。

3.1.1 工程风险的来源

由于工程类型的不同,引发工程风险的因素是多种多样的。总体而言,工程风险主要由以下三种不确定因素造成:工程中的技术因素的不确定性、工程外部环境因素的不确定性和工程中人为因素的不确定性。其中,工程中的技术因素又可分为零部件老化、控制系统失灵和非线性作用等因素;工程外部的环境因素又可分为意外气候条件和自然灾害等因素;工程中人为因素又可分为工程设计理念的缺陷、施工质量缺陷和操作人员渎职等因素。

1.工程风险的技术因素

首先,零部件老化可以引发工程事故。工程作为一个复杂系统,其中任何一个环节出现问题都可能引起整个系统功能的失调,从而引发风险事故。由于工程在设计之初都有使用年限的考虑,工程的整体寿命往往取决于工程内部寿命最短的关键零部件。只有工程系统的所有单元都处于正常状态,才能充分保证系统的正常运行。当某些零部件的寿命到了一定年限,其功能就变得不稳定,从而使整个系统处于不安全的隐患之中。

其次,控制系统失灵可以引发工程事故。现代工程通常是由多个子系统构成的复杂化、集成化的大系统,这对控制系统提出了更高的要求。仅靠个人有限的力量往往不能通观全局,必须依靠信息技术、网络技术和计算机技术才能掌控全局,因此,目前的复杂工程系统中基本都有了自己的"神经系统",这对于调节监控、引导工程系统按照预定的目标运行是必不可少的。随着人工智能技术水平的日益提高,控制系统的自动化水平也与日俱增。完全依靠智能的控制系统有时候也会带来安全的隐患,特别是面对突发情况,当智能控制系统无法应对时,必须依靠操作者灵活处理,否则就会导致事故的发生。

最后,非线性作用也可能引发工程事故。非线性作用不同于线性作用的地方在于,线性系统发生变化时,往往是逐渐进行的;而非线性系统发生变化时,往往有性质上的转化和跳跃。受到外界影响时,线性的系统会逐渐地做出响应;而非线性系统则非常复杂,有时对外界很强的干扰无任何反应,而有时对外界轻微的干扰则可能产生剧烈的反应。

2.工程风险的环境因素

气候条件是工程运行的外部条件,良好的外部气候条件是保障工程安全的重要因素。任何工程在设计之初都有一个抵御气候突变的阈值。在阈值范围内,工程能够抵御气候条件的变化,而一旦超过设定的阈值,工程安全就会受到威胁。以水利工程为例,当遇到极端干旱气候条件时,会导致农田灌溉用水和水库蓄水不足、发电量减少等后果;而当遇到汛期,则会造成弃水事故,降低水库利用率,严重的还可能导致大坝漫顶甚至溃坝事故,使得洪水向中下游漫延,给中下游造成巨大的人员、经济等损失。

自然灾害对工程的影响也是巨大的。自然灾害的形成是由多方面的要素引发的,通常可划分为承灾环境、致灾因子、承灾体等要素。自然灾害系统可分为:"人—地关系系统"和"社会—自然系统",其中,"人"和"社会"着重强调在特定承灾环境下具备某种防灾减灾能力的承灾体,"地"和"自然"则着重表征的是在特定承灾环境下的致灾因子,上述两个方面是对自然灾害系统要素的凝练和认识的升华,二者的相互作用则是自然灾害系统演化的本质,是灾害风险的由来。

3.工程风险的人为因素

工程设计理念是事关整个工程成败的关键。一个好的工程设计,必然经过前期周密调研,充分考虑经济、政治、文化、社会、技术、环境、地理等相关要素,经过相关专家和利益相关者反复讨论和论证后做出;相反,一个坏的工程设计是片面地考虑问题,"只见树木、不见森林",缺乏全面、统筹、系统的思考所导致的。

为了避免类似的因工程设计理念局限性造成的风险,关键是要处理好"谁参与决策"和"如何进行决策"的问题。就第一个问题而言,可以考虑吸收各方面的代表参与决策。除了吸收工程师代表和工程管理者代表之外,还应吸收政府部门代表,城市规划部门代表,环保部门代表,伦理学家、法律专家以及利益相关者各方代表等。就第二个问题而言,应重视工程决策中的民主化。在决策过程中各方面代表应该充分发表意见,交流信息,进行广泛讨论,在此基础上努力寻求一个经济上、技术上和伦理上都可以被接受的最佳方案。

其次施工质量的好坏也是影响工程风险的重要因素。施工质量是工程的基本要求,是工程的生命线,所有的工程施工规范都要求把安全置于优先考虑的地位。一旦在施工质量的环节上出现问题,就会留下安全事故的隐患。操作人员是预防工程风险的核心环节,也是防止工程风险发生的最后一道屏障。所以,必须要加强对操作人员安全意识的教育,使其遵守操作规程,时时刻刻以"安全第一"为行动准则。

3.1.2 工程风险的可接受性

由于工程系统内部和外部各种不确定因素的存在,无论工程规范制定得多么完善和严格,仍然不能把风险的概率降为零,也就是说总会存在一些所谓的"正常事故"。因此,在对待工程风险问题上,人们不能奢求绝对的安全,只能把风险控制在人们可接受的范围之内。这就需要对风险的可接受性进行分析、评定安全的等级,并针对一些不可控的意外风险事先制定相应的预警机制和应急预案。

要评估风险,首先要确认风险,这就需要对风险概念有必要的了解。风险概念含有负面效果或伤害的含义。美国工程伦理学家哈里斯等把风险定义为"对人的自由或幸福的一种侵害或限制"。美国风险问题专家威廉·W.劳伦斯把风险定义为"对发生负面效果的可能性和强度的一种综合测量"。根据劳伦斯的观点,风险由两个因素构成:负面效果或伤害的可能性以及负面效果或伤害的强度。工程风险会涉及人的身体状况和经济利益,使人们遭受人身伤害,还会使人们遭受经济利益的损失。他在书中写道:"一幢在设计上存在缺陷的建筑可能会坍塌,会造成房屋所有者的经济损失,并可能导致居住者的死亡。一座在设计上有缺陷的化工厂可能导致事故和经济上的灾难。"

在现实中,风险发生概率为零的工程几乎是不存在的。既然没有绝对的安全,那么在工程设计的时候就要考虑"到底把一个系统做到什么程度才算安全的"这一现实问题。这里就涉及工程风险"可接受性"概念。工程风险可接受性是指人们在生理和心理上对工程风险的承受和容忍程度。当然,即使是面对同一工程风险,不同的主体对它的认知也是不同的,其可接受性因人而异,即工程风险的可接受性是具有相对性的。

这种相对性的差异在专家和普通公众之间体现得更为明显。一般公众往往会过高地估计与死亡相关的低概率风险的可能性,而过低地估计与死亡相关的高概率风险的可能性。而后一种倾向会导致过分自信的偏见。对专家而言,尽管他们在评估各种风险时也会出错,但他们至少不会像普通公众那样带有强烈的主观色彩。有人专门做过实验,即分别让专家和普通公众对由吸烟、驾驶汽车、骑摩托车、乘火车和滑雪所导致的年死亡人数做出估计。通过对比发现,专家的估计是实际死亡人数的1/10,而普通公众的估计则偏离实际数字更远,仅仅为实际死亡人数的1%。

在描述工程的安全程度时,人们通常会使用"很安全""非常安全""绝对安全"等词,但是它们之间存在着什么量的区别呢?为了明确工程风险发生的概率大小,有效的办法是对安全等级进行划分。

等级划分并非易事,因为影响工程安全的因素是多种多样的,它们的关系也是错综复杂的。"当然,也不能排除在某些系统中,影响其安全的因素具有确定性,其安全等级也具有确定性的情况。根据模糊集理论,确定性可以看作是模糊性或随机性的一个特例。所以,不管系统的复杂性如何,其安全性均可采用模糊集理论进行评价。"目前,"模糊集理论"是一种对工程安全等级进行划分比较有效的方法。以该理论为支撑,我们只需通过输入相关参数就可以计算出相应的安全系数,根据不同工程领域的安全标准划分出相应的安全等级。安全等级的划分具有非常重要的经济意义。如果把安全等级制定得过高,那么就会造成不必要的浪费;反之,则会增大工程风险的概率。

3.2 工程风险的伦理评估

在工程风险的评价问题上,有人以为这是一个纯粹的工程问题,仅仅思考"多大程度的安全是足够安全的"就可以了。实际上,工程风险的评估还牵涉社会伦理问题。工程风险评估的核心问题"工程风险在多大程度上是可接受的",本身就是一个伦理问题,其核心是工程风险可接受性在社会范围内的公正问题。因此,有必要从伦理学的角度对工程风险进行评估和研究。

3.2.1 技术评估

工程的技术评估是指从技术可行性的层面来考查工程是否具有可行性,也就是说从技术层面上能够做到有把握避免工程失败、确保工程成功。因而,评估工程的第一个指标必然是技术因素,技术的可行性、可靠性是工程的首要问题。如果说技术上是可行的、有把握的,那么工程就极易取得成功;如果说技术上是不可行的、不可靠的,那么工程就必然不会取得成功。我们不能超越技术的限制而人为地、主观臆断地上某个工程,这样做是违反规律的,是会受到惩罚的。

工程的技术评估主要包括以下两个方面:第一,技术是否具有可行性;第二,技术设计是否完整与全面。这两个方面是紧密联系的,是相互作用与相互补充的关系。一项工程的技术评估首先要看完成此项工程的本身的技术是否完善与可行,这是工程实施的关键;但是仅有此还不充分,一项工程的技术评估还必须包括与此工程相关的其他技术、条件是否可行与完善,而其他技术与条件的完善是保障工程顺利实施的必要补充,离开了后者,工程的真正的可行性是不完善的,是存有大量隐患的。因而,工程的技术评估必定要将这两个方面充分地加以考虑。只有考虑完备与周全了,工程才能成功。

在此以青藏铁路为例。建设一条由北京直通拉萨的火车是全国人民的共同心愿。但是由于青藏铁路必须要通过青藏高原,因而面临着冻土层、高寒缺氧、地质复杂、生态环境脆弱等技术难题,在20世纪80年代前,我们还不能很好地解决这些技术难题,因而在20世纪80年代前,青藏铁路只好在青海格尔木暂时地画上"休止符"。当然,我们的科技工作者并没有就此停止,而是一直在努力着,他们披星戴月、顶风冒雪,经过多年艰辛的努力,终于克服了所有技术难题,从而最终使我们在2006年7月1日全线通车,将一条神奇的天路——青藏铁路,修到了拉萨。

3.2.2　经济评估

工程除了考虑技术上是否可行之外,另外一个重要的考虑因素是是否经济,即投入产出比是否高,是否能带来更多、更大的经济效益。其实,对于工程进行经济评估是必需的,也是必然的。工程的目的就是实现人的目的,满足人的需要,因而其必须要具有功效,必须要加以成本与利润的核算。因此,我们可以说任何一项工程都应有经济方面的评估,任何一项工程都在力求效益最大化。相反,如果一个工程不能为行为主体带来效益,那么这种工程对于施工主体而言就是无用之功,一个企业也许在一两项工程中可以不计经济效益、不进行经济评估,但是如果一个企业从不考虑经济效益,那么这个企业是否能够生存乃至于这一组织是否仍被定性为企业,就需要加以认真考虑了。

其实追求效益的最大化,本身并没有错,这是因为人类奋斗所争取的一切,都同他们的利益有关。正确地理解利益、树立正确的利益观对于个体、组织与社会来讲是重要的。中国传统社会有一个"耻于谈利"的传统。孔子曾讲:"君子喻于义,小人喻于利。"孟子说:"王何必曰利? 亦有仁义而已矣。"汉代董仲舒则进一步道:"正其谊不谋其利,明其道不计其功。"而到了宋、明理学时期则主张"存天理,灭人欲"。中肯地讲,这种利益观并不是一无是处,不过,从整体而言,重义轻利的观念压抑了人性,阻碍了经济的发展。改革开放后,全社会都对利益给予了充分的肯定并给予了善的论证。邓小平曾明确地指出:"革命精神是非常宝贵的,没有革命精神就没有革命行动。但是,革命是在物质利益的基础上产生的,如果只讲牺牲精神,不讲物质利益,那就是唯心论。"这样一来,人们便认为追求利益本身并不恶,经济的账也并不是可耻的。因而,在改革开放之后,本着对于利益的追求与实现,人们积极投身于社会主义事业建设之中,创造出了丰富的物质财富与精神财富。总之,重视效益、算经济的账并没有错;相反那种不算经济账的"形象工程"与"长官工程"则是错的,是需要被否定的。当然,仅算经济账的工程也是不对的。我们要批判那种"唯经济论""唯效益论"的主张,这是因为它仅仅看到利益而忽视了其他因素。一个好的工程既要追求经济效益,更要注重社会效益。那么,怎样才能对工程做好经济评估呢?应该坚持以下几个原则:

第一,工程要对国家与社会有利。实施任何工程的最终目标都在于推动国家经济社会的发展,工程是要产生效益的,工程也要造福人民的。因而,首先要算好这笔总账。

第二,工程要对企业自身有利。要做好工程本身的成本效益评估。这就是企业要算企业自身的账,企业要考察、核算工程对于企业的效益,即工程对于企业的自身发展、职工的福利待遇有多少促进与提高作用。

第三,工程要对工程所涉及的其他利益相关者有利。工程是一项涉及多方利益的人类活动,因而在做工程的经济评估时,应寻求兼顾多数人与少数人、部门与部门之间、地区与地区之间的利益平衡点,特别是要充分考虑利益受损的那部分人的利益,要对其加以适当的、合理的补偿。

3.2.3　生态评估

以往在做工程效益评估时,人们往往更多地注重纯粹的经济上的投入与产出,而忽视了生态效益。这样的做法从理论上来讲是不完善的,从事实上来讲也将会造成相当严重的后果。我们以埃及的阿斯旺大坝为例,阿斯旺大坝在设计论证的过程中被认为是造福子孙万代的有利无害的水利工程,建成后,阿斯旺大坝确实起到了一定的作用,它使得埃及人免受洪水泛滥之灾,而且还收获发电和灌溉效益。但人们却要承受意想不到的后果:大坝建成后引起尼罗河流域生态平衡的破坏,每年不得不投入大量化肥维护该流域农田的肥力平衡,而且由于河流生态系统的改变,浮游生物不再入海,使得几百千米以外的海中的沙丁鱼因环境破坏而濒临危机,同时还造成了尼罗河流域下游地区的无可修复的沙漠化。因而,从这个角度而言,阿斯旺大坝并不十分成功。因此,工程的社会评估必须加上生态效益这一重要的因素。

我们不能再无视生态环境,那种认为自然是可以无限索取的仓库的观点是错误的,那种认为自然是我们想怎样用就怎样用的对象的观点同样也是错误的。自然并不仅仅是受动的,它也是能动的。自然会以自己的方式"报复"人类。人们在一段时期内,由于急功近利的考虑以及缺乏生态学的知识,在工程建设中不重视生态保护乃至于毁林垦田、围湖造田,这样杀鸡取卵式的做法带来了严重的后果。今天的空气污染、环境恶化、水土流失等这些自然的反击,使我们的生存受到了一定的考验,同时也使我们深深地懂得尊重自然、保护自然的重要性,懂得了可持续发展的重要性与必要性。在环境污染加剧、生态严重破坏的今天,保护环境,走可持续发展之路成为必然的选择。同时,对工程进行生态评估自然也成为人们必然的选择。

3.2.4　安全评估

工程的实施并不像科学实验那样可以在实验室中不断地重复进行。工程的实施,特别是大型工程的实施,是人加诸自然的实践活动,具有不可逆性,而且工程的实施具有复杂性(它既涉及自然,更涉及人),因而影响工程施工的因素是繁多的,其中安全的因素是必不可少的。总之,为了工程顺利实施,人们必须要对工程进行安全评估。安全评估具体又包括以下三点:

第一,工程建设过程中施工的安全问题,如施工人员的安全,机械设备的安全,避免突发事故可能对施工的影响。

第二,对工程建设成果管理、维护的安全。要避免意外事件(如地震、海啸、战争)对工程安全的威胁,这些都应在工程建设中加以注意。

第三,人们(特别是工程所在地的原住民)对工程的认同与满意。

在有关安全评估的这三个方面中,人们往往对于第一点和第二点比较重视,但对于第三点却会忽视。其实,第三点对于工程安全同样是至关重要的。任何一项工程,要想取得其预期效益、达到其预期效果,必须要得到人们(特别是工程所在地的原住民)的同意与支持。如果当地民众对工程持反对或抵制态度,那么工程就很难取得其预期效果;如果一项工程不为当地人普遍接受,那么工程的安全就存在风险,工程就可能遭遇失败。因此,任何工程都必须尽最大努力争取人们的支持。只有如此,工程才能取得成功。

3.3　工程中的风险控制

风险控制是指风险管理者采取各种措施和方法,消灭或减少风险事件发生的各种可能性,或者减少风险事件发生时造成的损失。在这个定义里,应注意三点:第一,风险控制直接改善风险单位损失的特性,使风险可以被人们预测控制,用来降低损失频率和缩小损失幅度。至于如何计算损失,与风险控制对策并无关系。第二,任何特定的风险控制对策会因个体的不同而有不同层面的影响。例如,设立天桥对行人而言可免除身体受伤的人身风险;对汽车驾驶者而言,可免除责任风险。第三,任何特定的风险控制仅与所要控制的特定损失有关。例如自动喷淋系统仅与特定的火灾毁损有关,而与此系统所导致的水灾损失无关;安置氧气瓶可使煤矿工人避免呼吸困难,但也有引起爆炸的可能。

下面分项说明风险控制具体种类的性质和内容。

3.3.1　风险规避

风险规避是指为了不产生所要避免的风险,或者是为了完全消除既有风险所采取的行动。简单地说就是企图完全降低损失发生概率直至为零的行动。这个对策是所有风险对策中唯一"完全能自足"的风险对策,即风险如能完全避免就不会产生损失,则其他风险对策就不需要了。因此风险就完整地被人们处理了,所以称它为完全能自足对策。但是风险规避这种对策是有一定的条件和限制的。

按照上述的定义,规避风险常用的形态有三种:

第一,根本不从事可能产生某特定风险的任何行动。例如,为了免除爆炸风险,工厂根本不从事爆竹的制造。或为了免除责任风险,学校彻底禁止学生的郊游活动。

第二,中途放弃可能产生某种特定风险的行动。例如,投资因选址不慎而在河谷建造的工厂,而保险公司又不愿为其承担保险责任。当投资人意识到在河谷建厂必将不可避免地受到洪水的威胁,且又无其他防范措施时,他只好放弃该建厂项目。虽然他在建厂准备阶段耗费了不少投资,但与其让厂房建成后被洪水冲毁,不如及早改弦易辙,另谋理想的厂址。又如某承包人受业主信任而被邀请投标某项具有政治敏感性的工程,如军用机场,机场建成后将很可能被业主国政府用于对付另一个与承包人的政府有密切关系的国家,由此而加剧未来的局部战争。承包人如拒绝投标,则有可能刺激对其十分信任的业主;如果投标,则很可能中标该项工程。这种情况下,承包人会进退两难。如果承包人采取投高价标而落选,则可算最佳决策。这样就不会得罪业主,虽然要付出代价,因为至少承包人投标报价的损失要由自己承担,但如果从政治需要出发,做出一点牺牲还是值得的。这种破财消灾的办法在国际事务中是经常见到的。

第三,放弃已经承担的风险以避免更大的损失。实践中这种情况经常发生,事实证明这是紧急自救的最佳办法。作为工程承包人,在投标决策阶段难免会因为某些失误而铸成大错。如果不及时采取措施,就有可能一败涂地。例如某承包人在投标承包一项皇宫建造项目时,误将纯金扶手译成镀金扶手,按镀金扶手报价,仅此一项就相差100多万美元,而承包人又不能以自己所犯的错误为由要求废约,否则要承担违约责任。风险已经注定,只有寻找机会让业主自动提出放弃该项目。于是他们通过各种途径,求助于第三者游说,使甲方自己主动下令放弃该项工程。这样承包人不仅避免了业已注定的风险,而且利用业主主动放弃项目进行索赔,从而获得一笔可观的额外收入。

转包工程也是回避风险的有效手段之一。许多情况下,业主并不禁止转包。如果承包人经过分析认定工程已注定难逃亏损厄运,他只有采取转嫁风险的办法。有些项目对于某些承包人可能风险较大,但对于另一些承包人则并不一定有风险。因为不同的承包人具有不同的优势。例如中国一家承包人以低价标获取非洲某国的一项大型公路项目。该承包人在当地没有基地,所有物资及人员都必须由国内调拨。这种情况下,如果坚持独家实施该项目,势必亏损相当严重。该承包人经过分析比较,决定将工程的大部分转包给另一家在当地已有施工设备和人员的公司,只留下很小的一部分任务自己完成,从而转移了风险,而这一风险对于承接转包任务的承包人而言则不再是风险了,因为他具有足够的条件承接这项任务。

风险管理中对风险规避的运用必须注意下列几点:第一,当风险所可能导致的损失频率和损失幅度很高时,规避风险是一种恰当的对策;第二,当采用其他风险对策的成本和效益的预期现值不合经济效益时,可以采用规避风险对策;第三,某些特种风险是无法避免的,例如死亡的人身风险,全球性能源危机等基本风险都是无法避免的;第四,任何风险如果都加以规避,则对个人而言生活必定了无情趣,对企业而言根本不可能有赚钱的机会;第五,由于规避风险只有在特定范围内和特定的角度上来观察才有效,因此规避了一种风险有可能另外产生新的风险,例如,企业考虑由于高速公路近来车祸频繁,决定货物的运送不走高速公路而改走国道或省道,虽然避免了因走高速公路可能导致的财产、人身及责任风险,但却产生了走国道或省道可能产生的货物延迟到达的风险和其他风险。

3.3.2 损失控制

损失控制是指有意识地采取行动防止或减少风险的发生以及所造成的经济及社会损失。它包括两方面的工作:一是在损失发生之前,全面地消除损失发生的根源,尽量减少损失发生频率;二是在损失发生之后努力减轻损失的程度。损失控制是风险控制中最重要也是最常用的对策。它不像风险规避那样消极,它具有积极改善风险损失的特性。例如一栋建筑物在施工前的设计阶段就考虑其抗震、防震设计是最为常见的损失控制措施,有了这种设计,建筑物施工完成后,如遭受地震仍可以做到大震不倒、小震不坏,缩小了可能造成的损失。所以损失控制对策是积极重要的风险控制对策。

如果不详细区分,损失预防和损失抑制都可视为损失控制的对策。因此可以将预防和抑制摆在一起共同讨论。但就实质而言,预防和抑制是有区别的,可以从损失控制的分类中显示出来。损失控制的分类依据不同的基础有三种:第一,按目的不同,损失控制可分为损失预防和损失抑制。前者以降低损失频率为目的,这里要注意损失预防的着眼点在"降低",与风险规避的强调降低至零不同;后者以缩小损失幅度为目的。第二,按风险控制理论的观点不同,可分为行为法和工程物理法。风险控制理论有很多,最具有代表性的有骨牌理论和能量释放理论,根据骨牌理论产生的损失控制方法称为行为法,而根据能量释放理论所产生的损失控制方法称为工程物理法。第三,按照损失控制措施实施的时间分为损失发生前、损失发生时及损失发生后控制。损失发生前的绝大部分为损失预防,而损失发生时和发生后则为损失抑制。

1.损失预防

损失预防是指采取各种预防措施以杜绝损失发生的可能。例如房屋建造者通过改变建筑用料以防止用料不当而倒塌;供应商通过扩大供应渠道以避免货物滞销;承包人通过提高质量控制标准以防止因质量不合格而返工或罚款;生产管理人员通过加强安全教育和强化安全措施,减少事故发生的机会等。在商业交易中,交易的各方都把损失预防作为重要事项。业主要求承包人出具各种保函就是为了防止承包人不履约或履约不力;而承包人要求在合同条款中赋予其索赔权利,也是为了防止业主违约或发生种种不测事件。

损失预防策略通常采取有形和无形的手段,工程法是一种有形的手段,此法以工程技术为手段,消除物质性风险威胁。例如,为了防止山区区段山体滑坡危害高速公路过往车辆和公路自身,对因为开挖而破坏了的山体采用岩锚技术锚住松动的山体,增加山体的稳定性。

工程法预防风险有多种措施:

(1)防止风险因素出现。在项目活动开始之前,采取一定措施,减少风险因素。例如,在山地、海岛或岸边建设,为了减少滑坡威胁,可在建筑物周围大范围内植树栽草,与排水渠网、挡土墙和护坡等措施结合起来,防止雨水破坏土体稳定,这样就能根除滑坡这一风险因素。

(2)减少已存在的风险因素。施工现场,若发现各种用电机械和设备日益增多,及时果断地换用大容量变压器就可以减少其烧毁的风险。

（3）将风险因素同人、财、物在时间和空间上隔离。风险事件发生时,造成财产毁坏和人员伤亡是因为人、财、物与风险源在空间上处于破坏力作用范围之内。因此,可以把人、财、物与风险源在空间上实现隔离,在时间上错开,以达到减少损失和伤亡的目的。

工程法的特点是每一种措施都与具体的工程技术设施相联系,但是不能过分地依赖工程法。这是因为:首先,采取工程措施需要很大的投入,因此决策时必须进行成本效益分析。第二,任何工程设施都需要有人参加,而人的素质起决定性作用。另外,任何工程设施都不会百分之百可靠。因此,工程法要同其他措施结合起来使用。

无形的风险预防手段有教育法和程序法。

（1）教育法。因为项目管理人员和所有其他有关各方的行为不当构成项目的风险因素,因此,要减轻与不当行为造成的风险,就必须对有关人员进行风险和风险管理教育。教育内容应该包含有关安全、投资、城市规划、土地管理与其他方面的法规、规章、规范、标准和操作规程、风险知识、安全技能和安全态度等。风险和风险管理教育的目的是让有关人员充分了解项目所面临的种种风险,了解和掌握控制这些风险的方法,使他们认识到个人的任何疏忽或错误行为,都可能给项目造成巨大损失。

（2）程序法。是指以制度化的方式从事项目活动,减少不必要的损失。项目管理班子制定的各种管理计划、方针和监督检查制度一般都能反映项目活动的客观规律性,因此一定要认真执行。我国长期坚持的基本建设程序反映了固定资产投资活动的基本规律,要从战略上减轻建设项目的风险,就必须遵循基本建设程序。美国企业界有良好的风险管理成效,主要原因之一就是政府法令的配合。尤其是1970年颁布的《职业安全和健康法》（OSHA）更是值得借鉴。OSHA是一种联邦法律,它的目的是改善全国工人的工作环境,该法律使雇主承担了两种义务:一个义务是免除工作环境中所有的危险因素,另一个义务是遵守劳工部设定的工作环境安全标准。由于该法律对违反规定的雇主有很重的罚则,因而促使雇主更重视损失控制工作。

合理地设计项目组织形式也能有效地预防风险。项目发起单位如果在财力、经验、技术、管理、人力或其他资源方面无力完成项目,可以同其他单位组成合营体,预防自身不能克服的风险。

使用损失预防时需要注意的是,在项目的组成结构或组织中加入多余的部分同时也会增加项目或项目组织的复杂性,提高项目的成本,进而增加风险。

有些风险可以使用成熟的损失预防技术。例如外汇风险,世界银行发放的贷款,一般都以多种货币支付,原因之一就是帮助借款国避免因贷款货币汇率发生变化而蒙受的损失。如果项目的投入或产出涉及外汇,则必须采取措施预防外汇风险。

2.损失抑制

损失抑制系指在风险损失已经不可避免地发生的情况下,通过种种措施以遏制损失继续恶化或局限其扩展范围使其不再蔓延或扩展,也就是说使损失局部化。在实施抑制策略时,最好将项目的每一个具体"风险"都减轻到可接受的水平,具体的风险减轻了,项目整体失败的概率就会减小,成功的概率就会增加。例如承包人在业主付款误期超过合同规定期限的情况下,采取停工或撤出队伍的措施并提出索赔要求,甚至提起诉讼;业主在确信某承包人无力继续实施其委托的工程时立即撤换承包人;施工事故发生后采取紧急救护;业主控制内部核算;制订种种资金运筹方案等。这些都是为了达到减少损失的目的。

3.损失控制措施

损失控制通常可采用以下办法:

(1)预防危险源的产生。

(2)减少构成危险的数量因素。

(3)防止已经存在的危险的扩散。

(4)降低危险扩散的速度,限制危险空间。

(5)在时间和空间上将危险与保护对象隔离。

(6)借助物质障碍将危险与保护对象隔离。

(7)改变危险的有关基本特征。

(8)增强被保护对象对危险的抵抗力,如增强建筑物的防火和防震性能。

(9)迅速处理环境危险已经造成的损害。

(10)稳定、修复、更新遭受损害的物体。

损失控制应采取主动措施,以预防为主,防控结合。就某一行为或项目而言,应在计划、执行及施救各个阶段进行风险控制分析。控制损失的第一步是识别和分析已经发生或已经引起或将要引起的危险。分析应从两方面着手:

第一,损失分析。通常可采取建立信息人员网络和编制损失报表的方式。分析损失报表时不能只考虑已造成损失的数据,应将侥幸事件或几乎失误或险些造成损失的事件和现象都列入报表并认真研究和分析。

第二,危险分析。包括对已经造成事故或损失的危险和很可能造成损失或险些造成损失的危险的分析。除对与事故直接相关的各方面因素进行必要的调查外,还应调查那些在早期损失中曾给企业造成损失的其他危险重复发生的可能性。此外,还应调查其他同类企业或类似项目实施过程中曾经有过的危险或损失。

在进行损失和危险分析时不能只考虑看得见的直接成本和间接成本,还要充分考虑隐蔽成本。例如对生产事故进行损失和危险分析时,起码应考虑:

(1)直接成本。如机器损坏,要计算修复或重置费用。

(2)间接成本。如人员伤亡时要计算治疗费、安置费用等。

(3)隐蔽成本。除了直接成本和间接成本外,还要考虑由事故引起的各种不易察觉的损失。如受伤雇员的时间损失成本,为帮助受伤雇员而停止工作的其他雇员的损失成本,训练替补人员的时间损失和费用,配套设备停止工作的成本,受伤人员痊愈后工作效率降低所导致的损失,因事故而导致情绪变化从而降低工作效率的损失等。

这些隐蔽成本远远高出直接成本和间接成本之和,专家们估计通常可达直接成本和间接成本之和的4倍,甚至更多。

3.3.3　风险单位分离

分离对策基于一个哲理演化处理,即"不要把所有的鸡蛋放在同一个篮子里"。根据这项哲理,分离又衍生成两项对策分割和储备。这两项对策均在试图降低经济单位对单一财产、特定计划行动及特定人物的依赖,使损失单位变得更小从而更容易预测和控制,从而达到风险管理的目的。

风险单位分离又分两种:

1.风险单位分割

分割风险单位是将面临损失的风险单位分割,即"化整为零",而不是将它们全部集中在可能毁于一次损失的同一地点。大型运输公司分几处建立自己的车库,巨额价值的货物分批运送等都是分割风险单位的方法。这种分割客观上减少了一次事故的最大预期损失,因为它增加了独立风险单位的数量。

风险分割常用于承包工程中的设备采购。为了尽量减少因汇率波动而导致的汇率风险,承包人可在若干不同的国家采购设备,付款采用多种货币。比如在日本采购支付日元,在美国采购支付美元等。这样即使汇率发生大幅度波动,也不会全都导致损失风险。以日元支付的采购可能因其升值而导致损失,但以美元支付的采购则可以因其贬值而获得节省开支的机会。在施工过程中,承包人对材料进行分隔存放也是风险分割手段。因为分隔存放无疑分离了风险单位。各个风险单位不会具有同样的风险源,而且各自的风险源也不会互相影响,这样就可以避免材料集中于一处时可能遭受同样的损失。

2.储备风险单位

储备风险单位是增加风险单位数量,不是采用"化整为零"的措施,而是完全重复生产备用的资产或设备,只有在使用的资产或设备遭受损失后才会把它们投入使用。例如企业设两套会计记录,储存设备的重要部件,配备后备人员等。

储备风险单位可以在项目的组成结构上下功夫,增加可供选用的行动方案数目,提高项目各组成部分的可靠性,从而减少风险发生的可能性。有些国家设副总统,就是典型的风险储备策略。为了最大限度地提高项目的风险防范能力,应该在项目结构的最底层,为各组成部分设置后备物资、人力等。例如,城市污水收集处理系统应设置备用泵;为不能停顿的施工作业准备备用的施工设备;航天飞机装有四种不同版本但功能相同的计算机软件,而计算机则设五台,四台启动,一台备用等。

又如,1996年8月中旬,二滩水电站工地在紧张的施工过程中,因意外事故,承担骨料和混凝土生产、冷却系统和大坝混凝土浇筑系统的两台意大利进口变压器烧毁,施工陷入停顿状态。大坝混凝土是整个工程的重中之重,是以时、日计的关键工序。但是,该工地却没有备用的变压器,情况十分危急。幸运的是,远离工地两千多公里的北京变压器厂恰好有两台供出口的同型号变压器,经过有关方面大力支持,终于运到工地并安装调试成功,恢复了大坝混凝土的浇注。这一事件说明了后备措施的重要性。

分离风险单位的两种方法一般都会增加企业开支,有时作为对付风险的方法并不实用。虽然增加风险单位可以减少一次损失的损失幅度,但也会增加损失频率。

与分离有异曲同工之妙的对策是风险结合对策。所谓结合法是将同类风险单位加以集合,便于未来损失预测,从而降低风险的一种方法。企业的合并经营、联营及多国化企业经营等都是结合法的实际运用。从结合法的定义可知,结合法有增加风险单位的功能,但增加的途径与分离不同,分离是把一个拆散为好几个,而结合是把很多个组合起来方便预测控制。

综上所述,分割、储备和损失抑制措施似乎有点类似。然而这三项对策损失频率和幅度及预期值的影响各有程度上的不同:首先,分割与储备并不像损失抑制那样,特别强调以缩小损失幅度为目的。其次,分割和储备不以缩小损失为目的,仍有使损失缩小的功效,但在损失频率的功效上两者并不相同。分割可能增加损失频率,但储备对损失频率则毫无影响。这是因为分割的结果会使风险单位增加而增加了风险频率。第三,储备由于对损失频率无影响,有缩小损失幅度的功效,因而有降低损失预期值的效果。第四,分割对损失频率和幅度都有影响,分割是否降低损失预期值主要由分割对频率和幅度影响程度的高低而定。

3.3.4　控制型风险转移

风险转移的途径有两个:一是通过保险合同转移出去,另一个是通过非保险合同转移出去。不论何种途径都牵涉到两位当事人,一是转移者,另一个是受转者。对于第一种途径,受转者是保险人,第二个途径则是非保险人。风险转移中的保险策略在这里不再赘述,而非保险的风险转移按转移的重点不同,又分为控制型与理财型两种,这里我们只讨论控制型。

所谓控制型非保险风险转移是指转移者将风险转嫁给非保险人等经济个体,从而使该经济个体有从事某特定行动的法律责任,并且有承担因该项行动所导致的损失义务的一种契约行为。它的特性有几点:第一,该风险转移契约的对象不是保险人;第二,该风险转移契约的目的并不是寻求损失的补偿而是寻求基于法律责任而必须执行某种行动的受转者,所以它转移的重点在法律责任而不是损失的补偿;第三,这种转移契约并没有使转移者完全免除因转移所可能引发的任何风险。

风险转移是风险控制的另一种手段。经营实践中有些风险无法通过上述手段进行有效控制,经营者只好采取转移手段以保护自己。风险转移并非损失转嫁。这种手段也不能被认为是损人利己,有损商业道德,因为有许多风险对一些人的确可能造成损失,但转移后并不一定同样给他人造成损失。其原因是各人的优劣势不一样,因而对风险的承受能力也不一样。因此,实行这种策略要遵循两个原则:第一,必须让承担风险者得到相应的报ళ;第二,对于各具体风险,谁最有能力管理就让谁分担。

采用这种策略所付出的代价大小取决于风险大小。当项目的资源有限,不能实行减轻和预防策略,或风险发生频率不高,但潜在的损失或损害很大时可采用此策略。

风险转移的手段常用于工程承包中的分包和转包、技术转让或财产出租。合同、技术或财产的所有人通过分包或转包工程、转让技术或合同、出租设备或房屋等手段将应由其自身全部承担的风险部分或全部转移至他人，从而减轻自身的风险压力。这种对策采用的合同形态有四种：第一，买卖出售合同。例如一爆竹工厂为了避免因爆炸所可能产生的财产风险而将爆竹工厂出让给其他的非保险人，而且这个对策与中止爆竹厂生产的风险规避不同；第二，出租协议。该协议特别适用于财产风险的管理；第三，分包合同。通过分包合同，主承包人可将某类特定的工程或计划的法律责任转由分承包人承担；第四，辩护协定。凭此协议风险承受者可以免除转移者对承受者追诉损失的法律责任，例如医生对病人执行开刀手术前往往要求病人签字同意如手术不成功医生并不负责的协议。

对应于不同的合同形态，转移风险主要有四种方式：出售、发包、开脱责任合同、担保。

1. 出售

就是通过买卖契约将风险转移给其他单位。这种方法在出售项目所有权的同时也就把与之相关的风险转移给了其他单位。例如，项目可以通过发行股票或债券筹集资金，股票或债券的认购者在取得项目的一部分所有权时，也同时承担了一部分风险。

2. 发包

发包就是通过从项目执行组织外部获取货物、工程或服务而把风险转移出去。发包时又可以在多种合同形式中选择。例如建设项目的施工合同按计价形式划分，有总价合同、单价合同和成本加酬金合同。总价合同适用于设计文件详细完备，因而工程量易于准确计算或简单、工程量不大的项目，采用总价合同时，承担单位要承担很大风险，而业主单位的风险相对而言要小得多。成本加酬金合同适用于设计文件已完备但又急于发包，施工条件不好或由于技术复杂需要边设计边施工的一些项目，采用这种合同形式，业主单位要承担很大的风险费用。一般的建设项目采用单价合同，当采用单价合同时，承包单位和业主单位承担的风险彼此差不多，因而承包单位乐意接受。

3. 开脱责任合同

在合同中列入开脱责任条款，要求对方在风险事故发生时，不要求项目班子本身承担责任。例如在国际咨询工程师联合会的土木工程施工合同条件中有这样的规定："17.1 承包人应保障和保持使雇主、雇主人员以及他们各自的代理人免受以下所有索赔、损害赔偿费、损失和开支（包括法律费用和开支）带来的伤害：任何人员的人身伤害、患病、疾病或死亡，不论是由于承包人的设计（如果有）、施工和竣工，以及修补任何缺陷引起，或在其过程中，或因其原因产生的，除非是由于雇主、雇主人员，或他们各自的任何代理人的任何疏忽、故意行为或违反合同造成的……"

4. 担保

所谓担保，是指为他人的债务、违约或失误负间接责任的一种承诺。在项目管理上是指银行、保险公司或其他非银行金融机构为项目风险负间接责任的一种承诺。例如，建设项目施工承包人请银行、保险公司或其他非银行金融机构向项目业主承诺为承包人在投标、履行合同、归还预付款、工程维修中的债务、违约或失误负间接责任。当然，为了取得这种承诺，承包人要付出一定代价，但是这种代价最终要由项目业主承担。在得到这种承诺之后,项目业主就把由于承包人行为方面不确定性带来的风险转移到了出具保证书或保函者即银行、保险公司或其他非银行金融机构身上。总结前面所述各项风险控制对策的说明如表3-1所示。

表3-1　风险控制对策

对策名称	性　质	适用情况	备　注
规避	企图使损失频率等于零的行动	损失频率及幅度均极高时	在特定范围内有效,不但个别经济单位免除了风险,而且整个社会也可免除
预防	降低损失频率	损失频率高,损失幅度低时	可以降低损失频率,但无使损失频率等于零的企图
抑制	缩小损失幅度	损失幅度高,损失频率低时	有时与预防很难严格区分
分离	增加风险单位使损失易于测算	原有风险单位极少或失去其原有功能时	可分为分割及储备
转移	转移法律责任给非保险人	需要由非保险人承担某一行动时	与风险理财型风险转移不同

3.4　工程风险中的伦理责任

3.4.1　伦理责任的概念

责任是人们生活中经常用到的概念,它不专属于伦理学,许多学科如法学、经济学、政治学、社会学等都涉及和关注责任问题,因此人们对责任的理解呈现出多维度、多视角的状况。在责任的分类上,按照性质可以分为因果责任、法律责任、道义责任等;按照时间先后可分为事前责任和事后责任;当然也可以按照程度把责任区分为必须、应该和可以等级别。不论何种类型的责任,都会包含如下几个要素:责任人,对何事负责,对谁负责,面临指责或潜在的处罚,规范性准则,在某个相关行为和责任领域范围之内。根据这种分析可以把责任界定为"按照对一种行为或其结果的预期而追溯原因的关系系统"。

责任在当下的伦理学中已凸显为一个关键概念,这与当今社会的时代特征是息息相关的。当今社会科技高度发达,科技越发达,人类改造世界的能力就越强,其自由度也就越大。科技进步带来的许多问题是人类有限的理性无法预期和控制的,"现代科技的行动能力所具有的集体性与累积性,使得行动的主体不再只限于有意志决定的个人(或有组织的团体,如法人等),而行动的结果透过科技附带效应的长远影响,也已经不在人类目标设定或可预见的范围之内"。因此,科技进步带来的新型责任是"未来责任"和"共同责任"。它所带来的伦理问题也是传统伦理学无法应对的,责任变得比以往任何时代都更为复杂和尖锐。

责任范畴不仅仅属于伦理学领域,它只有在与道德判断发生联系的时候,才具有伦理学意义。要澄清伦理责任的内涵,可以通过与其他责任类型相比较的方式进行。首先,伦理责任不等于法律责任。法律责任属于"事后责任"，指的是对已发事件的事后追究，而非在行动之前针对动机的事先决定；伦理责任则属于"事先责任"，其基本特征是善良意志不仅依照责任而且出于责任而行动。"专由法律所规定的义务只能是外在的义务，而伦理学的立法则是一般地指向一切作为义务的东西，它把行为的动机也包括在它的规律内。单纯因为'这是一种义务'而无须考虑其他动机而行动，这种责任才是伦理学的，道德内涵也只有在这样的情形里才清楚地显示出来。"另外，相对于法律责任而言，伦理责任对责任人的要求更高。法律责任是社会为社会成员划定的一种行为底线，但是仅靠法律责任还不能解决人们生活中遇到的所有问题，人们还必须超越这个底线，上升到更高的伦理责任的要求。

其次，伦理责任也不等同于职业责任。职业责任是工程师履行本职工作时应尽的岗位（角色）责任，而伦理责任是为了社会和公众利益需要承担的维护公平和正义等伦理原则的责任。工程师的伦理责任一般说来要大于或重于职业责任。如果工程师所在的企业做出了违背伦理的决策，损害了社会和公众的利益，简单恪守职业责任会导致同流合污，而尽到伦理责任才能够切实保护社会和公众的利益。职业责任和伦理责任在大多数情况下是一致的，但在某些情况下则会发生冲突，比如工程师在知道公司产品存在质量问题并有可能对公众的生命财产产生威胁时，他是应该坚持保密性的职业伦理要求呢？还是遵循把公众的安全、健康和福祉置于首要地位的社会伦理责任要求呢？这就需要工程师在职业责任和伦理责任之间进行权衡。

3.4.2　工程伦理责任的主体

1.工程师个人的伦理责任

与人类其他活动相比，工程活动有着独特的知识要求。工程师作为专业人员，具有一般人不具有的工程知识，他们不仅能够比一般人更早、更全面、更深刻地了解某项工程成果可能给人类带来的福利，同时，他们作为工程活动的直接参与者，比其他人更了解某一工程的基本原理以及所存在的潜在风险，因此，工程师的个人伦理责任在防范工程风险上具有至关重要的作用。

工程师的特殊能力决定了他们在防范工程风险上具有不可推卸的伦理责任，即工程师应有意识地思考、预测、评估其所从事的工程活动可能产生的不利后果，主动把握研究方向；在情况允许时，工程师应自动停止危害性的工作。除了在本职工作范围内履行伦理责任以外，还要利用适当的途径和方式制止违背伦理的决策和实际活动，主动降低工程风险，防范工程事故的发生。

以在我国引起巨大社会问题的 PX 项目为例，如果从事设计和生产的工程师能够尽职尽责，努力消除安全隐患，避免出现重大事故；在发现存在严重质量问题和重大风险时，主动向上级决策部门反映；必要时向公众说明 PX 项目的真实情况、存在的问题和可能的风险，他们的"出场"就有可能化解工程安全引发的社会问题，进而消除公众对该项目在理解和接受上的偏差。

2.工程共同体的伦理责任

之所以提出工程共同体的伦理责任，是因为现代工程在本质上是一项集体活动，当工程风险发生时，往往不能把全部责任归结于某一个人，而需要工程共同体共同承担。工程活动中不仅有科学家、设计师、工程师、建设者的分工和协作，还有投资者、决策者、管理者、验收者、使用者等利益相关者的参与。他们都会在工程活动中努力实现自己的目的和需要。因此，工程责任的承担者就不仅限于工程师个人，而是要涉及包括诸多利益相关者在内的工程共同体。

工程活动的多方参与性也造成了现代工程的"匿名性"和"无主体性"。现代工程和技术都是复杂系统。在这种高度复杂系统中，组织化的作用要远大于个人作用，而其中潜藏着的巨大风险很难归结为某个人的原因。此外，工程社会效果具有累积性，而且这种累积还是不可预见的。比如转基因技术，不经过长时间的观察，人类当下无法对它的危险系数进行判断。这些都使得由谁来承担以及如何承担起这种责任的问题变得格外复杂。所以，必须在考虑工程师个人伦理责任的同时，探讨工程共同体的伦理责任。

工程事故中的共同伦理责任是指工程共同体各方共同维护公平和正义等伦理原则的责任。这种责任不是指他们共同的职业责任，不是说发生了工程事故后所有相关者都要责任均摊，而是强调个人要站在整体的角度理解和承担共同伦理责任，通过工程共同体各方相互协调承担共同伦理责任，积极主动履行共同伦理责任。承担共同伦理责任的目的在于，从工程事故中反思伦理责任方面的问题，提高工程师群体的社会责任感和工程伦理意识，形成工程伦理文化氛围。

3.4.3　工程伦理责任的类型

1.职业伦理责任

所谓"职业"，是指一个人"公开声称"成为某一特定类型的人，并且承担某一特殊的社会角色，这种社会角色伴随着严格的道德要求。职业活动区别于非职业活动的特征在于：第一，进入职业通常要求经历一段长期的训练时期；第二，职业人员的知识和技能对于广大人民的幸福是至关重要的；第三，职业通常具有垄断性或近似于垄断性；第四，职业人员通常具有一种不同寻常的自主权；第五，职业人员声称他们通常受到具体的伦理规范的支配。

相应地，职业伦理应当区别于个人伦理和公共伦理。职业伦理是职业人员在自己所从业的范围内所采纳的一套标准。个人伦理是一组个人的伦理承诺，这些伦理承诺是在生活训练中经过反思获得的。公共伦理是一个社会大多数成员所共享并认可的伦理规范。三种伦理虽然有不同的内涵，但是它们之间通常是交叉的。

职业伦理责任可以分为三种类型，一是"义务－责任"，职业人员以一种有益于客户和公众并且不损害自身被赋予的信任的方式，使用专业知识和技能的义务。这是一种积极的或向前看的责任。二是"过失－责任"，这种责任是指可以将错误后果归咎于某人。这是一种消极的或向后看的责任。三是"角色－责任"，这种责任涉及一个担任某个职位或管理角色的人。

因为工程总是与风险相关的,所以工程师的伦理责任在某种意义上就是对风险负起责任。要做到这一点,工程师应该注意到,风险通常是难以评估的,并且风险可能会以微妙的和变幻莫测的方式扩大;其次,还需要注意到存在着不同的可接受风险的定义。与一般公众不同的是,工程师在处理风险的过程中,他们有一种强烈的量化思维,这使得他们对一般公众的关注不够敏感。最后,工程师还必须意识到风险的法律责任。

2.社会伦理责任

工程师作为公司的雇员,当然应该对所在的企业或公司忠诚,这是其职业道德的基本要求。可是如果工程师仅仅把他们的责任限定在对企业或公司的忠诚上,就会忽视应尽的社会伦理责任。工程师对企业或公司的利益要求不应该是无条件地服从,而应该是有条件地服从,尤其是公司所进行的工程具有极大的安全风险时,工程师更应该承担起社会伦理责任。当他发现所在的企业或公司进行的工程活动会对环境、社会和公众的人身安全产生危害时,应该及时地给予反映或揭发,使决策部门和公众能够了解到该工程中的潜在威胁,这是工程师应该担负的社会责任和义务。

在早期的工程师职业章程中,对工程师的社会伦理的重视是不够的。比如早期比较有代表性的美国工程师职业章程认为,"工程师应当将保护客户或雇主的利益作为他首要的职业责任,所以应当避免与此责任相违背的任何行为"。有关社会伦理责任的表述几乎看不到,可以视作涉及这方面的唯一表述是:工程师"应当努力帮助公众对工程项目有一个基本公正的和正确的理解,向公众传播一般的工程知识,在出版物或别的关于工程的话题上,阻止不真实的、不公正的或夸张的陈述"。

20世纪中叶之后,许多工程师社团的章程中开始增加大量关于社会伦理责任的内容。如"工程师职业发展理事会"章程中采纳了"工程师不仅对雇主和客户,而且对公众有诚实的义务"的主张,在其章程中明确表示工程师"应当关注公众的安全和健康",后来又把它修改为"在履行工程师责任的过程中,工程师应当将公众的安全、健康和福祉置于首要地位"。目前,诸如此类的表述在几乎所有的工程师章程中都可以见到。

3.环境伦理责任

除了职业伦理责任和社会伦理责任,包括工程师在内的工程共同体还需要对自然负责,承担起环境伦理责任。具体而言,环境伦理责任包含如下几个方面:

评估、消除或减少工程项目、过程和产品的决策所带来的短期的、直接的影响以及长期的、直接的影响;减少工程项目以及产品在整个生命周期中对于环境及社会的负面影响,尤其是使用阶段;建立一种透明和公开的文化,在这种文化中,关于工程的环境以及其他方面的风险的毫无偏见的信息,必须和公众有个公平的交流;促进技术的正面发展用来解决难题,同时减少技术的环境风险;认识到环境利益的内在价值,不要像过去一样将环境看作免费产品。

虽然人们已经认识到工程活动应该承担相应的环境伦理责任,但是在现实实践中却由于种种的原因而不能很好地实现。就工程师个体而言,他在工程活动中扮演着多重的角色,每种角色都相应地被赋予一定的责任,包括对职业理想的责任,对自己的责任,对家庭的责任,对公司的责任,对用户的责任,对团队其他成员的责任,对社会的责任,对环境的责任,等等。这许许多多责任的履行,使得工程师受到多重限制,包括雇主的限制、职业的限制、社会的限制、家庭的限制等。这种种限制常常使工程师陷入伦理困境中,是将公司的利益、雇主的利益、自身的利益置于社会和环境利益之上还是相反? 这成为工程师必须面对和选择的问题。

因此,为了更好地促使环境伦理责任的实现,工程团体或协会还需要在其章程中制定专门的环境伦理规范。世界工程组织联盟于1986年率先制定了《工程师环境伦理规范》,对工程师的环境伦理责任进行了明确的界定,为工程师在现实中面临伦理困境时进行正确决策提供了指导性的意见。

 参考案例

内蒙古银漫矿业公司"2•23"事故

2019年2月23日8时15分,内蒙古锡林郭勒盟西乌珠穆沁旗兴业矿业全资子公司银漫矿业有限责任公司外包施工单位采用非法改装车承载50人,违规经措施斜坡道向井下运送作业人员。8时20分左右,车辆刹车制动突然失灵,车辆失控,撞在距井口570m处的四车场巷道帮上,事故导致15人当场死亡,7人经救治无效死亡。

事故调查组初步调查结果:发生事故的企业在网上非法购置运输车辆,且该车辆没有国家规定的安全标志,没有经过相关机构的检测检验,企业将运输地面人员的车辆用于井下运输也系严重违规。同时,企业还严重违反了安全设施设计规定,把措施斜坡道用于井下人员输送。此外,事故车辆的核载人数不超过30人,但事发时实载50人,属严重超载。

调查组还发现,发生事故的企业把安全生产责任全部转嫁给了外包施工队伍,并违反了停产复工安全监督管理的有关规定。张玉国说,该企业此前向有关部门报告其春节期间不停产,但实际上1月15日就进行了停产。2月13日,企业擅自复工,但没有进行安全监管报备,严重违反了停产复工安全管理的有关规定。同时,基层安全监管人员监督管理的针对性不强,特别是在特殊节点的安全管理、春季停产复工的过程中,还没有全部掌握实情。

企业注重短期经济效益,忽视职工生命安全,安全发展理念只放在口头上却没有实践在行动中,这条路到底能走多远? 市场已经给出了最有力的答案。根据银漫公司的业绩承诺,2017—2019年将分别完成3.65亿元、4.63亿元、4.63亿元。2月24日,银漫公司已收到西乌珠穆沁旗应急管理局下发的现场处理措施决定书,责令银漫公司停产停业整顿。由于涉及重大生产安全事故,这将严重影响到银漫公司的业绩承诺,该公司业绩面临大幅下行的风险。根据《国家安全监管总局关于印发〈对安全生产领域失信行为开展联合惩戒的实施办法〉的通知》的规定,"发生较大及以上生产安全责任事故""存在严重违法违规行为,发生重特大生产安全责任事故",银漫公司将被纳入联合惩戒对象和安全生产不良记录"黑名单"管理,这就意味着兴业矿业的"主力矿山"将面临18个部门29条惩戒措施的实施。

（资料来源：佚名.痛心！内蒙古银漫矿业公司"2·23"事故22人死亡、28人受伤[EB/OL][2019-02-28].http://m.sohu.com/a/298142164_483538.内容有整理）

大家运用工程伦理的知识分析本次事故发生有哪些方面的原因？

"7.12"四川宜宾恒达科技有限公司重大爆炸着火事故

2018年7月12日18时42分33秒，位于宜宾市江安县阳春工业园区内的宜宾恒达科技有限公司发生重大爆炸着火事故，造成19人死亡、12人受伤，直接经济损失4142万余元。事故发生后，国务院安全生产委员会对该起事故查处实行挂牌督办。

调查认定，宜宾恒达科技有限公司"7.12"重大爆炸着火事故是一起生产安全责任事故。事故直接原因为操作人员将无包装标识的氯酸钠当作丁酰胺，补充投入到二车间2R301釜中进行脱水操作引发爆炸着火。宜宾恒达科技有限公司未批先建、违法建设，非法生产，未严格落实企业安全生产主体责任，是事故发生的主要间接原因，对事故的发生负主要责任。引发事故的间接原因还包括：相关合作企业违法违规，未落实安全生产主体责任；设计、施工、监理、评价、设备安装等技术服务单位违法违规进行设计、施工、监理、评价、设备安装和竣工验收；氯酸钠产供销相关单位违法违规生产、经营、储存和运输；江安县工业园区管委会和江安县委县政府对安全生产工作重视不够，属地监管责任落实不力；负有安全生产监管、建设项目管理、易制爆危险化学品监管和招商引资职能的相关部门审批把关不严，监督检查不到位。

在调查过程中发现宜宾恒达科技有限公司现场工艺、设备、原料、产品与原项目设计、备案、安全条件审查均不一致。由于该公司自动化控制系统、消防水泵及管线等尚未安装，不具备安全生产条件，就进行试生产，且1车间设备设施等仍在安装中，施工人员与企业员工混杂各种作业交叉进行，进一步增大了现场安全风险。试生产的产品来源不明，无操作规程，生产过程和工艺参数还处于自我摸索中，对相关技术的安全风险一无所知。由于装置没有自动化控制系统，每个班次均有十余人在现场操作，且事发时正处于交接班期间，导致事故造成重大人员伤亡。事实证明，事故的发生，总是由点滴的不安全因素积累而成的。

（资料来源：任鸿.宜宾恒达科技有限公司"7·12"重大爆炸着火事故调查报告公布[N].四川日报，2019-02-14.内容有整理）

大家运用工程伦理的知识分析从哪些方面入手可避免此类事故的发生？

 思考与讨论

1. 导致工程风险的因素有哪些？
2. 从哪些方面入手可以防范工程风险的发生？
3. 工程师需要承担哪些风险伦理责任？

第4章 工程中的利益相关者与社会责任

学习目标

通过本章的学习,掌握利益相关者理论、工程的利益相关者;理解工程建设的社会责任;了解契约理论的相关内容。

引导案例

"福特汽车公司事件"

20世纪60年代后期,美国的汽车业受到外国货,尤其是日本与德国汽车的激烈竞争,各汽车公司便急谋对策,企图力挽狂澜,夺回优势。福特汽车公司是美国三大汽车公司之一,自然要做出回应。1968年福特决定生产一种型号叫"翩度"的小型跑车。为了节省成本,福特将正常的生产日程由三年半缩减为两年。在"翩度"未正式投产前,福特对11辆车进行安全测试,测试的结果是,有8辆"翩度"在碰撞中不合格,只有其余的3辆由于改良了油缸,才通过了安全检查。

福特的行政人员要面对一个困难的选择。如果按照原来的生产日程生产,就会对消费者的安全构成威胁;如果要改良油缸,就会延迟生产,增加成本,公司会继续处于下风,让外国车雄霸市场。

要解决这个问题,福特做了一个成本效益分析,计算改良油缸的可能成本与效益,然后再作决定。

另一方面,公路安全局的估计,交通意外中每死1个人,社会就损失约20万美元,这数字显示,加强安全设施的成本超出了效益。

于是,福特公司提出了维持原来设计的几点理由:

(1)单车价格将突破2000美元,无法达到一个重要的市场目标;

(2)这种设计也符合当时的联邦安全标准;

(3)福特急于开发出一种能够与大众"甲壳虫"车相抗衡的新车型。

根据利润极大化的考虑,福特公司作了毫不含糊的选择——保持原来的设计,不作安全的改装。这个决定,导致了严重的后果——超过50人在翩度车中被烧死,另外多人烧伤。福特被控谋杀,但陪审团最后裁定福特无罪。

虽然福特在这次诉讼中被免除其刑事责任,但从伦理而言,消费者的安全权利显然被忽视了。福特的决策者根本没有履行生产者义务——制造安全产品。他们最关心的是如何用最低的成本生产最多的车。更令人震惊的是,改良油缸所需的额外费用,只不过是每辆车多付11美元而已。然而在利润极大化的诱惑下,11美元却比人命更有"价值"!人的价值被与其他利润成本数字互相比较及一并被计算与取舍。完全忘记了企业的最终目的是要满足人的需要,提高人的生活素质。

企业伦理包括正确处理企业的环境保护问题,公司改革重组引发的裁员和冲突问题,企业内部种族、民族、性别冲突问题,企业内部性骚扰问题,员工隐私(艾滋病、吸毒)问题,跨国经营中的贿赂问题,掠夺性不公平、不正当竞争问题,知情者内部交易问题,反托拉斯法问题等。

本案例所涉及的是汽车产业中福特公司忽视企业的社会责任,一味追求经济利益,不正当竞争等问题。本案例涉及的利益相关者主要包括决策者、董事会、顾客、股东、供应商、雇员、政府、特殊利益群体、竞争对手等。

(资料来源:佚名.利益相关者与企业社会责任[EB/OL][2019-5-27].https://wenku.baidu.com/view/36b0b0590408763231126edb6f1aff00bed570cf.内容有整理)

通过此案例分析:企业与利益相关者,如何理解利益相关者关系以及企业的社会责任?正确处理利益相关者关系可以达到什么目标?

4.1 契约理论

4.1.1 什么是契约

经济学中的契约不同于法学中的契约。法学中的契约是指人们之间达成的协议。它强调协议内容的法律解释和法律效力。经济学中的契约是指交易当事人为取得预期收益而共同确立的各种权利关系,它不仅包括具有法律强制力的协议,还包括不具有法律强制力的默认和承诺。契约关系就是所有的市场交易关系。契约的签订遵循独立(人格上)、自由(意志上)和平等(地位上)的原则。契约具有公平性(市场交易关系的要求)、社会性(产生于社会的一种社会关系)、过程性(签订和执行是一个过程)和不完全性(有限理性、不确定性、成本限制等引起)等特征。

4.1.2 契约的起源及其理论发展

1.契约思想的起源

在中国,契约起源于春秋战国时代,《周礼》中就有记载;在西方,契约起源于古希腊时代,建立在"万民法"基础上的罗马法体系全面规定了契约的基本原则。契约的起源与贸易的发展是分不开的。

2.系统的契约理论可以分为三个发展阶段

第一阶段:古典契约理论。

直接来源于古罗马法,它强调平等、自由的原则。由霍布斯等人引入政法权利领域,洛克等进一步引申,形成社会契约论。认为社会契约的首要条件是平等,其次是个人意志自由。在此基础上成立国家,使人们自愿放弃在自然状态下的某些权利,遵从法制所规定的权利和义务;以保护人民财产、和平、安全和公共福利为目的国家并没有改变人们的自由与平等。社会契约论从而奠定了古典契约理论的基础。

古典经济学崇尚自由竞争和自然秩序,与此相适应,古典契约产生于自由的市场经济早期,早期的交易表现为个别的和不连贯的交易,其契约也是个别的和不连贯的,对责任权利和赔偿方式有明确规定,把它现时化,不涉及未来的变化,具有即时性的特点。

第二阶段:新古典契约理论。

与以揭示市场运行机制为内容的新古典经济学理论紧密相关;以边际革命为标志,以揭示市场运行机制为内容,提出了理想化的竞争理论模型。认为市场总能达到均衡。相应地,提出了重订契约理论,强调契约的持续性,认为随着外部环境的变化,交易者可以按变化了的环境重新签约。市场价格就是交易者反复调整、自发形成的契约。新古典契约理论揭示的是一种长期契约关系。

契约的订立是自由的,它只对缔约双方发生影响,又是不确定性的和可变的,存在使契约内容必然包含某些变更的规则,双方可以按变更的原则适时调整契约内容。契约是可以无限分割的,通过分割长期契约而形成数个暂时性的短期契约,使某些信息在契约中充分体现,长期契约就可以不断得以完善。新古典契约思想建立在对客观经济活动不确定的认识基础上。揭示的是一种长期契约关系,强调契约的持续性,初步认识到契约的不完全性和事后的可调整性、灵活性,但认为不确定风险可通过事前和事后的契约调整来避免或减少,故新古典契约理论认为契约是完全的。

第三阶段:现代契约理论。

现代契约论直接起源于经济学家对新古典经济学理论无法对现实经济活动做出适当解释的认识,需要丰富和纠正理想化的竞争理论模型;现代契约理论是近20年来发展起来的主流经济学前沿理论。它的研究从一整套范畴和分析方法开始,创造了一系列的模型、公式,从不同角度对契约进行分类研究,例如对完全契约和不完全契约、显性契约和隐性契约进行了系统的分析等。

契约是不完全的。由于各种主观和客观原因,契约当事人无法通过事前的条款对未来的交易做出详细规定。不完全性主要原因在于:个人的有限理性;外部环境的复杂性和事件发展的不确定性;契约当事人所掌握的信息是不对称的;契约条款的语言描述模棱两可、当事人在语意理解上的差异导致很高的交易成本,部分契约条款因此而束之高阁。

契约纠纷与契约的不完全性紧密相连。契约的订立者只能设计不同的机制处理由不确定事件引发的有关条款带来的问题,因此契约纠纷是经常性的。契约纠纷有以下几类:外生的因素影响了一方当事人的履约能力而提出解除履约的责任;一方利用缺少风险管理条款的机会影响了另一方的利益;一方由于利润减少(不是由于履约困难),从而想终止契约;环境发生变化,当事人对契约中的某些条款字义的理解出现分歧而引起履约障碍。

契约本身存在着两个不可克服的问题:为尽可能减少不确定性而力图使契约条款更加详尽,必然带来的高交易成本;最初订立的契约将交易双方固定在单个交易中,缔约各方在执行契约的过程中不可避免的利益分歧将导致各自的机会主义行为和共同的损失,长期契约中尤为明显。

为解决契约纠纷,节约交易成本,有效应对未来的不确定性,方法有三种:订立短期契约,通过谈判不断地重新订约;有意遗漏部分条款,通过谈判解决;规定调整契约的规则,根据具体情况做出规定。契约的执行以契约当事人之间协调而自动实施为主,以法律为辅。仅规定一个约束框架的关系性契约对解决问题具有明显优势。

契约分为显性契约和隐性契约。正式的书面契约被称为显性契约;交易双方心照不宣的默认或协议,称为默认契约或隐性契约。契约的执行机制主要是自动实施,即当事人依靠日常习惯、合作诚意和信誉来执行契约,但不排除法律的强制执行机制。

4.1.3 订立契约的原则

1.平等性原则

即当事人之间订立契约是在地位平等的状态下进行的(但不等于契约内容、履约结果或体现的经济利益的平等性,取决于交易双方对交易的相对重要性、谈判力等因素),这是签订契约的内在的基本原则。

2.自由性原则

所谓契约的自由性,就是人们签订契约的自由意志性和自主选择性。自由性与平等性密不可分。自由性是平等性的基础,只有承认契约各方都具有自由权利,才有真正的平等性。

3.守信的原则

这是契约发挥社会作用的基本前提。每个当事人都必须信守契约,因为契约是各方平等协商的结果、自由意志的表达。守信原则的贯彻,应当是自觉的,当事人必须按照契约的规定遵守各自的义务,并享受各种权利,否则就必须付出代价。

4.互利性原则

契约当事人在一致合意的基础上通过契约实现各自的利益,任何契约行为都是当事人实现预期收益的手段。否则,契约就不会形成。但预期获利并不等于实际获利。

4.2 利益相关者理论

4.2.1 利益相关者理论的提出

利益相关者理论(stakeholder theory)是20世纪60年代左右在西方国家逐步发展起来的,进入20世纪80年代以后其影响迅速扩大,并开始影响英美等国的公司治理模式的选择,并促进了企业管理方式的转变。利益相关者理论的出现,是有其深刻的理论背景和实践背景的。

利益相关者理论立足的关键之处在于,它认为随着时代的发展,物质资本所有者在公司中的地位呈逐渐弱化的趋势。所谓弱化物质所有者的地位,指利益相关者理论强烈地质疑"公司是由持有该公司普通股的个人和机构所有"的传统核心概念。主张利益相关者理论的学者指出,公司本质上是一种受多种市场影响的企业实体,而不应该是由股东主导的企业组织制度;考虑到债权人、管理者和员工等许多为公司贡献出特殊资源的参与者的话,股东并不是公司唯一的所有者(Donaldson & Preston,1995)。

促使西方学术界和企业界开始重视利益相关者理论的另一个重要的原因是,全球各国企业在20世纪70年代左右开始普遍遇到了一系列的现实问题,主要包括企业伦理问题、企业社会责任问题、企业环境管理问题等。这些问题都与企业经营时是否考虑利益相关者的利益要求密切相关,迫切需要企业界和学术界给出令人满意的答案。

1. 企业伦理

企业伦理(business ethics)问题是20世纪60年代以后管理学研究的一个热点问题。由于过分地追求所谓的利润最大化,企业经营活动中以次充好、坑蒙拐骗、行贿受贿、恃强凌弱、损人肥己等不顾相关者利益、违反商业道德的行为,在世界各国都不同程度地存在着。企业在经营活动中应该对谁遵守伦理道德、遵守哪些伦理道德、如何遵守伦理道德等问题摆在了全球学术界和企业界的面前。

2. 企业社会责任

企业社会责任(corporate social responsibility,CSR)的概念是从20世纪80年代开始得到广泛认同的,其内涵也日益丰富。过去那种认为企业只是生产产品和劳务的工具的传统观点受到了普遍的问责,人们开始意识到企业不仅仅要承担经济责任,还需要承担法律、道德和慈善等方面的社会责任(刘俊海,1999)。随后,对企业社会责任的研究逐渐成为利益相关者理论的一个重要组成部分,其研究的重点已从社会和道德关怀转移到诸如产品安全、雇员权利、环境保护、道德行为规范等问题上来。

3. 企业环境管理

企业环境管理(enterprise environmental management,EEM)问题日益成为现代企业生存和发展中一个不容回避的问题。人类生存的自然环境日益恶化已是一个不争的现实,全球环境问题正逐步成为人们关注的焦点。1992年11月18日,包括9位诺贝尔奖获得者在内的1500位科学家发表了3页《对人类的警告》。这些科学家们肯定地认为:"全球环境至少在8个领域内面临着严重威胁……全球环境问题不仅仅已经影响着当代人的生活,而且还对人类后代、非人物种的生存也构成了威胁。"(福斯特·莱茵哈特,2000)因此,已有学者开始认识到基于利益相关者共同参与的战略性环境管理模式(strategic environmental management based on stakeholders participation,SEMBOSP)可能是企业环境管理的最终出路。

也就是说,在20世纪60年代中期以后,企业除了要在日益激烈的竞争中获取竞争优势以外,还必须面对越来越多的与其利益相关者有关的问题,需要考虑企业伦理问题,需要承担社会责任,需要进行环境管理。这就使得许多企业陷入迷惘之中:企业赚取利润,本是天经地义的事,怎么还需要考虑那么多的事呢?

4.2.2 利益相关者理论的观点

利益相关者理论的代表人物之一、美国布鲁金斯研究中心布莱尔博士就指出,"公司股东实际上是妄为理论上的所有者的身份,因为他们并没有承担理论上的全部风险……这些股东几乎没有任何我们所期望的、其作为公司所有者本身所应有的典型的权利和责任"(布莱尔,1996;1999),其他利益相关者如雇员和债权人也承担了一部分的风险。因此,公司不是股东一方所有的"公司",股东只是拥有公司股份,而不是拥有公司本身。既然"公司不是由其股东所拥有",并且股东仅仅是一组对公司拥有利益者之中的一员,那么我们就没有理由认为股东的利益会或应该优于其他利益拥有者(凯·西尔伯斯通,1996)。而且,布莱尔还进一步指出,由于各种创新金融工具的产生,股东能够通过证券组合方式来降低风险,从而也降低了激励他们去密切关心公司生产经营状况的动力,所以,股东具有"最佳的激励"来监督经营者,并观察企业的资源是否被有效地使用的命题也就发生了动摇。在布莱尔等人看来,"我们一直在被灌输一种说法,即产权是市场和资本主义的组织方式赖以存在的制度基础……现在这种说法受到了冲击"(布莱尔,1996)。公司的出资不仅来自股东,而且来自公司的雇员、供应商、债权人和客户,后者提供的是一种特殊的人力投资。因此,公司不是简单的实物资产的集合物,而是一种"治理和管理着专业化投资的制度安排"(布莱尔,1999)。

利益相关者理论认为,从"企业是一组契约"这一基本论断出发,可以把企业理解为"所有相关利益者之间的一系列多边契约",这一组契约的主体当然也包括管理者、雇员、所有者、供应商、客户及社区等多方参与者。每一个契约参与者实际上都向公司提供了个人的资源,为了保证契约的公正和公平,契约各方都应该有平等谈判的权利,以确保所有当事人的利益至少都能被照顾到,这是因为契约理论本质上就要求对不同相关利益者都要给予应有的"照顾"。

4.3 工程与利益相关者

4.3.1 工程的社会性

工程的社会性首先表现为实施工程的主体的社会性,特大型工程,像"曼哈顿工程""阿波罗工程""三峡工程"等往往会动用十几万、几十万甚至上百万的工程建设者。一名计算机程序员的单打独斗,通常不会被称为"软件工程",但他如果是同其他的程序员一起协同工作,就有必要采用软件工程的管理、流程、规范和方法。实施工程的主体通常是一个有组织、有结构、分层次的群体,需要有分工、协调和充分的内部交流。而在这样的群体内部,又有不同的社会角色:设计师、决策者、协调者以及各种层次的执行者,各司其职。在这里,有必要进一步明确工程内部的职能分工。工程决策者:确定工程的目标和约束条件,对工程的立项、方案做出决断,并把握工程起始、进展、结束或中止的时机。工程设计者：即通常意义上的（总）工程师，根据工程的目标和约束条件（如资源、性能、成本等），设计和制定具有可行性的计划和行动方案。工程管理者：负责对人员和物资流动进行调度、分配和管理，保障工程的有效实施。工程实现者：即通常意义上的工人和技术人员（technicians），负责工程项目的实际建造。借用一个军事上的类比，可能会有助于理解工程的社会组织中不同的角色分工。工程决策者相当于一支部队的最高首长（司令员），工程师相当于参谋人员，工程管理者相当于基层指挥员，而工人和技术人员则相当于普通士兵，直接在第一线上作战。

现代汉语中的"工程"一词，实际上有两种不尽相同，却又相互关联的含义。首先，"工程"通常是特指一种学问或方法论，对应于英语中的"工程（engineering）"，往往是与"科学（sciences）""人文（humanities）""商业（business）"等概念相并列的；传授这种学问并进行这种方法论训练的地方是工（程）学院。而"工程"一词的另一种含义，是"项目"或"计划"，对应于英语中的"project"。我们平常所说的"曼哈顿工程""三峡工程"，实际上指的是作为具体项目的工程。不过，工程学意义的"工程"含义同工程项目意义上的"工程"含义在概念上又是紧密相关的，因为大多数工程是通过项目的方式实施的，而所谓工程方法在很大程度上就是对工程项目的设计、组织和管理的方法。任何一个项目都是一个过程（process），这也就是说，我们总是可以在时间的维度上，确定项目的起点和终点。工程项目也不例外，因此，从概念上讲，一个工程总有它的起点和终点，不会有没完没了的工程或周而复始的工程。从项目和过程的角度来理解工程，有助于将工程同一般性的技术或生产活动区别开来。

工程社会性的另一个主要表现形式是：工程，特别是大型工程，往往对社会的经济、政治和文化的发展具有直接的、显著的影响和作用。工程是人类通过有组织的形式、以项目方式进行的成规模的建造或改造活动，如水利工程、交通工程、能源工程、环境工程等，通常会对一个地区、一个国家的社会生活产生深刻的影响，并显著地改变当地的经济、文化及生态环境。另一方面，由于工程项目的目标比较明确，工程实施的组织性、计划性比较强，相应地，社会对工程的制约和控制也比较强。一个大型工程项目的立项、实施和使用往往能反映出不同的阶层、社区和利益集团之间的冲突、较量和妥协。例如，2005年圆明园防渗工程进入不可行性论证的阶段，这是个社会性的过程。公众主要从生态角度掀起的反对这一工程的行为，是以一种特殊的方式书写着这一工程的不可行性，由专家、媒体、公众、政府构成的行动者网络制约了整个工程，迫使原工程整改。在工程论证过程中，所采用的标准开始发生了转移。如自然生态和环境保护成为一个主要的标准。随着法律化、制度化建设的加强，随着公众地位的提高和网络等传媒技术的发展，公众的标准也将成为论证中遇到的一个新标准，在更大程度上，公众力量的表达，或者说真正能够在论证中起到决定性作用，还与其力量的增长有着极大的关系。工程论证的过程是一个社会性的网络所制约的结果，也正是由于网络节点的众多使得论证过程本身呈现为多元理性的过程。网络共同体则是由工程师、媒体、政府、公众等四极构成：工程师为最核心的一极，从技术上提供一种支撑；媒体是另外一极，对专家的声音进行传递；政府形成第三极，政府的力量是不容忽视的,可以说,从根本上来讲,政府决定着一个项目的可行性;公众构成第四极,但是他们的标准并不是技术性的,而更多是价值性和规范性的。公众之所以会上升为其中的一极主要是来自政府的作用,政府的目标是增强透明度、加强法制化建设,这使得公众获得了一种参与力,尽管现在公众的力量并没有完全在工程项目的决策中表现出来,但是,这已经成为一个上升性的迹象了。

重视工程的社会性有助于更明晰、更准确地把握工程这个概念,特别是有利于更好地理解工程与技术之间的区别与联系。社会性并不是一般意义上的技术概念的内在属性,一些传统技术,像家庭纺织技术、饲养技术并不要求有组织、成规模地使用。而大多数现代技术,如能源技术、运载技术、通信技术等,其发明、改进、运用和推广确实是社会化的过程,这些技术对社会的影响以及社会对它们的控制也不容忽视;然而,这些技术活动往往是通过工程化的方式实现的,对任何一个具有一定规模的工程项目而言,技术问题通常只是包括经济、制度文化等在内的诸多要素中的一部分,在这个意义上,大多数的现代技术可以被看作工程技术。既然社会性是工程的重要属性,那么,在考察、反思工程问题的时候,就不应当只是局限于纯技术的角度,把工程问题简单地看作一般性的技术问题,而应当多视角、全方位地认识和理解工程,要考虑工程的诸多利益相关者。工程是人类有组织、有计划,按照项目管理方式进行的成规模的建造或改造活动,大型工程涉及经济、政治、文化等多方面的因素,会对自然环境和社会环境造成持久的影响。工程的社会性要求树立一种全面的工程观,不是将工程抽象地看作人与自然、社会之间简单地征服与被征服、攫取与供给的关系,而是人类以社会化的方式,并以技术实现的手段与其所处的自然和社会环境之间所发生的相互作用与对话。在当代,全面协调的、可持续的发展观要求树立与之相适应的工程观,这是对新时期工程伦理研究提出的重大课题。

4.3.2　工程的利益相关者

工程是"造物"活动,它把事物从一种状态变换为另一种状态,创造出地球上从未出现过的物品或过程,乃至今天的人类生活于其中的世界。它们直接决定着人们的生存状况,长远地影响着自然环境,这是工程活动的意义所在,也是它必须受到伦理评价和引导的根据。而且,这种造物活动是社会性的,它是一个汇聚了科学技术和经济、政治、法律、文化、环境等要素的系统,伦理在其中起了重要的调节作用。特别是参与工程活动的实际上有不同的利益集团——利益相关者,诸如项目的投资方,工程实施的承担者、组织者、设计者、施工者,产品的使用者等。公正合理地分配工程活动带来的利益、风险和代价,是今天伦理学所要解决的重要问题之一。

在工程决策中,不但会遇到知识和道德问题,而且会遇到利益问题。在工程活动中出现的并不是无差别的统一的利益主体,而是存在利益差别(甚至利益冲突)的不同的利益主体。对此,现代经济学、哲学、管理学等许多领域的学者都认为:决策应该民主化,决策不应只是少数决策者单独决定的事情,应该使众多的利益相关者都能够以适当方式参与决策。换言之,工程决策不应是在"无知之幕"后面进行的事情,在决策中应该拉开"无知之幕",让利益相关者出场。德汶在研究决策伦理时指出,在决策过程中,究竟把什么人包括到决策中是非常重要的事情,在决策过程中,两个关键的问题是:"谁在决策桌旁和什么放在决策桌上?"利益相关者在"决策舞台"上的出场是一件意义重大和影响广泛的事情,它不但影响"剧情结构和发展",即"舞台人物"的博弈策略和博弈过程,而且势必影响"主题思想和结局",即应该做出"什么性质"的决策和最后究竟选择什么决策方案。

如果说,以往有许多人把工程决策、企业决策仅仅当作领导者、管理者、决策者或股东的事情,那么,当前的理论潮流已经发生了深刻的变化。许多人都认识到:从理论方面看,决策应该是民主化的决策;从程序方面看,应该找到和实行某种能够使利益相关者参与决策的适当程序。应该强调指出,以适当方式吸纳利益相关者参加决策过程,不但是一件具有利益意义和必然影响决策"结局"的事情,同时也是一件具有重要的知识意义和伦理意义的事情。从信息和知识方面看,利益相关者在工程决策过程中的出场不但必然带进来不同的利益要求——特别是原来没有注意到的利益要求,而且势必带进来一些"地方性的(local)知识"和"个人的(personal)知识"。虽然这些知识可能没有什么特别的理论意义,可是由于决策活动和理论研究具有完全不同的本性,因而这些知识在决策中可以发挥重要的、特殊的、不可替代的作用,以至于我们可以肯定地说:如果少了这些知识就不可能做出"好"的决策。

从政治方面和伦理道德方面看,利益相关者在工程决策过程中的出场能明显地帮助决策工作达到更高的伦理水准。一般地说,一个决策是否达到了更高的伦理水准不应该主要由"局外"的伦理学家来判断,而应该主要或首先由"局内"的利益相关者来判断,按这一标准,利益相关者参与决策的意义就非同一般了。德汶说:"把不同的利益相关者包括到决策中来会有助于扩大决策的知识基础,因为代表不同的利益相关者的人能带来影响设计过程的种种根本不同的观点和新的信息。也有证据表明在设计过程中把多种利益相关者包括进来会产生更多的创新和帮助改进跨国公司的品行。最后做出的决策选择也可能并不是最好的伦理选择,但扩大选择范围则很可能会提供一个在技术上、经济上和伦理上都更好的方案。在某种程度上,设计选择的范围愈广,设计过程就愈合乎伦理要求。因此,在设计过程中增加利益相关者的代表这件事本身就是具有伦理学意义的,它可能表现为影响了最后的结果和过程,也可能表现为扩大了设计的知识基础和产生了更多的选择。"

1.工程共同体——工程的利益相关者

学界对科学共同体已进行了许多研究,而"工程共同体"问题尽管非常重要,但目前却还是一个研究上的空白。工程共同体和科学共同体是不同性质的社会共同体,它们的性质功能和结构组成都是大不相同的。从性质上看,科学活动是人类追求真理的活动,科学共同体的目标从根本上说是真理定向的,科学共同体在本性上是一个学术共同体,而工程活动乃是人类为解决人与自然的关系问题和生存问题而进行的规模较大的技术、经济和社会活动。在许多情况下,工程活动是经济和生产领域的活动,在另一些情况下也有一些工程是非营利的、公益类型的工程,但所有的工程项目都是在一定的广义价值目标指引下进行的。

工程活动的本性决定了工程共同体不是一个学术共同体,而是一个追求经济和价值目标的共同体。从组成方面来看,科学共同体基本上是由同类的科学家或科学工作者所组成的,而在现代工程共同体中却不可避免地包括了多类成员:资本家(投资者)、企业家、管理者、设计师、工程师、会计师、工人、社区居民等。

在现代社会中,工程共同体具有非常重要的作用,工程伦理学的一项基本内容就是研究有关工程共同体的种种问题。工程共同体主要由工人、工程师、投资人(在特定社会条件下是"资本家")、管理者和社区居民等构成。在工程活动中,这几类人员各有其特殊的、不可替代的重要作用。如果把工程共同体比作一支军队的话,工人就是士兵,各级管理者相当于各级司令员,工程师相当于参谋部和参谋长,投资人则相当于后勤部长,社区居民相当于友军或老百姓。从功能和作用上看,如果把工程活动比喻为一部坦克或铲车,那么,投资人的作用就相当于油箱和燃料,管理者可比喻为转向盘,工程师可比喻为发动机,工人可比喻为火炮或铲斗,其中每个部分对于整部机器的功能都是不可缺少的。

现代的工程共同体也大不同于古代的工匠共同体。工程活动并不是现代才出现的,必须承认,古代社会就已经有大规模的工程活动了。可是,从比较严格的观点来看,我们却不宜认为古代社会中从事工程活动的人的总体已经形成了一个工程共同体,至多我们可以承认古代社会中存在一个"暂态的"工程共同体。在古代社会,工程活动不是基本的社会活动方式,而只是"临时性"的社会活动方式。那时的工程项目(例如修建一座王陵或兴修一个水利工程)都是以征召一批农民和工匠的方式进行的,在这项工程完成后,那些农民和工匠便要"回到"自己原来的土地或作坊继续从事自己原来的生产活动。在古代,集体从事大型工程建设活动只是一种社会的"暂态",而分别从事个体劳动才是社会的"常态"。在古代社会,虽然进行工程活动也必须进行设计,也必须有人进行工程指挥和从事管理工作,可是,从事这些工作的人,从社会分工、社会分层和社会分业的角度来看,其基本身份仍然是工匠或官员,他们还没有发生身份分化而成为工程师和企业家。这就是说,我们可以承认工程活动在古代社会已经存在,可以承认古代社会中存在着农民共同体和官员共同体,可是,一般地说,我们却不宜认为在古代社会中已经有工程共同体存在了。我们确实应该承认古代社会中那些从事个体手工劳动的工匠们组成了一个工匠共同体,可是,那个工匠共同体却没有而且也不可能具有进行大规模的工程活动的社会任务和社会职能,从而,我们也就不能认为这个工匠共同体组成了一个工程共同体。应该肯定工程共同体的出现和形成乃是近代社会的事情。在工业化和现代化的过程中,工程活动成为社会中常态的活动,工程共同体的队伍愈来愈壮大,其社会作用也愈来愈重要了。

2.工人是工程共同体绝不可少的一个基本组成部分

虽然中国古代早就有了"百工"之称,但那时的百工并不是现代意义上的工人——他们是手工业者。工人是在近现代社会中才出现和存在的。在马克思主义理论中,无产阶级和工人阶级是同一个概念,无产者和工人也是基本相同的概念。在马克思和恩格斯的时代,人们常常使用无产者一词,但后来的人们就更多地使用工人和工人阶级这两个词了。恩格斯在《共产主义原理》一文中指出,无产者"不是一向就有的"。"无产阶级是由于产业革命而产生的。"无产者不但与奴隶和农奴有明显区别,而且也不可与手工业者甚至手工工场工人混为一谈。工人的主要特点是不占有生产资料,靠自己的劳动取得收入。一般来说,工人是在"现场岗位"进行直接生产操作,常常是体力劳动类型的操作的劳动者,而不是管理活动所在的办公室。许多学科包括历史唯物主义、管理学、社会学、经济学、伦理学等——都在从不同的角度研究工人问题。虽然我们在研究工人问题时不可避免地要借鉴和汲取其他领域的理论、观点和研究成果,但在工程研究领域中,我们还应该有"本身"的特殊研究观点和研究路数。工程活动过程划分为三个阶段:计划设计阶段、操作实施阶段和成果使用阶段。进入实施阶段时才成为一个"实际的工程"。根据这个分析,我们有理由说,在工程的各阶段中"实施阶段"才是最本质、最核心的阶段,我们甚至可以说,没有实施阶段就没有真正的工程。而这个实施行动或实施操作是由工人进行的,于是,工人也就成为工程共同体中的一个关键性的、必不可少的组成部分。

在工程共同体中,工人和工程师、企业家、投资人一样,都是不可缺少的组成部分,他们各有不可替代的作用,那种轻视工人地位和作用的观点是十分错误的。

3.工人是工程共同体中的弱势群体

在社会学和共同体研究中,所谓"分层"问题是一个重要问题。在对工程共同体的人员进行分层时,由于工程共同体的性质十分复杂,所以,人们有可能根据不同的标准对工程共同体的人员做出不同的分层。工程共同体是一个在"内部"和"外部"关系上存在着多种复杂的经济利益和价值关系的利益共同体或价值共同体。这些经济利益和价值关系既可能是合作、共赢的关系,也可能是冲突、矛盾的关系。当冲突、矛盾的一面突出时,在一定条件下,共同体中的弱势群体的利益就有可能受到不同程度的侵犯或侵害。应该承认在工程共同体中,更一般地说是在整个社会中,工人是一个在许多方面都处于弱势地位的弱势群体。工人的弱势地位突出地表现在以下三个方面。

(1)从政治和社会地位方面看,工人的作用和地位常常由于多种原因而以不同的方式被贬低。几千年来形成的轻视和歧视体力劳动者的思想传统至今仍然在社会上有很大影响,社会学调查也表明当前工人在我国所处的"经济地位"和"社会地位"都是比较低的。

(2)从经济方面看,多数工人不但是低收入社会群体的一个组成部分,而且他们的经济利益常常会受到各种形式的侵犯。在资本主义制度下,工人受到了经济上的剥削;在社会主义制度下,工人的经济利益也是常常受到各种形式的侵犯。近两年引起我国广泛注意的拖欠农民工工资问题就是严重侵犯工人经济利益的一个突出表现。

(3)从安全和工程风险方面看,工人常常承受着最大和最直接的"施工风险",由于忽视安全生产和存在安全方面的缺陷,工人的人身安全甚至是生命安全常常缺乏应有的保障。由于任何工程活动都不可避免地存在着风险,于是,在工程伦理研究领域中风险问题就成为一个特别重要和突出的问题。工程风险包括施工风险和工程后果风险两种类型。为了应对施工风险,工程共同体必须把工程安全和劳动保护措施放在头等重要的位置上。如果说,在那些唯利是图的资本家的眼中,工人的劳动安全仅仅是一个产生"累赘"或"麻烦"的问题,那么,对于以人为本的工程观来说,"安全第一"就绝不仅仅是一个"口号",而是一个"原则"了。

与分层问题有密切联系但并不完全一致的另一个问题是共同体中的"亚团体"问题。一般地说,在一个共同体内部往往是不可避免地要存在一些"亚团体"的。于是,研究不同形式的"亚团体"的问题就成为共同体研究中一个重要内容。在工程共同体中,由于它首先是一个经济活动的共同体,于是,这就出现了工会这种以维护工人的经济利益和其他利益(包括劳动保护方面的权益)为宗旨的"亚团体"。在劳动经济学和劳动社会学领域中,已经有人对工会进行了许多研究,我们在研究工程共同体问题时,也应当注意把工会问题纳入研究视野。近几年,我国出现了史无前例的"工人短缺"现象。可以认为,"工人短缺"现象的出现实际上就是在以一种特殊的方式向人们大喝一声:工人是工程活动、生产活动和工程共同体中的一个绝不可缺少的基本组成部分。在工程共同体中,工人是支撑工程大厦的"绝不可缺少"的栋梁。如果没有工人,不是工程大厦就要坍塌的问题,而是根本就不可能有工程大厦出现的问题。已经有人指出造成这种工人短缺现象的一个重要原因,就是作为弱势群体的工人的各种权益在很长一段时期受到了严重的侵害。我们高兴地看到一些工厂正不得不以承诺增加工资的方法招收工人进厂。有学者还指出这种状况可以成为我们重新认识工人的地位和重视保护工人权益的一个有利契机。

4.工程共同体中的工程师

除了从与工人的关系中认识工程师的职业特点外,还可从他们与雇佣其服务的公司的关系中,认识工程师的职业性质、职业特征、职业自觉、职业责任问题。

利益相关者理论要求重构工程师与雇主的关系,增强工程师在工程活动中的话语权。工程师作为专业人员,与雇主或客户之间的关系,西方专业伦理学提出了四种模式:第一种是代理关系,工程师只是按照雇主或客户的指令办事的专家,与普通的雇员没有什么区别;第二种是平等关系,工程师与雇主或客户的关系是建立在合同基础上的,双方负有共同的义务、享有共同的权利;第三种是家长式关系,雇主或客户雇用工程师来为自己服务,工程师所采取的行动,只要他所考虑的是雇主或客户的福利,可以不管雇主或客户是否完全自愿和同意;第四种是信托关系,双方都具有做出判断的权力,并且双方都应对对方做出的判断加以考虑,在这种关系中,工程师在道德上既是自由的人又是负责任的人。很明显,目前国内工程师与雇主或客户之间的关系更多地表现为代理关系,工程师拥有的自主权不大,工程伦理难以发挥作用。为此,应重构工程师与雇主或客户之间的关系,从"代理关系"逐步转向"信托关系",增强工程师在工程活动中的话语权。

5.工程建设的其他利益相关者

工程伦理学对责任范畴及责任问题的研究做出了突出贡献。这是因为:不仅工程的建设目的蕴含着丰富的伦理问题,工程决策者对工程的目的、方向和性质负有价值定向的责任,而且工程中更为独特的伦理问题是,即使出于良好动向的工程项目,仍然存在造成伤害的风险,表现在对第三方、对社会公众、对子孙后代、对生态环境的负面影响。工程的实际效果错综复杂,有好有坏,因而以往简单的要么好要么坏的价值判断对现代工程不再适用。那么,一项工程到底是建设还是不建设呢?在当今民主社会里,这只能民主决策,吸收受到工程影响的有关各方——利益相关者参与到工程决策中来。这时,工程师的职责就不是代替社会公众做出决策,而是要把有关工程的信息传播给社会公众,以保证他们的知情权和参与权。

工程研究和实验中大量使用动物(如对新开发的药物进行试验),工程开发、利用和改变自然的力度不断增大,对生态的影响也在加大,这些都涉及人与动物、生物及生态之间的关系问题。生态伦理学、环境伦理学等要求扩大人类道德关怀的范围,将动物、植物甚至无机物以及整个生态环境都纳入进来,这样工程就不仅有通过开发和利用自然来为人类造福的责任,还负有关爱生命、保护环境、实现可持续发展的责任。

4.4　工程建设与社会责任

工程建设一般都有一定规模,需要许多人协同合作。工程活动具有风险以及超出预期目的之外的附带效果,显示工程具有深刻的伦理含义,突显出工程师的伦理责任问题。工程伦理学研究的一个重要课题就是要探索在现代复杂技术形势下工程师以及整个社会的责任,尤其是对技术副作用的预防责任问题。规模巨大或数量庞大的工程,对气候、环境、资源的影响,已超越国境,产生所谓的全球问题。现在工程师的责任范围扩大了。在这种情况下,集体责任、社会责任甚至全球责任,都变得突出了。

从工程师诞生至今的三百多年的时间里,由于受到社会各种因素变化的影响以及科学技术本身的不断进步,工程师伦理责任发生了多次变化,从最初的忠诚责任经历了三次转向,分别形成了普遍责任、社会责任和自然责任的伦理责任观念。

4.4.1　工程师早期的职责——服从命令

传统的工程师属于军队组织,受军队的管理和指挥,不管工程师的技术力量有多强,都远不如他所属的军队组织力量。和军队里的其他成员一样,军人工程师的行为首先要听从军队的指挥,他最主要的责任就是服从命令。

18世纪末,在欧洲出现了一些城市民用的灯塔、道路、供水和卫生系统设计建造的土木工程,这些民用工程虽然隶属于市政部门,但从工程设计到工程实施,基本上还是由军事工程师来承担和完成。军事工程的影子依然存在,土木工程只不过是和平时期的军事工程。工程师的义务还是服从他的雇主——国家政府部门。

第一次产业革命期间,首先在英国,由于纺织机械技术革新和蒸汽机的发明、改进,带动了化工、染料、冶金、采煤、造船和机械制造等产业部门的大力发展,同时出现了诸如机械工程师、建筑工程师、化工工程师、地质工程师、印染工程师等专业技术人员,他们受雇于不同的产业部门,依靠自己的专业知识和经验养家糊口。从事这些领域的工程师由于受到传统观念的影响,也没有明显地改变服从上级组织(政府或商业企业)命令的职责。

所以,这一时期,工程师的义务主要是对雇主负责、忠诚于上司,绝对服从上级的命令。在20世纪初,英美等国的工程学会开始采纳正式的伦理准则时,都强调这一点。例如,美国电气工程师学会以及美国土木工程师学会提出的伦理准则都规定工程师的主要义务就是做雇佣他们的公司的"忠实代理人或受托人"。

4.4.2　工程师的职责演变——由忠诚责任向"普遍责任"扩展

从19世纪中叶开始的第二次产业革命,是以电力技术为基础兴起的一系列产业群。由于电报、电话、无线电、发电机、电动机和内燃机等技术的广泛应用,形成了电报电话公司、发电厂、输变电工程、汽车厂、炼油厂、钢铁厂、电机等规模庞大的新兴产业。这些新兴产业在当时都是属于技术密集型企业,对技术工人和工程师的需求急剧增加,同时,掌握着专业技术的工程师在企业里具有举足轻重的作用,地位也在不断提高。到19世纪末,在一些工业发达国家,随着工程师手中技术力量开始加强和工程师人数的增加,尤其是工程师民主意识、平等意识、公众意识和责任意识的提高,他们要求独立自主、成立工程师自己的组织的呼声越来越高,导致他们与上司的关系越来越紧张,冲突越来越严重。最终在美国发生了"工程师的反叛"。这场运动及其后来大批工程师的积极行动和对权力主张,第一次把"责任"与"工程师"联系起来,使得"工程师的责任"一词得以产生,工程师是"能负责任"的思想意识也开始流行。正如当时美国著名的桥梁专家莫里森指出:"工程师是技术改革的主要促进力量,因而是人类进步的主要力量。他们是不受特定利益集团偏见影响的、合逻辑的脑力劳动者,所以也是有着广泛的责任以确保技术改革最终造福人类的人。"工程师要求把对上级的忠诚、服从责任转向其他像政治、领导、管理和社会的责任的思想初见端倪。

20世纪初,美国的电力、石油、钢铁、铁路和汽车等产业迅猛发展,这些产业的正常运转以及产业的成长主要依赖于大批的工程师和技术专家掌握的技术力量。尤其是在第一次世界大战中,坦克、飞机、机关枪等先进武器发挥了重要的作用,有时甚至成为胜利的决定性因素。而先进武器的发明、研制和生产更离不开技术人员和工程师的智慧和技术。正是由于工程师和技术专家掌握的技术力量的威力,对社会产生了前所未有的重大影响,使得他们的社会、政治地位和作用日益增长。美国社会学家凡勃伦在他的著作《工程师与价值体系》及《有闲阶级论》中,通过对比,分析了统治阶级和工程师的特征及他们之间的矛盾,认为必须实行工程师革命,使社会权力从实业家和银行家手中转交给工程师。凡勃伦认为只有技术专家掌握了统治权才能保证社会的正常运转。许多工程师深受凡勃伦"革命"思想的影响。由于以上两个背景的原因,工程师们要求将"有限的责任"扩展到责任范围更加广泛的所谓"普遍的责任"的思想更进一步加强。工程师要求扩大的"普遍责任"认为,他们还能担负起对企业、国家的管理和领导职能,可以在经济领域、政治领域、文化领域发挥积极有效的作用,甚至对整个人类的文明和进步负有不可推卸的责任。

这种工程师的"普遍责任"要求最终在20世纪20年代的苏联和20世纪30年代的美国形成了专家治国论(也称为技术统治论)的思潮和专家治国运动。早在1899年,俄国工程师彼·恩格迈尔就有了"工程师除了做好专业工作之外,还可以成为政治家,从事国务活动"的思想。彼·恩格迈尔扩大工程师责任的观念在苏联的工程界产生了深远的影响。在苏联,另一位倡导专家治国运动的学者是帕尔钦斯基。他认为:"制订计划的工程师不可能创造奇迹,但是如果让他用公开的和合理的方法来处理每一个问题,他就能对经济做出令人印象深刻的贡献。"为了使苏联的工程师能够充分地发挥自己的才能,帕尔钦斯基认为工程师的社会角色应当改变:以前的工程师是社会指派的一个被动的角色,上级主管部门要求他解决指定给他的技术问题;现在的工程师应该成为一个主动的经济与工业规划人,提出经济在什么地方和应当用什么方式发展。美国专家莫里森在赞美技术专家统治论时说:"我们是掌握物质进步的牧师,我们的工作使其他人可以享受开发自然力量源泉的成果,我们拥有用头脑控制物质的力量。我们是新纪元的牧师,却又绝不迷信。"

虽然工程师对专家治国运动热情高昂,并引起了社会的普遍关注,但由于多方面的原因,最终以失败而告终。在苏联,1929年帕尔钦斯基被指控企图阴谋推翻苏联政府而被秘密枪决,几千名工程师被扣上各种罪名而遭到迫害。在美国,虽然技术统治论的主张帮助工程师出身的胡佛竞选上了美国总统,但由于这种主张没有彻底摆脱资本主义制度的私有制和局限性,同时,他们制定的"宏伟计划"过于教条而脱离现实,以至于不能被大众接受而胎死腹中。

专家治国论的致命缺陷首先是把技术看作万能的,认为一切社会问题都可以被还原和归结为技术问题,因而它也是能直接决定或根本改变社会政治制度的力量。其实专家治国论的鼓吹者们只是过高地估计了科学技术的社会意义,而不了解统治乃是阶级专政的国家政治,是由经济基础即社会生产关系决定的。技术从来也没有根本地决定政治统治的性质。其次,工程师本身的局限性。要肩负起"普遍的责任",就要具备"普遍的知识"和"普遍的能力"。"政治敏锐性、社交的知识和能力,甚至阴险、狡诈"对于一个政治家来讲是必须具备的基本条件,而工程师恰恰缺少的正是这种知识和能力。

一个工程师要成为市长或政治活动家,首先要有政治眼光。"政治家和一般从事政治活动的人,都必须越来越通晓政策的技术特质,必须更深刻地了解决策影响的多重性。"因此,工程师首要的不在于他是技术专家,而在于他能从根本上代表某阶级的利益,对他的活动用得最多的并不是技术专业知识,而是在实践中学到的政治智能。确实,随着科学技术的迅速发展,科技进步已成为社会进步的主导力量,但它并不是唯一的力量。作为科技力量的代表,工程师虽然对社会物质文明的进步起到了积极和重要的作用,但不能由此推断出工程师对复杂社会的方方面面都全知全能,肩负起普遍的责任。

4.4.3 工程师的职责演变——从"普遍责任"向社会责任回归

随着工程师要求扩大普遍责任的梦想破灭之后,工程师们客观、理性地认识到他们的责任能力不是普遍的,而是有限的。他们开始讨论和反思,并把其责任限定在自身、雇主和公众的范围内——一是在日常生活中,他们作为个人的责任;二是在技术协会中作为团体的责任;三是在对由于技术的破坏性使用导致的威胁问题的讨论中,给予公众一种特殊的能力。比如,工程师哲学家塞缪尔·佛洛曼就认为工程师的基本职责只是把工程干好。工程师斯蒂芬·安格则主张工程要致力于公共福利义务,工程师要开展道德讨论来影响他们的工作。社会要给工程以学术自由的环境,工程师有不断提出争议甚至拒绝承担他不赞成的工程项目的自由。

　　"二战"之后,世界经济迅猛发展,新技术层出不穷,电子工业、核能发电、重化学工业、汽车工业、机械工业等产业部门在新技术的带动之下,规模和效益不断提高,极大地满足了人们的物质需求。而与此同时,工程技术的负面效应却越来越突出和严重:资源短缺、自然景观的消失、环境的污染、生态平衡的破坏等。工程技术的这种"双刃剑"作用使得工程师们开始对自己在工程活动中扮演的角色产生了疑问,对企业的商业目标和工程自身价值进行反思和检讨。最终导致了他们伦理责任的再次转向,其转变的标志就是工程师专业发展委员会(ECPD)于1947年起草的第一个横跨各个工程学科领域的工程伦理准则。它要求工程师自己关心公共福利,利用其知识和技能促进人类福利,工程师应当将公众的安全、健康和福利置于至高无上的地位。后来,许多国家的各个专业工程师协会,如美国土木工程师协会(ASCE)、日本的电气工程师学会、德国工程师协会等都将"公众的安全、健康和福利放在首要位置"并写入工程伦理纲领之中。的确,由于工程技术的社会化,社会和广大的消费者是工程产品的最终使用者,同时,工程师的工作成果要通过社会来实现和评价其价值。所以,工程师的作用和影响不仅仅只涉及企业的生产、利润,而是更加广泛的整个社会群体。随着现代工程规模的不断扩大,涉及的范围已经深入社会的各个角落,工程结果的好坏直接关系到社会公众的安全、健康和利益。而无数的事实表明,现代工程既有正面的、好的、预期的效果,也有不可预料的、负面的、坏的作用。所以,现在工程伦理准则要求工程师把对公众负责放在首位是有道理的。所谓"首要的位置"就是指工程师在面临对雇主的保密、忠诚和利润与涉及公众的健康、安全和福利的选择时,工程师的伦理责任要求他将公众的利益置于首要的地位。

4.4.4　工程师的职责演变——由社会责任延伸到对自然与生态的责任

　　"工程师对自然负有伦理责任"这一思想观念的形成和确立根源于自然的生态危机。20世纪中期以来科学技术取得了惊人的巨大发展,不但大大增强了人类影响自然的能力,而且它已成为一种堪与自然相匹敌的强大力量。但这种强大力量在运用不当和失掉控制的情况下造成了不良后果,引起一系列影响人类未来的极其复杂的社会问题,产生由高生产、高消费所触发的工业资本主义国家浪费资源、污染环境、破坏生态平衡的生态危机。

　　首先对生态危机提出严重警告并引起社会各界普遍关注的是1972年发表的罗马俱乐部的报告《增长的极限》。针对发达国家工业化造成的自然资源的急剧消耗和浪费、环境恶化及生态平衡的破坏这一严重的事实,德国经济学家梅萨罗维克和佩斯特尔向罗马俱乐部提交的报告《人类处于转折点》中提出了要发展一种使用物质资源的新道德。即"必须发展一种对自然的新态度,它的基础是同自然协调,而不是制服自然"。其实,早在1962年,美国的蕾切尔·卡逊女士在出版的《寂静的春天》一书中就已经率先向工业社会发出了生态危机的警告,她认为以人类为中心主义的征服自然、控制自然的思想是导致全球生态危机的主要原因。她明确指出:"控制自然这个词是一个妄自尊大的想象产物,是当生物学和哲学还处于低级和幼稚阶段时的产物,当时人们设想中的控制自然就是要大自然为人们的方便有利而存在。"加拿大学者威廉·莱斯进一步强调了控制自然的观念是生态危机的最深层的根源。他从历史和宗教两个方面更深入地探讨和分析了在西方"控制自然的观念"思想的形成和发展。正是一批哲学家和科学家们从理论上确立了人与自然的分离、对立和主客关系,使控制自然的观念世俗化,人类的命运就是最大限度地开发和改造外部自然,并且开始了利用科学技术来发展物质和征服、控制自然的征程。

在前工业社会,由于世界人口的数量不多,技术主要是手工技术和简陋的机器,因而,人类利用和开发自然的目的是获得基本的物质生活需要,对自然的影响和破坏是微不足道的,通过自然的自我恢复能力,自然界基本上能够保持原始的状态,人与自然的关系也相处得比较和谐、融洽。

自从开始了工业革命之后,科学技术得到了空前的大发展,尤其是在资本主义的生产方式之下,自然界变成了取之不尽、用之不竭的资源库,空气、水等都是零成本的利润之源。同时,自然界也成为生产废物的垃圾场。对此,马克思在19世纪中叶就说过:"只有在资本主义制度下,自然界才不过是人的对象,不过是有用物,它不再被认为是自为的力量。而对自然界的独立规律的理论认识本身不过表现为交换,其目的是使自然界(不管是作为消费品,还是作为生产资料)服从人的需要。"为了更好、更快、更多地榨取自然资源,先进的技术和庞大、复杂、自动化的机器被开发和发明出来。这些先进的现代技术在征服自然、开发和利用自然资源方面获得了充分的展示。对现代技术的这个本质,海德格尔从哲学本体论的角度进行了深刻而详细的描述。

无论控制自然还是自然的人工化,都是通过科学技术这个中介来实现的。在现代工业社会"没有任何离开科学技术的其他控制自然的方法"。而作为理论知识形态的科学技术也只有在具体的工程实践活动中,才能将人的意志、知识、技术、能力和价值给自然界打上印记,使自然界按照人的需要和尺度改变自己本来的面貌,进而实现自然的人工化目的。正是由于在工程活动中,工程师作为科学技术的发明者、创造者和使用者,掌握着巨大的技术力量,它直接决定着工程结果的好坏。

任何一项工程活动都是与自然环境进行物质、能量和信息交换的过程,都或多或少地对自然环境造成负面影响。过去工程师都是从功利主义的角度出发,评价一项工程的标准是看它的经济效益,如果收益大于成本,这个工程就是可行的,它也就是一个好的工程项目。而对环境的破坏、污染都没有算入成本。再加上科学技术的不可预测性、现代工程活动的复杂性以及技术的滥用、误用、错用或应用不慎,才使我们今天的自然生态系统出现了越来越严重的危机。

因此,可以说工程师对目前自然界出现的生态危机负有不可推卸的责任(事后责任)以及保护自然环境、恢复和维护生态平衡和维持可持续发展的责任(事前责任)。在当今,许多干预自然进程的工程活动后果都是既危险又无可挽回的,靠事后追究责任已于事无补,而且也往往找不到责任主体或者无法确认责任主体的身份。美国学者纳尔逊和彼特森认为:"工程师之所以是功利论者的一个真正原因,正是因为事后他们不必负道德上的责任。"所以,工程师在从事工程活动时,就要树立事前责任的意识。事前责任也可以说是一种预防性责任、关心的责任或主动性责任,它具有前瞻性,以未来的行动为导向,它要求工程师首先要转变人是大自然的主人的传统观念,把自然看作具有内在价值和有其自身权利的有机体,对其采用谦卑和敬畏的态度,这不是因为我们太渺小,而是因为我们的技术力量太强大。

由于工程项目存在着许多的不确定性,在工程设计时和实施工程活动之前,工程师首先要"预凶",即在灾难还没有出现的情况下,为了预防灾难的出现而提前设想灾难的严重程度及可怕性。对一个负责任的工程师而言,只有他充分评估对自然环境没有危险及不会带来灾害时,他才能允许工程项目进入实施阶段。对此,目前许多国家的工程师协会在修改本专业的工程师伦理规范时都已加入了"工程师对自然负责"这一条。美国土木工程师协会(ASCE)、世界工程组织联盟(WFEO)等在其工程师伦理规范中都强调保护环境和物种多样性、节约资源、资源的恢复及其可持续性。工程师学会制定的这些保护环境的伦理准则,其目的就是要求工程师肩负起历史的责任,把自然环境放在重要的、不容忽视的地位。因为环境问题的产生与工程活动有着密切的关系,从某种意义上甚至可以说,当代工程技术活动是导致自然环境恶化的主要根源。再有,工程师通常是唯一具备潜在的环境危害的知识并能唤起公众注意的职业权威性的人。

因此,工程师与我们普通公众不同,对自然不但负有更大的道义上的责任,同时他们又是保护自然环境、维护生态平衡以及维持经济的可持续发展的有生力量。毕竟自然环境问题的彻底解决最终还是要依靠科学技术。为此,当代著名哲学家罗蒂对工程师寄予了厚望,他说:"如果我们还有勇气抛弃科学主义的哲学模式,而又不像海德格尔那样重新陷入对一种神圣性的期望,那么不管这个时代多么黑暗,我们将求救于诗人和工程师,他们是能为获得大多数人的最大幸福提供崭新计划的人。"

 参考案例

巴斯夫公司企业社会责任感案例分析

中国从改革开放开始,大力引进外资、技术和管理。责任理念也伴随着改革开放的大潮而引入中国。迄今为止,全球500强企业大部分已入驻中国,这些跨国公司已经用行动告诉我们什么是公司责任,如何在利润与伦理、利益杠杆与社会责任之间寻找平衡点。巴斯夫公司就是一个很好的案例。

巴斯夫是全球知名的化学公司,创建于1865年。它多次被《财富》杂志评选为最受赞赏的化学公司,它从2001年开始连续数年被列入道琼斯可持续发展指数排行榜。此外,它还被列入高度重视企业社会责任的FTSFA good指数。

巴斯夫在全球有一个统一的标准,它在承担责任方面的表现令人称赞。2001年德国政府出台新节能法规,要求新建筑物的采暖能耗降至"7升",巴斯夫利用其资源和技术优势,将德国已有70年历史的老建筑物改成德国第一幢"3升"房,采暖耗油量从20升降到3升,不仅为住户节约了大量采暖费用,并且环保效益十分显著,二氧化碳的排放量也降至原来的七分之一。由此,"3升房"在德国得到大力推广。

巴斯夫在公司责任方面的突出表现还在于,它从不将经济利益凌驾于环保、安全和健康之上,在处理社会责任、环境责任和公司盈利之间的关系方面表现得驾轻就熟,获得了巨大成功。

巴斯夫早在1985年就进入了中国市场,可谓最早进入中国的外资企业之一。1999年巴斯夫在中华区的销售额是6.9亿欧元,2005年则为28亿欧元。如今,巴斯夫已是中国化工业最大的外资企业。

从环境方面看,巴斯夫十分注重"责任关怀"和"生态效益分析"。责任关怀,是指巴斯夫在全球首批建立可持续理事会,全面贯彻国际化工界的"责任关怀"运动。该运动是针对化工行业的特殊性而自发形成的一种自律行为,主要是指化工界在环保、安全和健康等方面进行的"改善行动"。巴斯夫早在1992年就提出"负责的行为"这一理念。在中国,巴斯夫的有关活动主要包括:对学校,特别是大学的教育计划,社区顾问小组行动,以及对诸如供应商和承包商等第三方的审计等。生态效益分析可以说是巴斯夫的首创,这一战略工具可以让我们在产品开发、优化工艺以及选择最具生态效益的解决方案的过程中兼顾经济和环境。从社会方面看,巴斯夫十分愿意承担与其业务活动相关的社会责任,这些活动包括与员工、客户、供应商以及当地社区的互动。巴斯夫在可持续发展方面付出的不懈努力终于获得了回报,特别是得到了公众和利益相关者的认可。在中国,巴斯夫从2005年起,连续五年获得由21世纪报系主办的"中国最佳企业公民奖";从2007年至2009年,巴斯夫三度在《南方周末》主办的"世界500强在华贡献榜"上排名前列;2008年,巴斯夫荣获"第一财经·中国社会责任榜杰出企业奖";2008年,巴斯夫荣获"2007年度中国绿色公司标杆企业"称号,2009年,巴斯夫荣升为"2008年度中国绿色公司星级标杆企业";同年,巴斯夫首部大中华区年度简报获得由商务部《WTO经济导刊》颁发的"金蜜蜂·在华跨国公司优秀社会责任报告"称号;2010年4月,巴斯夫又获"中国绿色公司百强"称号。

巴斯夫认为,在自身做好企业社会责任的同时,积极带动行业做好企业社会责任,推动整个供应链中的企业加入到履行企业社会责任的行动中来,最终推动整个社会的发展。带着这样的企业社会责任理念,巴斯夫在供应链上积极创新履行企业社会责任的商业模式,提出了巴斯夫"1+3"企业社会责任项目,带动供应链上的合作伙伴,通过传递"责任关怀"的原则和经验,分享全球最佳实践,将履行社会责任的意识推广到整个供应链。巴斯夫希望通过促进供应链上企业相互间的学习与合作,积极推进产业链上企业社会责任的落实,再经由合作伙伴的继续推进辐射整个行业,力求改变化工行业高污染、高能耗和高排放的固有印象,促进化工行业的可持续发展。

2008年及2009年,巴斯夫"1+3"企业社会责任项目被联合国全球契约组织当作最佳企业社会责任案例向其他全球契约成员和所有企业传播和分享。与此同时,国际化工协会联合会也将该项目列入其《能力建设手册》并在行业内推广。迄今为止,该项目已经在国内 120 余家企业中传播。

（资料来源：1. 巴斯夫：经济责任［EB/OL］［2014-09-05］.https://www.csr-china.net/a/csrqiyezhuanqu/jinmifengqiye/guojiadianwang1111/20140905/1911.html 内容有整理；2. 巴斯夫公司企业社会责任感［EB/OL］［2015-1-12］.https://wenku.baidu.com/view/84eff27316fc700aba68fc42.html. 内容有整理）

企业的社会责任问题，正在从保护品牌的层面延展到提升品牌形象的范畴。有些明智的公司已经认识到，公司在社会责任事务上的优秀表现可以成为品牌优势的一个源泉。企业应该如何将树立的品牌形象与强烈的社会责任感和全球公民身份完美统一起来？巴斯夫建立的责任价值链是如何将企业社会责任推向一个新的高度？

苹果承认苏州代工厂 137 名员工曾因工作环境致病

苹果 iPad、iphone 正在中国热卖，但 137 名苹果中国供应商员工，却因暴露在正己烷环境，健康遭受不利影响。苹果公司 15 日发布 2010 年的供应链管理报告，首次公开承认中国供应链致残员工。

1. 回放：环保组织质疑苹果

2010 年，有 36 家国内环保组织为促进 IT 产业解决污染问题，与 29 个 IT 品牌进行多轮沟通。其中，《IT 行业重金属污染调研报告（第四期）苹果特刊》，对苹果的供应链职业安全、供应链环境保护、供应链员工权益和尊严提出质疑，敦促苹果公司公布供应链信息，对苏州联建科技公司和运恒五金公司员工的正己烷中毒做出回应。

此前，苹果公司一直采取回避策略。

2. 表态：苹果承认有"毒"

2 月 15 日，苹果公司公布了 2010 年供应商责任进展报告，首次做出回应。

这份供应商责任进展报告长达 25 页，专门用一章对于正己烷的使用进行说明："2010 年，我们了解到，在苹果公司供应商胜华科技苏州工厂（即联建科技），有 137 名工人因暴露于正己烷环境，健康遭受不利影响……我们要求胜华科技停止使用正己烷，并提供证据证明已经将该化学品从生产线上撤下。还要求他们修复通风系统。自采取上述措施以来，再无工人因化学品暴露受到损害。"

与此同时，苹果公司表示，已查实所有受到影响的员工均已成功得到治疗，"我们会继续检查工人们的病历，直到他们完全康复。胜华电子已按照中国法律的要求为患病工人和康复期的工人支付了医药费和伙食费，补发了工资。137 名工人中的大部分已经返回该工厂工作。"

3. 进展：部分员工被迫离职

然而记者了解到的最新情况，与苹果报告仍有出入。137 名工人中，部分员工正在遭受被迫离职的压力。

记者昨晚电话采访了联建科技受害员工贾景川和胡志勇。贾景川介绍说，2 月 11 日中午11时,他接到公司专门负责联建中毒员工主管的电话,得知鉴定结果已经下来了,职业病九级。但与此同时,该主管问他什么时间离职,因为"不离职得不到公司的赔偿"。贾景川于2007年5月进入联建科技,2009年8月查出正己烷中毒入住苏州市五院治疗。出院至今,手脚出汗、麻木、晚上腿痛、抽筋等症状仍在出现。

根据《中华人民共和国职业病防治法》,用人单位不得清退受害员工。贾景川坚持要在公司继续工作:"我害怕我的病情继续恶化,如果现在离开公司,自己的身体健康得不到任何保障。"胡志勇则被鉴定为十级伤残,他也表示,此前公司给予一些治疗,认为他已经治愈,但他并不想离职。他也坦诚,目前公司工作环境有所改善,他们工作一段时间后,可到屋外通风休息。

(资料来源:吴亭.苹果公司承认供应商员工因工作环境污染致残[N].北京晨报,2011-02-17,内容有整理)

通过此案例分析:如何看待企业在创造利润的同时,还要承担对员工、对社会和环境的社会责任? 对企业来说,传统的成本、质量、服务是衡量竞争力的最基本标准,而道德标准正在成为保持企业竞争优势的重要因素,苹果公司应该采取什么样的经营伦理政策来提升企业形象?

茅台集团企业社会责任感案例分析

作为在中国白酒行业最具社会影响力的国有企业,国酒茅台始终不渝地秉持强烈的责任感和使命感,把发扬民族传统产业、光大民族品牌作为自己的历史责任,确立了"爱我茅台,为国争光"的企业精神,并将"为国争光"作为一种追求,作为履行企业社会责任的最好载体和有效途径,提倡"立足国酒,奉献社会,成就自我,完美人生"的员工价值观,教育和引导员工身体力行,关爱社会,自觉承担社会责任,努力为促进社会和谐做贡献,不断提升企业道德水准。

长期以来,茅台集团秉持"天贵人和、厚德载物"的核心价值观,坚持"大品牌大担当"的价值理念,积极践行企业社会责任,始终把承担社会责任融入到企业发展战略和经营管理全过程中,把发扬传统产业、光大民族品牌作为己任,把积极承担社会责任、带动地方经济社会发展、带动贵州酒业发展、带动地方"三产"提升、精准扶贫帮困、支持公益事业作为第一责任。

积极参与社会公益活动和慈善事业,1998—2009年,国酒茅台向贵州省困难企业送温暖,为残疾人保障基金、慈善总会、见义勇为基金捐款,开展党建扶贫、希望工程、春晖行动,支持社区建设、参与修建公路等共出资3.09亿元,支持社会文化体育事业和国防事业1.48亿元。2009年,捐资2191.6万元成立以"汇聚爱心,汇聚善心"为宗旨的"心基金",定向扶助60个国家扶贫开发工作重点县、救助孤儿和贫困家庭,建设中国特色的捐赠文化。茅台集团始终遵循"立足茅台,奉献仁怀,厂市同心,共谋发展"的理念,加强与地方及社区的沟通与合作,努力实现双赢。坚持"立足国酒,奉献社会,成就自我,完美人生"的员工价值观,各基层组织深入开展"万个支部结对,万名党员帮扶"活动,积极参与地方政府"四在农家"新农村建设;以"员工互助合作基金""115国酒员工爱心基金""党员互助基金""党建扶贫""春晖助学""国酒人助学基金""菁华基金"等为载体,广泛开展"四联四帮"活动,切实为员工群众办实事。各基层组织细化活动任务,创新活动载体,丰富活动内容,广大员工自觉履行社会责任、自觉帮扶、自觉行动,积极投身履行社会责任的实践。1998—2005年,国酒茅台各基层单位组织捐赠363次、捐款金额768.3万元;2006—2009年,公司各基层组织自发开展的捐资助学、党建扶贫、修水池建设饮水工程、"城乡支部手挽手"帮扶活动418次,捐款捐物1615.73万元,彰显了国酒人强烈的社会责任感和无私情怀。

面对西南地区百年不遇的特大旱情,公司党委、董事会及时下发《关于积极参与全省抗旱救灾工作的通知》,向全公司发出"献爱心、助抗旱"号召,分别向贵州省慈善总会和仁怀市"抗大旱、保民生"活动捐款260万元、100万元;茅台集团习酒公司向云南、贵州灾区捐款250万元;国酒茅台各地经销商和片区营销人员为云南旱灾捐款51万元。公司党委领导亲自带队到受灾严重的仁怀市喜头镇、仁怀市鲁班镇星河村和茅台镇太平村、习水县桃林乡了解灾情,把春耕需要的有机化肥和灌溉用水送到农户家中;公司48个基层党组织、12000多名员工积极响应,踊跃开展抗旱救灾工作,修建人畜饮水工程,送饮用水,捐款,赠送有机肥和生产生活物资等,抗旱扶贫两不误。据不完全统计,2010年上半年公司各基层单位开展抗旱扶贫项目30多个,结对帮扶36个村(组),组织抗旱及扶贫捐款396.826万元。2009年,公司荣膺"中华慈善事业突出贡献奖";作为白酒行业唯一上榜企业,公司连续5年跻身《财富》"最受赞赏的中国公司"全明星榜。

据了解,茅台集团连续七年开展"国之栋梁"希望工程圆梦行动,并于2017年发布脱贫攻坚三年公益计划,表明未来三年内茅台将按每年1亿元的标准,累计捐赠3亿元,在全国范围内资助6万名贫困学子圆梦大学,将分期分批为茅台学子提供3000个实习岗位,帮助300名优秀茅台学子就业与创业。

在环境保护方面,从2014年起,茅台集团每年捐赠5000万元,连续十年共捐赠5亿元,用于保护和治理赤水河流域。除了出资用于赤水河流域生态环境保护基金外,还将积极支持参与有关赤水河保护的各项活动。2011年以来,茅台已修建5座污水处理厂,形成日处理2.3万吨污水能力。

在2018年中国社会责任公益盛典暨第十一届中国企业社会责任峰会上,茅台集团获得特别贡献奖。

企业是社会的细胞,社会是企业利润的源泉,企业在享受社会发展赋予的条件和机遇时,也应该主动回报社会、奉献社会,促进社会的和谐进步,这是企业不可推卸的责任。强化企业社会责任意识是企业健康发展和壮大的需要。对企业来说,传统的成本、质量、服务是衡量竞争力的最基本标准,而道德标准正在成为保持企业竞争优势的重要因素。只有积极履行社会责任,塑造和展现有益于公众、有益于环境、有益于社会发展的良好形象,取得社会公信,企业才能更被市场青睐,具有更强的竞争力。

(资料来源:1.佚名.企业道德与社会责任的案例导入[EB/OL][2019-5-27].https://

wenku. baidu. com / view / da40cb31f424ccbff121dd36a32d7375a417c6a1；2.冯孔.茅台集团获 2018中国企业社会责任峰会特别贡献奖［N］.新华网,2018-12-28.内容有整理）

通过此案例分析:茅台集团在采取了哪些方面的措施来体现社会责任感？企业要保持竞争优势,在发展中过程中应该如何履行社会责任？

 思考与讨论

1. 简答契约理论的基本内容。
2. 如何看待利益相关者理论？
3. 如何分析工程的利益相关者？
4. 如何分析工程建设的社会责任？

第5章 工程活动中的环境伦理

通过本章的学习,培养环境伦理的意识和思维,深入理解环境伦理的重要性,掌握环境伦理的基本思想和原则,为社会培养具有环境伦理责任和规范的工程技术人员。

雾霾大战引发的思考

细颗粒物(PM2.5)污染与雾霾引发中国民众的高度关注,起源于2011年10月31日的"监测事件"。当日北京遭遇雾霾,网络曝出美国驻华大使馆公布空气中PM2.5监测数值超过了"危险"值,而同日北京市环保部门发布的空气质量仅为"轻微污染"。虽然当时中国环保部门指出美国此行为违反了国际公约并督促其停止发布的事件颇具戏剧性,但不可否认的是,正是"监测事件"引爆了全国甚至全世界对中国雾霾的高度关注,一系列针对雾霾的治理行动也就此拉开了序幕。此后很短时间内,中国《环境空气质量标准》修订并颁布,其中增加了对PM2.5、臭氧浓度的限值规定,并在重点城市启动了对PM2.5的监测等内容,政府与民众对全力治理雾霾的认识也达到了空前一致。

冰冻三尺非一日之寒,PM2.5污染和雾霾并非是从2011年才出现的,而且这种污染也并非仅仅出现在北京这一个城市。持久性的大气污染是工业快速发展和现代化进程加速但环境伦理意识薄弱所带来的后果,大气污染的集中爆发也加强了政府对环境污染问题的重视和治理力度。1952年和1955年,美国洛杉矶爆发了两次严重的"光化学烟雾"事件,死亡人数共计超过800人,从而推动了美国《清洁空气法》体系的建立。《清洁空气法》不仅让美国有效地改善了空气质量,也成为全世界为控制空气污染制定的意义最为深远的法律之一。此外,1952年的伦敦烟雾事件、1961—1972年日本四日市的哮喘事件都造成了多人伤病甚至死亡,从而强化了英国、日本政府和民众对大气环保的意识和责任。

同样,我国在意识到大气污染的严重性和环保工作的重要性后,加入了国际应对气候变化的《巴黎协定》。此后,我国从中央到地方果断采取了强有力的治霾减排措施,包括报废大量老旧车辆以及关停污染严重的工厂等,治霾工作已经取得了初步成效。但污染治理并非短期内可以完全解决的,需要政府的强制措施、企业的有效配合、民众的意识觉醒和各部门的相互监督,因此我国与雾霾的斗争依然任重而道远。

除了大气污染,现代工程的建设和运行中造成的水污染和固体废弃物污染等问题也在日益加剧,需要引起工程人员的高度重视。人类文明的发展总是要付出代价的,希望我国在现代化工程快速发展的过程中,能够尽早意识到环境伦理的重要性,从工程活动的规划中考虑到环境因素,尽量降低工程活动对人类环境造成的影响。

(资料来源:1.钟卉.回顾:穿越60年的雾霾看自己[N].钱江晚报,2013-12-10;2.冶华.蓝天保卫战中国经验:大气治理和应对气候变化加速协同[EB/OL][2018-12-03].mp.ofweek.com/ecep/a045673428556.内容有整理)

通过此案例分析:在现代工程的发展过程中,哪些方面加速了环境恶化? 应如何改善工程活动以保护环境?

5.1　工程活动中的环境影响

人类的工程及其基础都是为了人类自身的利益和发展。同时,一切工程活动都是在环境中进行的,那它必然会对环境造成一定的影响;同时,环境也会对工程产生或好或坏的影响,最终影响到人类自身。古人的"顺势而为",在工程界也可以理解为"做工程时,需要顺应自然而行"。

5.1.1　工程活动对环境的影响

任何工程活动都要改变环境,矿产资源开采、修建道路和堤坝、城市建设、工程建筑等,都是在自然环境中进行的,无论是好是坏,都会使自然环境发生改变。尽管工程活动是以相关的科学知识和技术原理为基础,但它只要以人的目标作为最终依据,就必然会使原环境发生改变。事实也表明,所有工程活动在实现人类的目标的同时,或多或少都会改变自然环境,甚至有不少的工程因环境损害而成为失败的工程。

工程建设会引起一系列环境问题,这在现代社会已经成为不争的事实。在大搞工程建设的今天,其中的环境保护问题就显得越来越突出和重要,主要在于工程过程中自然环境会受到不同程度的破坏,直接影响到人们的生活和生命安全,必须要在工程建设和环境保护之间找到平衡点,努力使两者的关系协调起来。

过去,工程建设的决策管理者们通常会把经济利益放在首位,只要技术上可行,就有内在的驱动力。追求工程的优劣只考虑项目与经济的关系,忽视工程与生态环境之间关系的思维模式成为常态。而正是这种以牺牲生态环境为代价换取暂时利益的行为,使生态环境日益恶化。但实际上,经济发展离不开良好的生态环境,而优美的生态环境则是加快经济增长的基础。恶劣的生态环境,会使经济难以发展,或即使经济发展了,也难以为继。因此,只看眼前利益而无长远考虑的工程,只能为社会的发展埋下隐患。

工程建设对环境产生直接或间接影响,包括占用土地资源、水土流失、生态失衡、气候异常,以及废气、废水、固体废弃物和噪声、尘埃等。最常见的有以下几类:

(1)消耗大量的能源和天然资源。建筑工程需要消耗大量的天然资源,这些本身已经对环境造成间接的破坏。同时,它还需要消耗大量的能源,比如汽油、柴油、电力等。

(2)产生各种建筑垃圾、废弃物、化学品或危险品,造成环境污染。工程施工过程中每天都不可避免地会产生大量废物。这些垃圾、废弃物的处理对环境造成了更大的压力。而一些化学品或危险物品,不仅会对环境有所影响,也会对人们的身体健康造成危害。

(3)工地产生的污水造成水污染。施工污水及工地生活污水等如果没有经过适当的处理就排放,会污染海洋、河流或地下水等水体。

(4)噪声和振动的影响。施工过程中必然会产生大量杂音,而且施工中需要使用机动设备,设备所产生的噪声和振动就会对附近的居民造成滋扰。

(5)排出有害气体或粉尘污染空气,威胁人们的健康。工程建设施工过程排放的废气中有二氧化碳等温室气体,还会引起温室效应。施工中产生的大量尘埃等,也会对附近居民造成滋扰和影响。

5.1.2　环境对工程活动的影响

自然界的运行有自身的规律,人类的活动首先应该遵循自然规律,然后才是在此基础上改变自然。然而,建立这种观念不易,运用这种观念指导行动则更难。我们可以通过一个失败的工程案例来看看工程与环境是一种怎样的关系。

咸海曾被称为世界第四大湖泊,位于亚欧大陆腹部的荒漠和半荒漠环境之中,气候干旱,蒸发非常强烈。据统计,咸海每年的进水总量为 $338.2km^3$,而每年的耗水量则为 $361.3km^3$,进少出多,使得湖水水面逐渐下降。如1930年湖的面积为42.2万 km^2,到1970年已经缩小到37.1万 km^2 了。因为水分大量蒸发,盐分逐年积累,因此湖水也越来越咸。咸海的卡拉博加兹戈尔湾面积为1.8万 km^2,强烈的蒸发致使海湾与咸海的水面出现4m的落差,咸海水以每秒 $200\sim300m^3$ 的水量流入卡拉博加兹戈尔湾。咸海生物资源丰富,既有鳙鱼、鲑鱼、银汉鱼等各种鱼类繁衍,也有海豹等海兽栖息。咸海含盐量高,盛产食盐和芒硝。卡拉博加兹戈尔湾是大型芒硝产地。咸海地区航运业较发达。

由于卡拉博加兹戈尔湾环抱在干旱的沙漠中,客观上形成了一个巨大的蒸发器。1977年,根据科学家的建议,苏联部长会议通过决议,修建一个堤坝,将卡拉博加兹戈尔湾与咸海分割开,以求封闭海湾这个巨大的天然"蒸发器",减缓咸海水面下降。1980年3月,咸海和卡拉博加兹戈尔湾的水道成功堵死,分割海湾的筑堤工程即告完成。

然而,分割后的海湾环境发生了出人意料的变化。原先由于海湾的蒸发作用,湾内积存了480亿吨的盐类。1929年起采用提取盐溶液的工艺开采芒硝,1955—1985年间共提取盐溶液2.6亿 m^2。硫酸钠采量一度占全苏联总产量的40%,海湾干涸后,被迫停产。往日每年从咸海随水流入海湾的盐分高达1.3亿吨,由于卡拉博加兹戈尔湾的封闭,使咸海失去了一个消盐的"淡化器",由此增加了一个盐风暴污染源。一方面,卡拉博加兹戈尔湾则因无水补给而在1984年完全干涸;另一方面,卡拉博加兹戈尔湾与里海的分割造成了咸海水位上升,使湖水淹没了大片的农田、工业设施、油井、交通干线和居民区。最后,政府又不得不重新将分割卡拉博加兹戈尔湾的人工堤坝打开,以恢复分割工程前的本来自然面貌。

20世纪60年代前后,湖水盐含量增加了一倍,湖区有2.4万km²已成了盐土荒漠。裸露的湖底成了沙尘和盐粒的原生地,盐和沙尘被强风吹扬到百里之外,沉降到地面。有人测算,每年升入大气层的粉尘达1500万~1700万吨。如1975年5月,咸海东北沿岸强风暴导致地表沙尘面积达4800km²,到了1979年5月沙尘面积则达到了45000km²,沙尘总量为100万吨。因此,不少科学家断言,若咸海完全干涸,析出的盐重量将达到100亿吨,这将对周边地区的气候产生直接的影响。不仅如此,大量化肥和杀虫剂的使用,使得土壤洗盐排出的洗盐水与化肥、杀虫剂一同流入河流或渗入地下,使河水和地下水受到污染。当地居民长期饮用受污染的水,导致该流域贫血、食道癌、肝炎、痢疾、伤寒等疾病的发病率居高不下,发育不全和婴儿夭折的比例也较其他地区高。联合国在1996年的一份报告中披露,在咸海流域的克考勒—奥尔达城,儿童得病率1990年每千人为1485人次,到1994年增加到每千人3134次。

一项造福人类的工程为何得到了相反的效果?工程的目标是把天然河水引入干渠和农田,以促进农业经济发展,从最初设定的技术目标上看这一目的已经达到,表明引水工程是成功的。问题是任何一项工程都必须要受到自然条件的约束,如何将工程与自然条件相协调,就要求决策者充分考虑单一目标与复杂生态系统之间的多维关联。按照通行的做法,对于任何一项重大工程的决策,都需要以充分的科学论证做基础。针对咸海的工程改造,苏联学术界在20世纪70年代也有过激烈的争论,但决策者并未考虑到阿姆河和锡尔河三角洲的生态,也未考虑到咸海调节大陆气候的作用,更未考虑到咸海湖内生物群落的丧失和荒漠化进程的加剧,而是一味地追求近期经济效益,这样忽视生态效益的结果必然会使所期望的结果走向反面。

改造咸海的失败是我们在没有全面深刻理解自然规律时就贸然行动的生动案例,这仅仅只是一个缩影,类似的经验教训仍不断在世界范围上演。只不过在大多数情况下,一些水利工程所表现出来的负面效果需要经过较长时期的积累才能显现。从埃及的阿斯旺水坝到我国的三门峡水库,从美国科罗拉多河到我国黄河的长年断流,在人口与经济增长的压力之下,这类工程仍会进行下去。然而,无论怎么做我们都应该牢记"不以伟大的自然规律为依据的人类计划,只会带来灾难"以及"我们不要过分陶醉于对自然界的胜利,对于每一次这样的胜利,自然界都报复了我们"这样的警世醒言。

单从技术的层面上看,苏联对咸海"外科手术"式的改造不可谓不成功,但从更宽泛的视野上看,它在生态上是失败的,因为它遵循了技术规则却违反了生态法则。我们不能忽视这一点:我们对自然的理解是不深入和不完整的,对于大时空跨度的自然变迁,我们并没有进行系统的分析研究,同样,我们对过去的经验教训还缺乏足够的认识,尤其还不能把人类工程放到自然生态系统中加以考察,对由量变到质变过程的把握还相当肤浅。所有这些问题,只要其中某个环节考虑不周,都有可能产生相反的结果。

由于工程与环境具有相互影响的关系,如果不考虑环境因素,只依靠科学,因为科学在处理问题时有初始条件和边界条件,超越了它就必然出现错误,各类工程皆如此。当人们意识到科学不能完全解决我们面临的社会问题和生态问题,还需要考虑生态环境的因素,用整体的眼光和系统的思维去衡量工程的可行性时,就兴起了一门重要的理论科学:环境伦理学。

5.2 环境伦理学的内容

5.2.1 环境伦理观念的起源

对环境伦理思想的历史考察可以追溯到最初的工业发展时期。西方社会在经历了两次工业革命以后,经济飞速发展,社会财富高度积累。就在这一时期,在工业革命中获益最多的几个国家,如英国、德国、美国都出现了严重的环境问题:一方面是对森林资源的严重破坏,另一方面是工业城市的大气污染。随着工业化进程的深入,人们对自然资源需求不断增加,对资源的随意挥霍最终使人与自然的冲突开始尖锐起来。

现以美国的工业发展为例。19世纪中期,在经历了内战以后,美国经济高速发展。19世纪末,美国的工业总产值已居世界首位。经济的发展促进了对动力、原材料的需求,由此带动了采矿、林业、石油等产业的发展,而美国丰富的自然资源也为工业发展提供了良好的条件。然而,美国人对自然资源的漠视态度和掠夺式开发,使美国的自然资源受到极大的破坏和浪费。如铁路建设和采矿消耗了大量的木材,使森林遭到严重破坏。到19世纪末,美国的森林面积减少了1/5。此外,森林的消失和人为的捕杀也导致野生动物迅速灭绝。19世纪初,北美旅鸽约有20亿只,迁徙时的壮丽场面令人赞叹。然而,仅仅过了一个世纪,它就在美国大地上绝迹了。当年哥伦布发现美洲大陆时,这里的野牛有6000万头,到19世纪末,美洲野牛的数量已不足百头。在19世纪的美国人心目中,土地、森林和野生动物是不值钱的,他们用一种漫不经心的方式粗放经营,致使土地和森林资源的浪费和破坏达到惊人的程度。工业的快速发展和人类对环境的漠视,导致环境被严重破坏。由此,各种主题的环保运动使得资源保护主义和自然保护主义这两种环保思路应运而生。

1. 资源保护主义

资源保护主义是一种以人类为中心的资源管理方式,其目的是更好地对资源进行开发利用,保护了人的社会经济体系,而非自然生态体系。资源保护主义的代表人物是平肖,他认为,上帝创造了人和万物,人作为世界的核心,应该发展对自己有用的物种,而消灭那些对自己无用的物种,这种功利的资源保护主义哲学迎合了当时统治阶级的利益,因此成为20世纪初资源保护运动的基本原则。为使资源得到更合理的开发利用,防止因缺乏科学知识而导致的个人滥用,平肖提出了处于经济发展需要而对国家资源进行"明智利用、科学管理"的原则。在他的影响下,美国时任总统罗斯福发起了自然资源保护运动,通过立法收回了大量草原、土地、森林,作为国家的公共保留地,建立了大量的自然保护区。此次运动遏制了美国垄断集团肆无忌惮地掠夺和浪费自然资源的现象,一定程度上保护了环境,并使得资源保护主义成为历届美国政府坚持的环保方针之一。

2.自然保护主义

最早对美国资源无节制破坏提出明确批评的人是G.P.马什(George Perkins Marsh)。他在1864年出版的《人与自然》一书中指出:"事实上,公共财富在美国一直没有得到足够的尊重。""在这种情况下,是很难去保护森林的,无论它是属于国家,还是属于个人。"他预言,人们若不改变把自然当作一种消费品的信念,便会招致自己的毁灭。此后一批美国哲学家、文学家和博物学家受欧洲浪漫主义运动及达尔文进化论学说的影响,开始对工业社会中人与自然关系模式进行批判性反思,他们赞颂自然界的和谐与完美,关注它在迅速拓展的工业文明中的命运。

此外,对环境伦理学产生直接影响的思想家主要还有大卫·亨利·梭罗、约翰·缪尔和奥尔多·利奥波德,他们都在不同程度上推动了自然保护主义的发展。其中,缪尔认为,人们既需要面包也需要美,人们应当努力地维护森林保护区和公园的美丽、壮观,并从美学的角度去欣赏它们,使它们进入人们的心中,从而在人的内心激发出一种维护自然景观的审美要求。这种审美观超越了人的生理要求,使人能够发现自然经济价值以外的价值。缪尔用超越功利主义的资源保护方式保护自然,反对用经济利益作为价值标准,反对在国家公园和自然保护区内进行任何有经济目的的活动。因此,自然保护主义是一种超越了狭隘人类中心的资源保护思想,其首要目的不是为了人类的利用,而是为了自然自身;保护的不是人在资源中的利益,而是自然本身的利益。

3.人类对环保的进一步思考

由于资源保护主义的思路更符合政府的利益,因此长久以来资源保护主义都深受美国政府的支持。然而,20世纪30年代的沙尘暴天气肆虐了美国中西部,让美国人意识到逐渐功利的资源保护主义并没有完全遏制工业发展对自然环境的破坏。此外,生态学的兴起和发展带来了美国意识形态领域的一次革命,促使许多人对环境保护进行更深入的思考。

二战结束后,随着物质生活水平的提高,人们不再满足于单纯的物质享受,希望更多地接触自然、感受自然,拥有健康的生活环境和生活方式。于是美国公众更加关注环境问题,从不同角度表达了对环境破坏的忧虑。其中,知识分子成为引领环保意识形态的先锋。

1962年,蕾切尔·卡森出版了《寂静的春天》一书。在书中,她向对环境问题还没有心理准备的人们讲述了DDT和其他杀虫剂对生物、人和环境的危害。在此之前,人们对DDT和其他杀虫剂造成危害的严重性一直毫无察觉。除了某些学术期刊,大众媒体还根本没有相关危险性的报道。尽管她的著作遭到怀疑甚至无情的指责,但越来越多的调查证实了DDT使用的危害性。为此,美国国会召开了听证会,美国环境保护局在此背景下成立;环境科学由此诞生;大规模的民间环境运动由此展开。公众环境意识的觉醒又不断推动着环境运动的兴起。同时,环境伦理学也在环境运动和普通伦理学的风潮中应运而生。

5.2.2　环境伦理学的内容

"环境伦理"一词是20世纪后随着西方环境伦理学兴起传入国内的。在西方,环境伦理一词多和环境伦理学同义,是一种系统化、理论化的,有关人与环境间道德关系的学说。例如,戴斯·贾斯丁的《环境伦理学——环境哲学导论》中将环境伦理学定义为:环境伦理学旨在系统地阐释有关人类和自然环境间的道德关系。环境伦理学的理论必须:①解释这些规范;②解释谁或哪些人有责任;③这些责任如何被论证。不同的环境伦理学有不同的答案。

伦理是人与人之间、人与非人之间应该具有的正当关系,以及维护这种正当关系的基本行为规则。环境伦理则指人类和环境之间应该具有的正当关系,以及维护这种正当关系的基本规则。具有如下要素:

1.环境伦理是人类与环境之间的关系

伦理被普遍应用在人和人,尤其是家庭成员的关系上。当代中国,对于人类和人类之外的事物,如人和自然、人和动物能否形成伦理关系,还有较大的争议。在中国传统的历史文化中,从未将伦理局限在人和人之间。一个例证就是中国封建社会的纲常五伦:天、地、君、亲、师,在人必须处理好的这五类重要关系中,把天、地放在了首位。西方两次工业革命后,随着工业文明的发展壮大,人类对资源的过度开发和破坏也日益严重,并使人类自身饱尝苦果。基于对这些苦果的反思,进入20世纪后,西方出现了"环境伦理"这一学科,开始研究人类与环境之间的伦理关系,在美国、德国、法国等国涌现出一批环境伦理学者和丰富的著作。只不过在两者的互动上,不同于人与人之间的关系。人与人之间的关系互动,双方行为都受各人主观价值判断的影响。而人类与环境的互动,只有一方存在主观价值判断。人类与环境的关系中,人类具有明显的主观意志性,即人类对环境的行动,受人类主观价值判断的指导,即什么行动是善的、正确的,什么行动是恶的、错误的。而环境只有单纯的客观规律性,即环境只有自身演化的客观规律,本身不能进行善恶是非的价值判断。环境只能以自身的演化及其对人类生存的影响,来印证人类的主观价值判断及其行为是否符合客观规律,从而促进人类进行伦理反思。

2.环境伦理是人类利用自然行为善恶是非的判断标准

环境伦理作为人类和自然之间的一种客观关系,带有善恶是非的评判意味。伦理是一个与善恶是非相联系的概念,一直在追问什么是善的,什么是恶的。环境伦理是以环境为中心的道德讨论,要解决的是人类行为之于环境,怎样是善的,对的;怎样是错的,恶的。常见的例子有:人类是否应该为了满足自己的利益而默许自然界的动物灭绝?为了发动汽车,是否应该继续开采石油?为了子孙后代,当代人是否应该对环境承担一定的义务?通常来说,人类与环境存在三个基本关系。

(1)依存与被依存的关系。人类是整个环境中的一个要素,是环境要素漫长的演化过程中出现的一个物种。人类以环境作为生存的空间和生活资料的来源。必须深刻地认识到,我们身处环境之中,每一次呼吸的氧气,每一滴饮用的清水,每一口咽下的食物都来自环境。因此人类的生存深深依赖于自然环境,我们修建的高楼大厦和工厂也许可以引发人类独立于环境的主观感觉,却绝不可能改变我们对自然环境这一深刻的依赖关系。而环境虽被人类所依存,但其存在却不依存于人类,我们这个星球的寿命远远长于人类的寿命。可以想象的是,就像白垩纪的恐龙虽然盛极一时最终却仍然有归于尘土的时刻,当人类的主宰时代结束时,这个神秘地球依然在平静地进行着公转与自转。作为人类,能做的就是探寻我们这个物种和环境之间的关系,发展壮大那些相关的因素,将人类存在的时代尽可能延长。从这个角度来说,环境伦理会影响整个人类的存在周期,对人类的生存具有现实意义。

（2）利用与被利用的关系。人类不能像植物那样,通过光合作用为自身创造养分,为了维持生命的机能,必须以环境中的动植物作为能量来源。人类对环境要素的利用,是其生存发展的必然。虽然人类当中出现了许多素食主义者,他们试图通过身体力行来实现对非人类生命的尊重,然而我们必须承认,只要是利用,就意味着难以避免地对其他物种活动产生影响,甚至是生命的剥夺。这也引发环境伦理的追问:我们每一个利用环境的行为,如排放污染物、拿动物进行医学实验或者吃肉都是正确的吗?从利用与被利用的层面上看,环境从表面上的确是被动的。尤其是两次工业革命,极大地促进了人类征服自然的能力:机械手臂和电锯的发明,让大片森林以惊人的速度被铲平;猎枪使得任何凶猛的动物都无法逃脱人类的捕捉;在海洋中,就连鲸鱼和鲨鱼这样的"海中之王"也死于人类的捕捞。然而,一些环境要素也在主动地对人类产生影响:比如野兽对人类的捕食。此外,还有一些环境要素是以其自身的自然规律来影响人类的:比如水域有有限的自净能力,当容纳的污染物超过了其自净能力,水域就会被污染,污染的水域滋生细菌,致使鱼虾灭绝,从而给人类的生存造成负面影响。因此,即便是在利用与被利用的关系上,人类也必须有清醒的认识:环境的被动只是一种表面现象,事实上,环境会以一种不易察觉的方式,深远地影响我们和子孙后代。

（3）审美与被审美的关系。审美是一种人类的主观活动,人类通过审美脱离生存层次,获得精神层次上的愉悦。然而,审美的来源是周围的环境。

人类有史以来各种艺术创作都不能脱离各种环境要素。在人类与环境的三个关系中,利用和审美关系以依存关系为前提和基础。因此,凡是损害、威胁到人类与环境依存与被依存关系的行为,就很难说是善的。这是环境伦理的一个最根本的判断。

3.环境伦理是人类利用环境必须遵守的基本规则

环境伦理以善恶判断为标准,以向善去恶为目标,致力于人类行为对待环境应遵循的基本规则,即人类对于环境有哪些利益(哪些是可以做的),有哪些义务(哪些是必须做或不能做的)。违反了伦理所确立的行为规则,会受到心理的谴责和社会主流意识形态的否定。环境伦理所确立的一部分行为规则,也可以转化为法成为法律规则。环境伦理作为善恶是非的判断标准,要解决的是人类对环境的行为是否应该有遵循的基本准则。基于这个前提,再来树立具体的行为准则。如果没有具体的行为准则,伦理就会流于空谈,伦理的功能性将大打折扣。因此,环境伦理绝不仅仅是一种是非善恶的标准,具体的行为准则也是环境伦理的固有内容。

环境伦理所确立的规则具有基本性,它是人类与自然之间关系的最基本准则。违反环境伦理对大部分人来说,在心理上是不能容忍的,会得到社会主流意识形态的强烈谴责,甚至招来疾病。比如,在动物饲养中给牛吃牛的骨粉,使其同类相食,使素食动物吃荤,打破自然规律,最后引发了疯牛病。此外,还有一些非基本性的规则,不是直接用伦理来确立的,而是在伦理的指导下用道德确立的,如社会提倡节约用水,不乱扔果皮纸屑等。社会主流意识形态对违反道德的行为具有一定程度的容忍性。

因此,环境伦理从本质上是社会物质生产关系在人们头脑中的反映,归根结底受社会物质生产关系的制约,对社会物质生产关系也具有反作用。

5.3　工程中的环境伦理

5.3.1　工程活动中环境伦理的基本思想

在工程实践领域,保护环境成为工程活动的重要目标。由于保护环境的诉求或依据不同,在各种利益冲突的情况下,结果就会大相径庭。因此,如何把保护环境行动在道德和法律的层面确定下来,使之变成工程相关人员共同的责任和义务,就需要工程相关人员共同对环境伦理和环境法的基本思想和理论有所认识。然而,尽管人们在工程活动中已经意识到人对自然环境的道义责任,但工程领域中并没有专门的环境伦理理论,因此在工程活动中通常只运用一般的环境伦理思想来指导工程实践。事实上,环境伦理思想和理论在很大程度上就是建立在对工程活动的伦理反思基础上的,它诸多原则的建立也是基于人征服、改造和控制自然的工程活动。因此,无须建立专门的工程环境伦理理论,工程中的环境伦理问题只需要相应的环境伦理原则和规范就可以得到解决。把自然环境纳入道德关怀的范畴,确立人对自然环境的道德责任和义务,既是环境伦理学领域最重要的议题,也是工程伦理重要的组成部分之一。

工程活动是人跟自然打交道,好的工程既要考虑人的利益,也要考虑自然环境的利益。如果只考虑人的利益,这种做法通常被视为人类中心主义,即把人的利益作为价值和道德判断的标准。相反,同时也考虑自然环境的利益,则通常被称为非人类中心主义。人类中心主义和非人类中心主义是建立在资源保护主义和自然保护主义基础上发展而来的。

1.人类中心主义

人类中心主义有三层不同的含义:生物学意义上的、认识论意义上的和价值论意义上的人类中心主义。工程活动中常常考虑价值论意义上的人类中心主义。它把人看成是自然界唯一具有内在价值的事物,必然地构成一切价值的尺度,自然界的其他事物不具有内在价值而只有工具价值。因此,人才是唯一具有资格获得道德关怀的物种,工程活动的出发点和目的只能是,也应当是人的利益,道德原则的确立应该首要满足人的利益,而不必考虑其他自然事物。因为人对自然并不存在直接的道德义务,如果说人对自然有义务,那这种义务应当被视为只是对人的义务的间接反映。

2.非人类中心主义

与人类中心主义不同,非人类中心主义者认为,人类不是一切价值的源泉,因而他的利益不能成为衡量一切事物的尺度。人与自然的恰当关系应该是,人类只是自然整体的一部分,他需要将自己纳入更大的整体之中,才能客观地认识自己存在的意义和价值。依据这种认识,非人类中心主义者试图把道德关怀的范围,从人类扩展到非人类的生命或自然存在物上,他们运用现代社会已有道德原则和规范,分别论证了道德关怀也应该包含动物以及一切有生命的事物,甚至自然事物。如主张把道德关怀的对象扩大到有感觉的生命即动物身上,以彼得·辛格(Peter Singer)的动物解放论和汤姆·雷根(Tom Regan)的动物权利论为代表;主张把道德关怀的对象范围扩大到一切有生命的存在,倡导一种尊重生命的态度,以阿尔贝特·史怀泽(Albert Schweitzer)和保罗·泰勒(Paul Tayler)的生物中心主义为代表;还有一种更为激进的道德立场,被称为生态中心主义或生态整体主义,它主张整个自然界及其所有事物和生态过程都应成为道德关怀的对象,以利奥波德(Aldo Leopold)和深层生态学为代表。这些不同的思想主张贯穿在一起,可以明显地看出道德关怀范围由小变大的过程。

(1)动物解放论:动物解放论者从功利主义思想中找到理论依据,从而证明了动物拥有道德地位,人对动物负有直接的道德义务。按照功利主义伦理学的理解,快乐是一种内在的善,痛苦是一种内在的恶;凡带来快乐的就是道德的,凡带来痛苦的就是不道德的。因此,道德关怀的必要条件便是对苦乐的感受能力(sentience),这就为把动物的快乐和痛苦引入道德考虑的范畴提供了可能。辛格明确指出:"如果一个存在物能够感受苦乐,那么拒绝关心它的苦乐就没有道德上的合理性。"由于动物的感受能力和心理能力有差异,同样的行为,给感觉和心理能力不同的动物所带来的功利是各不相同的,并且感觉和心理能力的差异具有道德意义,我们在实际的处置上仍然可以区别地对待它们。

(2)动物权利论:依照同样的思路,动物权利论则依据道义论传统,论证了人和动物有"天赋价值",从而证明人所拥有的权利动物也同样拥有。动物自身的这种价值赋予了它们相应的道德权利,即不应遭受痛苦的权利。这种权利决定了我们应以一种尊重它们天赋价值的方式来对待它们。因此,动物权利论者主张废除科学研究中的动物实验;取消商业性的动物饲养业;禁止商业性和娱乐性的狩猎行为。

动物解放论和动物权利论突破了人类中心论的局限,把道德关怀的视野从人类扩展到了人类之外的动物,这是道德的进步。但它们只关心动物个体的福利,却忽视了广大的物种乃至整个生态系统的福利,尤其是当一般动物个体与濒危物种个体的利益发生冲突时,动物解放论和动物权利论就显得苍白无力,由于道德扩展的不彻底性,一些学者试图突破它们的局限。

(3)生物中心主义:最早要求给予所有生命道德关怀的学者是著名人道主义思想家阿尔贝特·史怀泽。他在自己的工作和生活中深切感受到了人对其他生命的责任和义务,并明确提出了"敬畏生命"的伦理思想。他认为传统伦理学的最大缺陷就是只处理人与人的道德关系,这种伦理学是不完整的。一种完整的伦理,要求对所有生物行善。"一个人,只有当他把植物和动物的生命看得与人的生命同样神圣的时候,他才是有道德的。"正是出于这种伦理的内在必然性,他建立了"敬畏生命"的伦理学,并提出"善是保护生命、促进生命,使可发展的生命实现其最高价值。恶则是毁灭生命、伤害生命,压制生命的发展。这是必然的、普遍的、绝对的伦理原则"。这种伦理思想被美国伦理学家保罗·泰勒发展成为"尊重自然"的伦理学。"尊重自然"的伦理体系包括三个紧密联系的部分:尊重自然的态度、生物中心主义自然观和环境伦理的基本规范。这一学说要求对所有生命给予必要的尊重和道德权利。

(4)生态中心主义:生物中心主义把生命本身当作道德关怀的对象,避免了传统道德理论中的等级观念,为所有生命平等的道德地位提供了一种说明,从而实现了对西方主流伦理学的超越。但是,生物中心主义所关心的仍然是个体,它本质上也是一种个体主义的伦理学。与此相反,生态中心主义认为,一种恰当的环境伦理学必须从道德上关心无生命的生态系统、自然过程及其自然存在物。环境伦理学必须是整体主义的,即它不仅要承认存在于自然客体之间的关系,而且要把物种和生态系统这类生态"整体"视为直接的道德对象。因此,与动物解放论、动物权利论以及生物中心主义相比,生态中心主义更加关注生态共同体而非有机个体,它是一种整体主义的而非个体主义的伦理学。

这种整体的环境伦理思想最早出现在利奥波德的"大地伦理"中,他的工作经历很好地诠释了他的理论。面对当时僵硬的经济学态度带来的一系列严重的生态与伦理问题,他打算把生态学中的"群落"扩展成"大地共同体",并以此建立人与共同体的其他部分以及整个大自然之间的新型伦理关系。其伦理思想主要表现在:①大地伦理扩大共同体的边界;②大地伦理改变人在自然中的地位;③大地伦理需要确立新的伦理价值尺度;④大地伦理需要有新的道德原则。最终,利奥波德给出了根本性的道德原则:"一件事情,当有助于保护生命共同体的和谐、稳定和美丽时,它就是正确的;反之,就是错误的。"在他看来,和谐、稳定和美丽是大地共同体不可分割的三个要素。

利奥波德的思想被深层生态主义者所继承。他们沿着利奥波德开辟的道路,把"大地伦理"中的生态整体主义思想扩展到政治、经济、社会和日常生活的领域,使它变成了一种内涵更加丰富的意识形态和行动指南,从而在西方掀起了一场意义深刻的深层生态运动。

深层生态学把生态危机归结为当代社会的生存危机和文化危机,根源在于我们现有的社会机制、人的行为模式和价值观念。它认为,必须对人的价值观念和现行的社会体制进行根本的改造,把人和社会融于自然,使之成为一个整体,才可能解决生态危机和生存危机。深层生态学反对人类中心主义,倡导生态整体主义。它认为生态系统中的一切事物都是相互联系、相互作用的,人类只是这一系统中的一部分,人类的生存与其他部分的存在状况紧密相连,生态系统的完整性决定了整个人类的生活质量,因此,任何人无权破坏生态系统的完整性。在此基础上,它提出了构建生态社会的设想和与此相关的一系列政治经济主张,并试图通过自己的行动纲领来实现这些主张。

各不相同的环境伦理思想,反映出人们理解人与自然关系不同的道德境界,这些思想和观点为工程技术人员在处理各不相同的环境问题时提供了理论上的支持。如修建青藏铁路需穿越可可西里草原,考虑到藏羚羊的利益,就需要根据它的生活习性、迁徙规律,在相应的地段设置动物通道,甚至要采取"以桥代路"形式,以保障它们的自由迁徙。在工程活动中运用上述环境伦理思想,能够使我们在不破坏自然环境方面做得更谨慎一些。

5.3.2　工程活动中环境伦理的核心问题

工程活动常常要改变或破坏自然环境,改变或破坏到何种程度才是可接受的,需要有一个客观的标准,否则无法具体操作。问题是每个工程都在自己特定的环境条件下,根本不可能用统一的标准。在这种情况下,我们除了运用环境评价的技术标准外,还需要运用环境伦理学标准来处理工程中的生态环境问题。然而,环境伦理学的理论思想各不相同,如何将这些理论用于支持工程中对环境的行为,最根本的是要看各路理论关注的核心问题是什么,抓住了这个关键要素,就可以对各种理论为什么要如此主张有清楚的理解,在具体的工程活动中就可以运用这种思路来处理生态环境问题。

1.环境伦理的核心问题

是否承认自然界及其事物拥有内在价值与相关权利,既是环境伦理学的核心问题,又是工程活动中不能回避的问题。按照传统的价值理论,自然界对我们有价值,是因为它对我们有用,即自然界只拥有工具价值,而不具有内在价值,所以人们一直把自然界看成是人类的资源仓库。在这种思想指导下,只要对人类有利,我们便可以去做。这种伦理观念鼓励了对自然不加约束的行为,是造成人对自然界进行掠夺、形成环境危机的重要根源。但是,随着对自然界认识的日益深刻,人们发现,自然界所呈现出来的价值,远远不是我们想象中的那样只具有工具性价值,而是就像它自身一样,表现出多样性的价值形态。因此,我们需要确立一种新的信念,并对自然界进行重新审查,用建立在现代科学基础上的眼光去评价自然界的各种价值,并在这一理念下,建立人与自然新型的伦理关系。这种新型伦理关系能够为工程活动遵循环境伦理原则提供必要的支持和评价标准。

2.自然价值

自然界的价值有两大类:工具价值和内在价值。工具价值是指自然界对人的有用性。内在价值为自然界及其事物自身所固有,与人类存在与否无关。内在价值是工具价值的依据,如果承认事物和自然界拥有内在价值,那么,我们与自然事物就有了道德关系。因此,自然界是否具有客观的内在价值,一直是学界争论的焦点。之所以如此,是由于人们采用不同的参照系来进行价值判断和评价。

(1)自然的工具价值:价值主观论者以人类理性与文化作为评价自然界价值的出发点,即没有人就无所谓价值,自然界的价值就是自然对人类需要的满足。而价值客观论者则从生态学的角度来评价自然界的价值,认为自然界的价值不以人的存在或人的评价而存在,只要对地球生态系统的完善和健康有益的事物就有价值。从人与自然协同进化的观点看,没有人类,就没有人类中心的价值理论,也不可能有大规模的自然价值向人类福利的转变。主观价值论从价值的认识论角度来说是有道理的,但它忽视了价值存在的本体意义,即自然有不依赖于人的价值而独立存在的内在价值。价值客观论虽然揭示了自然界是价值的载体,强调了自然价值客观存在、不依赖评价者的事实,但它忽视了价值与人的关系。从当今的生态实践来看,秉持人与自然协同进化的价值观更为恰当,这种价值观倾向于承认自然界生物个体及其整体自然(生态系统)的各种价值。

(2)自然的内在价值:自然界具有对人有用的外在工具价值,同时也有不依赖于人的内在价值,内在价值是工具价值的基础。那么,为什么人类中心主义不承认自然界具有内在价值?这是因为从伦理学视角来看,内在价值与道德权利是密切联系的,即如果我们承认了自然事物拥有内在的价值,也就理所当然地认可了自然事物的道德权利,也就是我们有道德义务维护自然事物,使它能够实现自身的价值。就自然界而言,各种生物或物种都有持续生存的权利,其他自然事物如高山、河流、湿地等,都有它存在的权利。自然界的权利主要表现在它的生存方面,即它自身拥有按照生态规律持续生存下去的权利。这也就是为什么环境伦理学要把承认自然界的价值作为出发点,主张把道德权利扩大到自然界其他事物的原因,他们要求维护自然事物在自然状态中持续存在的权利。

一条河流的内在价值可以通过它的连续性、完整性以及它的生态功能(如过滤、屏蔽、通道和生物栖息等功能)展现出来;通过它与地球生态系统的物质循环、能量转化和信息传输发生作用,维持着对于地球水圈的循环和平衡。河流作为一种既是由水流及水生动植物、微生物和环境因素相互作用构成的一个自然生态系统,又是一个由河流源头、湿地,以及众多不同级别的支流和干流组成流动的水网、水系或河系构成的完整统一的有机整体,同时它还是由水道系统和流域系统组成的开放系统。系统内部和河流与流域之间存在着大量的物质和能量交换,其中所有因素对河流健康的维持发挥着作用。因此,河流的权利主要表现为河流生存和健康的权利,而完整性、连续性和维持这些特性的基本水量是河流生存的保证。河流的生存权利要求我们在利用河流资源时,充分考虑河流的上述权利,不夺取河流生存的基本水量,不人为分割水域,一切行动均需按照河流的生态规律。河流健康生命通常是指河流生态系统的整体性未受到损害,系统处于正常的和基准的状态。河流健康状况的评价可以由河道过流能力、水质、河口湿地健康程度、生物多样性和对两岸供水的满足程度等指标来确定,不仅要求基本水量,还要求有清洁的水质,稳定的河道,健康的流域生态系统等,这些都是河流健康的标志。维持河流健康"生命"的权利就是要维护河流的自我维持能力、相对稳定性和自然生态系统及人类基本需求。

赋予河流基本的权利也就规定了我们对河流的责任与义务,这意味着河流不再仅仅是供我们开发利用的资源,也需要我们给予必要的尊重。

5.3.3 工程活动中的环境伦理原则

工程中的环境伦理不仅考虑人的利益,还要考虑自然环境的利益,更要把两者的利益放到系统整体中来考虑。通常,工程活动中,人的利益是工程的首要目标,自然作为资源和场所常常被排斥在利益考虑之外,被考虑也只是因为它看起来会影响或危及人类自身。现代工程的价值观要求人与自然达到利益双赢,即使在冲突的情况下也要平衡,这就需要我们把自然利益的考虑提升到合理的位置。

依据双标尺评价系统的要求,我们在干预自然的工程活动中对环境就拥有了相关的道德义务。这些道德义务通过原则性的规定成为我们行动中必须遵循的规则以及评价我们行为正当与否的标准。在此,我们提出以下原则作为行动的准则和评价标准。

现代工程活动中的环境伦理原则主要由尊重原则、整体性原则、不损害原则和补偿原则四部分构成。

(1)尊重原则:一种行为是否正确,取决于它是否体现了尊重自然这一根本性的道德态度。人对自然环境的尊重态度取决于我们如何理解自然环境及其与人的关系。尊重原则体现了我们对自然环境的首先态度,因而成为我们行动的首要原则。

(2)整体性原则:一种行为是否正确,取决于它是否遵从了环境利益与人类利益相协调的原则,而非仅仅依据人的意愿和需要这一立场。这一原则旨在说明,人与环境是一个相互依赖的整体。它要求人类在确定自然资源的开发利用时,必须充分考虑自然环境的整体状况,尤其是生态利益。任何在工程活动过程中只考虑人的利益的行为都是错误的。

环境伦理把促进自然生态系统的完整、健康与和谐视为最高意义的善。它是对尊重原则运用后果的评价。良好的愿望和行动过程的合理性并不必然地导致善的结果,仅凭动机和行动程序的合理性还不能评价行为的正当与否,必须引入后果和后效评价,只有从动机到程序和后果的全面评价才能表现出更大的合理性,而后果的评价更为重要。

(3)不损害原则:一种行为,如果以严重损害自然环境的健康为代价,那么它就是错误的。不损害原则隐含着这样一种义务:不伤害自然环境中一切拥有自身善的事物。如果自然拥有内在价值,它就拥有自身的善,它就有利益诉求,这种利益诉求要求人们在工程活动中不应严重损害自然的正常功能。这里的"严重损害"是指对自然环境造成的不可逆转或不可修复的损害。不损害原则充分考虑到了正常的工程活动对自然生态造成的影响,但这种影响应当是可以弥补和修复的。

(4)补偿原则:一种行为,当它对自然环境造成了损害,那么责任人必须做出必要的补偿,以恢复自然环境的健康状态。这一原则要求人们履行这样一种义务:当自然生态系统受到损害的时候,责任人必须重新恢复自然生态平衡。所有的补偿性义务都有一个共同的特征:如果他的做法打破了自己与环境之间正常的平衡,那么,就须为自己的错误行为负责,并承担由此带来的补偿义务。

这里,我们需要考虑自然环境受到损害的两种不同情形。第一种情形是:损害环境的行为不仅违反环境伦理的上述原则,而且违反了人际伦理的基本原则。如工程造成的污染,不仅违反了环境伦理也违反了人际伦理的公正原则。其行为显然是错误的。第二种情形是:破坏环境的行为虽然违反了环境伦理,但却是一个有效的人际伦理规则所要求的,如修建一条铁路需要穿越高山或森林(如青藏铁路),这时自然的利益和人类的利益存在着冲突,在这种情况下,道德的天平向何处倾斜? 这就需要我们对原则运用有个先后的排序。

当人类的利益与自然的利益发生冲突时,我们可以依据一组评价标准对何种原则具有优先性进行排序,并运用排序后的原则秩序来判断我们行为的正当性。这一组评价标准由更基本的两条原则组成。

①整体利益高于局部利益原则：人类一切活动都应服从自然生态系统的根本需要。

②需要性原则：在权衡人与自然利益的优先秩序上，应遵循生存需要高于基本需要、基本需要高于非基本需要的原则。

当自然的整体利益与人类的局部利益发生冲突时，可以依据原则①来解决；当自然的局部利益与人类的局部利益，或自然的整体利益与人类的整体利益发生冲突时，则需要依据原则②来解决。如：当自然的生存需要（河流的生态用水）与人的基本需要（灌溉用水）发生冲突时，以前者优先。只有在一种相当罕见的极端情况下，即人类与自然环境同时面临生存需要且无任何其他选择时，人的利益才具有优先性（如河流生态用水与人饮用水的冲突）。

人与自然环境的利益冲突在人际伦理中是不存在的，因为它不考虑自然自身的利益。冲突的情况只有在引入了环境伦理以后才会出现，这表明我们在解决人与自然关系问题上引入了伦理的维度，这是处理人与自然关系上的进步。严格地讲，只要具有了尊重自然的基本态度，并按照上述原则行动，冲突的情况就很难出现，而罕见的极端情况就会在出现以前得到化解。

5.3.4　工程活动中的环境伦理要求

工程建设与环境保护，是人类生存相互依赖的两个方面。任何工程活动都是不断与环境进行物质、能量和信息交换的过程，只要是工程建设就需要环境支撑，工程建设所要的一切物质资源都需要从环境中索取，离开了环境空间，工程建设将无立锥之地。另一方面，没有不影响环境的工程，只是这种影响可能为正，也可以为负。一旦环境被掠夺，那么被掠夺的环境反过来又可能对工程系统的发展造成直接或间接的损害。在这种意义上，没有保护环境，工程建设就失去了其赖以生存的基础和物质来源。因此，工程建设与环境保护是密不可分的。

以公路建设为例，公路工程建设是国民经济发展和社会进步的内在要求，也将对一个地区的政治、经济、文化等发展起到重要的促进作用。公路的修建势必消耗资源、改变地形地貌和原有的自然景观，建设和运营过程还可能产生各种污染，并且这种影响是长期的，如会因选线不当造成对沿线生态环境的破坏；会因工程防护不当造成水土流失、坡面侵蚀与泥沙沉淀；会因公路带状延伸破坏路域的自然风貌；会因施工过程造成环境污染；会因营运车辆及行人对公路及周边造成污染；等等。想要在必需的工程活动中缓解经济与环境的冲突，就需要在工程的决策规划、施工管理等环节加入环境道德评价。如在填土方或开挖土方时尽量避开雨季，雨季来临前将开挖土方回填；施工过程中取土时采取平行作业，边开挖、边平整，取土完毕后要及时还耕，及时进行景观再造；在雨水充沛的地区，要及时设置排水设施，避免边坡产生崩塌、滑坡等现象；在雨水地面径流处开挖路基时，要及时设置临时土沉淀池拦截混砂，待路基建成后，及时将土沉淀池推平，进行绿化或还耕；对路堤边坡及时进行植草绿化，以及施工路段与生态住宅区保持距离；施工便道定时洒水降尘,运输粉状材料要加以遮盖等。这些措施既是技术性的,也是环境道德(如补偿正义原则)所要求的。

现代工程活动对规划和建设项目实施后可能造成的环境影响有专门的环境影响评价环节,能够对工程活动进行分析、预测和评估,提出预防或者减轻不良环境影响的对策和措施,例如,德国工程师协会有专门的手册,内容包括技术和经济的效率、公众福利、安全、健康、环境质量、个人发展,以及生活质量等方面;我国2006年颁布的申请“注册环保工程师”的执行办法也规定了相关考核认定的条件,内容涉及工程活动中的水污染防治、大气污染防治、固体废物处理处置和物理污染防治等方面,然而,这些要求基本上是技术性的。

工程作为“设计”活动,直接影响着人类的生存状况和自然环境。工程活动负载着人类价值,这就使工程活动本身具有了道德上的善恶之分。好的工程可以造福人类,实现天人和谐,坏的工程则会损害人和环境的长远利益。一切工程活动,说到底就是为了提升人的生活质量,人的生活质量需要有多方面内容来充实。物质需要虽然基本,但不是最终的指标,尤其是在达到一般生活水平时,环境指标可能更为重要。今天中国各大城市面临严重的大气污染,这与我们的工程活动有直接的关系,因此需要对工程活动的各个环节进行必要的伦理审视,同时,在工程活动中加入环境伦理的内容就十分必要。

事实上,一个好的工程完全可以实现工程建设与环境保护的良性循环。关键是要在工程建设过程中体现出环境伦理意识,以良好的环境伦理意识来促进工程建设的可持续发展。工程建设中需要树立的环境伦理意识,既重视自然的内在价值并尽力维护它,又要充分认识到它的工具价值,要充分开发它,利用它,这就要求我们在工程建设中把自然的需求和人类需要结合起来综合考虑,审慎开发利用我们的自然环境,在遵循生态规律的基础上实现人自身的目的。

地球上的所有生物都有改变环境并使自己与环境相适应的能力,但人以外的生物改变环境的能力十分有限,自然生态系统完全可以在阈值的范围内调节控制,因而不会对自然环境造成危害。然而,人类的工程行为却是一种纯粹的“造物”活动,这种“造物”活动常常会超过自然的阈值而造成不可逆的环境损害。

历史上,我们曾经有“征服自然”的观念,在“敢叫高山低头”“敢叫河水让路”的口号下大搞改造自然的工程,结果造成了严重的生态环境问题。事实证明,认为人类在总体上已经征服了自然的观点是极端幼稚和可笑的。英国哲学家培根说过,“要征服自然,首先要服从自然”,所谓“服从”即认识和理解自然,掌握自然规律并不等于就可以征服自然。现在是到了抛弃“征服”观念的时候了,彻底检讨我们的傲慢和无知,学会理解和尊重,用“协同”“尊重”代替“征服”“改造”,实现我们工程观念的根本转变。

工程理念是工程活动的出发点和归宿,是工程活动的灵魂。历史上像都江堰、郑国渠、灵渠等许多工程在正确的工程理念指导下而名垂青史,但也有不少工程由于工程理念的落后殃及后人。生态文明与和谐社会需要新的工程观,这种工程观既要体现以人为本,又要兼顾人与自然、人与社会的协调发展。工程活动的最高境界应该是实现并促进人与自然的协同发展。因为人类社会的发展和自然界本身的发展是两个不同的系统,又是两个相互影响的系统,这两个系统之间应保持协调与和谐。人与自然协同发展的环境价值观要求在人们活动与自然的活动之间,在技术圈与生物圈之间,在发展经济与保护环境之间,在社会进步与生态优化之间保持协调,不以一个方面去损坏另一个方面。人类在追求健康而富有成果的生活的同时,不应凭借手中的技术和投资,以耗竭资源、破坏生态、污染环境的方式求得发展,而应把生态效益、社会效益、经济效益的统一作为至上的道德价值目标。传统的见物不见人、单纯追求经济增长的发展模式已不适应当今尤其是未来发展的需要。从这种道德标准和价值要求出发,所有决策只能合理地利用自然资源、保护自然资源和生态平衡,决不能把自然当作"奴隶"和"被征服者",否则,便是不道德的行为。如果不把合理使用资源、保护环境等内容包括在决策目标之内,任何经济增长都不会持续,生态恶化将最终制约经济的增长。

好的工程会把符合自然的规律性和符合人的目的性有机结合起来。因此工程活动的评价需要建立一个双标尺价值评价体系,即既有利于人类,又有利于自然。有利于人类的尺度是指,在人与自然关系中自然界满足人类合理性要求,实现人类价值和正当权益。有利于自然的尺度是指,人类的活动能够有助于自然环境的稳定、完整和美观。作为社会经济活动的一部分,任何工程最终都是为了获得最大收益,这种追求价值最大化的方式往往会造成当地环境的恶化,大型工程对环境的影响范围尤其广泛,一旦造成危害,将会对当地造成难以弥补的损失。要改变这一现状,实现人与自然协同发展,就需要在工程活动中彻底改变传统的价值观念,走绿色工程的道路。

绿色工程环境价值观强调了人与自然的和谐相处,力图把经济效益和环境保护结合起来,用兼顾环境、社会和经济等方面的多价值标准来评价工程,实现各种利益最大限度的协调,统筹兼顾,达到各方利益最大化。它要求在工程的规划设计中就考虑工程与人和环境的关系,并将这种理念贯彻到这个工程的所有阶段,谋求在工程质量、成本、工期、安全、环境等方面实现多赢。因此这种价值更强调工程的绿色管理。

在工程活动中突出环境价值观,不是把自然的利益放在人类利益之上,而是原则上要求统筹考虑人类的利益与自然的利益(如稳定的自然环境),目的是遵循自然规律,促进人与自然、人与社会的和谐相处。新环境价值观更加重视对环境的保护,能够防止施工过程中为了单纯的经济效益而出现大规模地破坏环境,改变地貌特征等行为,同时它也把节约、效率、安全的理念贯穿于工程的始终,保证工程能把经济效益、社会效益与环境效益结合起来。

总之,工程活动是对环境造成最直接影响的人类行为之一,这种影响常常是伤害性的和不可逆的,最终既损害了自然本身,也损害了人类自己。因此,现代工程建设中所产生的环境问题必须从纯粹技术的层面上升到伦理和法律的层面。通过环境伦理学和环境法学的视野,来给我们的工程活动制定相关的原则,让工程活动从思想源头上减少对自然环境的破坏,从而真正实现工程造福人类和人与自然协同发展的目标。

5.4　环境伦理的实践思路

5.4.1　可持续发展

"可持续发展"(sustainable development)自1987年正式提出,经过三十余年发展,已经形成了理论来源多样、内涵非常丰富、国际影响力较大、具备一定执行力的环境伦理思想体系。

1.可持续发展理论之来源

可持续发展理论从产生到发展,主要源自联合国的一系列国际环境法文件,包括1972年《联合国人类环境宣言》、1980年《世界自然保护大纲》(以下简称《大纲》)、1987年《我们共同的未来》、1992年《里约宣言》和《21世纪议程》。

1972年《联合国人类环境宣言》是国际社会第一个保护环境的全球性宣言,其主要成果是全人类面对严峻的环境危机,达成7项共识和26项原则。关于人与环境的关系,宣言认为:环境是与人类的利益紧密联系的重要因素。这个利益既包括当代人的,也包括未来的世世代代。为此,人类既有权利生活在良好的环境中,也有义务去保护和改善环境。保护当代人和后代人以及改善环境,是人类目前面临的紧迫任务。保护、改善环境的目标与世界和平、经济和社会发展这两个目标应该共同、协调实现。宣言虽然没有直接提到"可持续发展",但对后来"可持续发展"的提出有两个重要贡献。第一个贡献是强调保护环境与人类经济、社会发展的一致性。这对解决环境与人类发展的冲突,是思路上的大转折。后来的可持续发展思想沿袭了这一思路。第二个贡献是提出了后代人的环境利益,这为人类发展的"可持续性"增添了内涵。

1980年《大纲》对"发展"和"保护"的内涵作出规定,并特别强调,保护环境是人类持续发展的前提条件。按照《大纲》的表述,"发展"是指人类需要得到满足,生活质量得到改善,该过程必然包含生物圈的变化。"保护"的含义则是人类对生物圈进行经营管理,使其既能为当代人持续产生最大效益,又能为满足后代人的需求而保持潜力。"保护"是积极的,包括保存、维持持续利用,恢复和丰富自然环境。

1987年《我们共同的未来》正式提出了"可持续发展"。根据该报告,可持续发展指的是"既满足当代人的需要,又不对后代人满足其需要的能力构成危害的发展"。其具体内涵如下:

发展的主体是人类。发展的主要目标是"人类需求和欲望的满足"。这里的人类指的不是一国的国民,而是全体人民。即发展的主体包括了全体人民,特别是那些贫困人民的基本需要,应该被放在特别优先的地位来考虑。"发展"要求社会从两方面满足人民需要:一是提高生产潜力;二是确保每人都有平等的机会。

为了人类发展,必须保护环境。"可持续发展"构架在这样一个事实前提下:环境与人类发展并不是孤立的,而是具备紧密的联系。这个联系体现在:各种环境问题之间是相互联系的,如过度砍伐森林除了带来林木资源的减少,也会加剧水土流失;环境问题与经济发展方式是互相联系的,如采用以煤为主要燃料的能源政策,可能是空气污染的原因之一;环境与经济问题,又与许多社会和政治因素互相联系,如人口增长会加剧环境的压力,财富分配不均会导致战争冲突,进一步破坏环境并阻碍社会发展。

"可持续发展"的核心是人类的经济和社会发展不能超越资源与环境的承载能力。人类发展不应当危害地球的生命支持系统,包括大气、水、土壤和生物。《我们共同的未来》报告中提到,"就人口或资源利用而言……超过这个限度就会发生生态灾难"。

1992年《里约宣言》和《21世纪议程》推动了"可持续发展"的法律化。《里约宣言》在重申《联合国人类环境宣言》主旨的基础上提出为了推进可持续发展,各国应该制定有效的环境法。这是可持续发展伦理理念转化为环境立法规定的重要一步,是环境伦理能够影响环境立法,并体现为环境立法目的规定的有力例证。《21世纪议程》对实施可持续发展给出了具体的计划蓝图,建议将环境与发展问题纳入国家政策的决策过程。《21世纪议程》十分重视法律对可持续发展的推动作用,认为法律是实施环境和发展政策最重要的工具。为了可持续发展的有效实施,法律应该相应改变。法律的制定要根据生态、经济、科学和社会的原则,并具有切实有效的执行力。《21世纪议程》的规定充分认可了法律是环境伦理有力的实施途径,并对法律,特别是环境法的制定提出要求,要求在制定环境法过程中,必须综合考虑环境与发展问题,必须根据生态、经济、科学和社会原则,必须具有切实有效的执行力。

除了以上国际文件对可持续发展做出论述外,另有国际组织和学者对"可持续发展"做出各自理解下的定义。这些定义或强调生态上的可持续性,认为可持续发展是不超越系统更新能力的发展;或侧重于经济方面,认为"可持续发展是今天的使用不应减少未来的实际收入";或侧重于技术方面,认为"可持续发展就是转向更清洁、更有效的技术——尽可能接近零排放或密封式,工艺方法尽可能减少能源和其他自然资源的消耗"。

2."可持续发展"的伦理内涵

"可持续发展"标志着人类对"发展"开始进行伦理反思。可持续发展思想的产生,源自人类传统的发展方式在日益严峻的环境危机下受到各种限制,使得人类必须重新审视自己的发展方式。第一个反思是人类的发展行为是否会带来不良后果。《联合国人类环境宣言》提出,人类的发展行为是一把"双刃剑",如果明智地改造环境,能够促进人类的幸福;如果行为不当,会给人类自己和环境带来难以估量的巨大损害。第二个反思是发展对人类的意义所在。有关可持续发展的一系列国际文件提示我们:并不是所有的发展都是好的,发展并不是人类的终极意义,由发展所带来的人类的幸福生存状态才是终极的追求。而人类若要在幸福中生存,一个重要前提就是获得环境的稳定持续支持。因此《联合国人类环境宣言》等可持续发展文件都强调:环境对于人类的生存权、基本人权乃至幸福至关重要!为此保护和改善环境是关系到全人类幸福的重要问题。如果发展要以破坏环境为代价,则这种发展模式就是不可持续的,必须予以调整。近代资本主义发展模式一度以扩大生产规模来获得发展,造成产能严重过剩后,又通过人为制造需求与消费来维持发展,这样"为了发展而发展"的模式必然会造成环境资源的巨大浪费,与人类幸福的终极追求不尽一致,值得我国引以为戒。

"可持续发展"对发展进行了环境伦理的价值指引。人类的发展必须受到环境伦理价值的指引,可持续发展强调如下价值,认为人类的发展不能与如下价值相冲突。第一个价值是"生存",指地球的生命支持系统的完整性和稳定性,它是人类得以生存的前提。《我们共同的未来》提出:人类发展不应当危害地球的生命支持系统,包括大气、水、土壤和生物。人类的经济和社会发展不能超越资源与环境的承载能力。生活在良好环境中的权利是一种根本的生存权,其价值要高于单纯的经济发展。第二个价值是"公平",包括代内公平和代际公平。代内公平是指同一代人,包括发达国家、发展中国家的国民在要求良好生活环境上,对自然资源的利用上,均享有平等权利。环境危机最早是由于发达国家的经济发展模式引起的,因此承担环境义务的时候,发达国家应当承担更多的环境义务,并对发展中国家的经济发展问题予以照顾。代际公平,是指当代人和未来人类的子孙后代在使用自然资源获得良好生存与发展上的权利是平等的,因此当代人不能透支环境潜力,要给后代人留下生存和发展所必需的环境资源。当代人类和未来人类在利用自然资源满足自身利益、谋求生存与发展上权利均等。

3."可持续发展"的内容

"可持续发展"可以看作指向一种现实的可持续性的目标,包括以下要素:

(1)尽量减少对不可再生资源的使用,用可再生资源替代;

(2)根据可再生资源再生的速率来利用可再生资源;

(3)设计可回收的产品和工艺,尽量减少废弃物;

(4)促进地球资源和全球范围内的经济发展利益的公平分配。

虽然第四个目标似乎超出了工程职业的范围,但它是可持续性的一种重要的实际考虑,因为没有它,社会稳定也许是不可能实现的。实际上,对于大多数工程师而言,前三个目标是最重要的。

4.对"可持续发展"的评价

"可持续发展"对于完善我国环境立法目的之优势在于:相对于其他环境伦理理念,"可持续发展"内容丰富,体系完整。"可持续发展"是目前国际社会认同度最高的一种环境伦理理念。其理念在中国已经进行了法律化实践并获得一定成效,其内容具有一定科学性。

"可持续发展"的不足在于:其一,可持续发展具有多元化的含义,这也导致了其内容不清,容易流为口号,难以起到实际的指导意义。其二,可持续发展面临复杂的利益协调问题,影响执行效果。作为一个大概念,"可持续发展"既要协调人与环境之间的矛盾,又要协调人类内部,包括发展中国家和发达国家之间的矛盾,这就给利益协调带来了复杂性。例如,发展中国家和发达国家在关注点上是有分歧的。发达国家更加忧虑环境恶化,要求发展中国家尽量保护环境,放弃破坏环境的经济发展方式。而发展中国家则强调经济发展,希望从发达国家获得更多的经济补偿和技术援助。这种分歧几乎体现在所有的国际合作上,目前最典型的就是各个国家在气候变化问题上的巨大争议。其三,"可持续发展"在实施计划上还需要进一步具体和完善。在"可持续发展"实施中,始终缺乏硬性的,可以量化的实施指标。虽然各国学者和联合国都在评估与指标上继续研究推进,但目前的水平还不足以使其具备较强的执行性。例如,在《21世纪议程》当中,虽然提出了"可持续发展"的具体目标如消除贫穷,促进人类居住区的可持续发展等,但其用词都是开放式和原则性的,很难提出具体的可量化的指标。1994年,联合国可持续发展委员会要求各国制定既可反映可持续发展普遍规律,又适合本国特点的指标体系,虽然各国学者都在对"可持续发展"的指标体系进行研究,但是形成正式官方文件和投入应用的依然不多。

最后,还有一种学术观点,对"可持续发展"也构成根本性挑战,即"发展"在客观上,是无限的还是有限的? 我们是否可能做到让经济社会无限制地发展下去? 该种观点的代表作是《增长的极限——罗马俱乐部关于人类困境的报告》,作者为美国的丹尼斯·米都斯。该书自1972年公开发表以来,已经过去了四十余年。然而该书所提出"经济增长不可能是无限的"这一观点,对今天的发展仍然具有挑战和启发意义。

5.4.2 生命周期评价

20世纪90年代初,专家提出了一个开发环保产品的重要技术——生命周期评价(life cycle assessment,LCA)。所谓生命周期评价技术,是一种评价某一过程、产品或事件从原料投入、加工制备、使用到废弃的整个生态循环过程中环境负荷的定量方法。具体地说,LCA是指用数学物理方法结合实验分析对某一过程、产品或事件的资源、能源消耗,废物排放,环境吸收和消化能力等环境负担性进行评价,定量确定该过程、产品或事件的环境和理性及环境负荷量的大小。LCA考察了一个产品或一项工艺从原材料提取、制造、运输与分发、使用、循环回收直至废弃的整个过程对环境的综合影响,被称为"从摇篮到坟墓"的全生命周期评价技术。

LCA由四部分组成:①起点:目标和范围定义。LCA评价的目标主要包括界定评价对象、实施LCA评价的原因以及评价结果的输出方式。LCA的评价范围一般包括评价功能单元定义、评价边界定义、系统输入输出分配方法、环境影响评价的数学物理模型及其解释方法、数据要求、审核方法以及评价报告的类型与格式等。②编目分析。编目分析是指根据评价的目标和范围定义,针对评价对象收集定量或定性的输入输出数据,并对这些数据进行分类整理和计算的过程。编目分析包含三个步骤:系统和系统边界定义,系统内部流程,编目数据的收集与处理。它在LCA评价中占有重要的位置,为后面的评价过程建立基础。③环境影响评价。建立在编目分析的基础上,其目的是更好地理解编目分析数据与环境的相关性,评价各种环境损害造成的总的环境影响的严重程度。环境影响评价包含四个步骤:分类、表征、归一化和评价。④评价结果解释。主要是将编目分析和环境影响评价的结果进行综合,对该过程、事件或产品的环境影响进行阐述和分析,最终给出评价的结论及建议。

经过二十多年的发展,LCA方法作为一种有效的环境管理工具,已广泛地应用到各种工程实践中,评价这些工程活动对环境造成的影响,寻求改善环境的途径,在设计过程中为减少环境污染提供最佳判断。

5.5　工程参与者的环境伦理

工程是由工程共同体组织、实施的,工程共同体是工程活动的主体,通常以工程企业的形式立足于社会参与活动。工程共同体通常是由项目投资人、设计者、工程师和工人构成,他们都是工程的参与者。尽管每个成员担负的环境伦理责任是不一样的,但在工程活动中前三者的作用远大于后者,他们对工程的环境影响应该负有主要责任。因此,要保证工程活动不损害环境,甚至有利于环境保护,就必须针对工程共同体在工程活动过程中的地位和角色,厘清工程共同体、工程与环境之间的关系,赋予工程共同体以相应的环境伦理责任。

5.5.1　工程企业对环境的态度

工程企业对环境的态度大致可以分为三种。

第一种态度我们可以称为抵触的态度。在满足环境规范方面,这种类型的企业尽可能少地付出行动,有时达不到环境法规的要求。这些企业通常没有应对环保问题的全职人员,在环保问题上投入的资金也最少,而且对抗环境监管。如果支付罚金的金额低于按照规定改造的成本,他们就不会进行改造。这类企业的管理者通常认为,企业的首要目标是赚钱,而环境监管只是实现这一目标的障碍。

第二种态度是保守或者顺从的态度。有这种倾向的企业将接受政府监管作为企业的一种成本,但是他们的服从常常是缺乏热情或承诺的。管理者们常常对环境规章的价值抱有极大的怀疑。虽然如此,这些企业通常制定了明确的管理环境问题的政策,并且建立了致力于处理这些问题的单独的部门。

第三种态度是进取的态度。在这些企业中,对环境问题的回应获得了首席执行官的全力支持。这些企业设置人员齐备的环保部门,使用最先进的设备,并且通常与政府监管机构保持着良好的关系。这些企业一般将自己视为好邻居,并认为,高于法律要求很可能符合他们的长远利益,因为这么做可以在社区塑造良好的形象并避免诉讼。然而,还不止如此,他们或许真诚地致力于环境保护甚至环境改善。

5.5.2　工程共同体的环境伦理责任

虽然我们都期望所有企业都拥有这种进取的态度,但在企业生存和求取利润的压力之下,现实中并非所有企业都拥有这种态度,一些企业更追求短期利益而忽视环境的长远损害。而企业工程师作为雇员,也不得不遵从企业的发展模式,从而获取自己的薪酬。

因此,需要政府和公众对企业进行约束。在这方面,国际性组织环境责任经济联盟(CERES)为企业制定了一套改善环境治理工作的标准。作为工程共同体的行动指南,它涉及对环境影响的各个方面:如保护物种生存环境,对自然资源进行可持续性利用,减少制造垃圾和能源使用,恢复被破坏的环境等。承诺该原则意味着工程共同体将持续为改善环境而努力,并且为其全部经济活动对环境造成的影响担负责任。

工程共同体的环境伦理主要指工程过程应切实考虑自然生态及社会对其生产活动的承受性,应考虑其行为是否会造成公害,是否会导致环境污染,是否浪费了自然资源,要求企业公正地对待自然,限制企业对自然资源的过度开发,最大限度地保持自然界的生态平衡。

工程决策是避免和减少生态破坏的根本性环节。假设有两个项目可供选择,一个项目有环境污染问题,短期投资少,长期看会造成不良的生态效果;另一个项目则有绿色环保效益,短期投资较大,长期具有环保作用。如果两个项目都有一定盈利,项目投资者大多会从经济价值、企业目的、实用可行的角度选择前一个项目,按照环境伦理的要求则应该选取后一个项目。这表明环境伦理观念在当今社会经济发展和工程决策中的重要性。因此,使环境伦理成为决策过程中不可缺少的意识或环节,使环境伦理所倡导的人与环境协同的绿色决策理念真正纳入政策、规划和管理各级,就变得重要而紧迫了。只有通过制定有效的法律条例和综合的环境经济评价制度,才能使绿色决策成为主流。

工程设计是工程活动的起始阶段,在工程活动中起到举足轻重的作用,它决定着工程可能产生的各种影响,工程实践中的许多伦理问题,都是从设计开始就埋设下的。近年来,由于工程,特别是大型工程对于环境影响的增大,更由于可持续发展和环境保护已经成为世界各国关心的话题,工程设计中的环境伦理问题也日益突出。

通常,设计者会遵循一般的原则,如功能满足原则、质量保障原则、工艺优良原则、经济合理原则和社会使用原则等,然而所有这些都是围绕着产品自身属性来考虑的,而产品的环境属性,如资源的利用、对环境和人的影响,可拆卸性、可回收性、可重复利用性等,常常较少被涉及。传统的设计活动关注的是产品的生命周期(设计、制造、运输、销售、使用或消费、废弃处理),今天的设计更强调环境标准,如"绿色设计"要求环境目标需与产品功能、使用寿命、经济性和质量并行考虑,同时,"我们不仅有消极的责任把健康和良好的生活环境留给后代,而且也更有积极的责任和义务避免致命的毒害、损耗和环境破坏,而为人类的将来生存创造一种有价值的人类生活环境"。

由此不难看出,今天的工程设计已经开始突破人类中心主义观念,它要求设计者能够认识到人与自然的依存关系,人可以能动地改变自然,但仍是自然界的一部分,人类通过工程来展示技术力量的同时,更应该展示出人类的智慧和道德精神,在变革自然的过程中尊重自然,使之与人类和谐共处。

5.5.3　工程师的环境伦理责任实施

工程活动对环境的影响,要求工程技术人员在工程的设计中,不仅要对工程本身(桥梁、建筑、汽车、大坝)、雇主利益、公众利益负责,还要对自然的环境负责,使工程技术活动向有利于环境保护的方面发展。对工程师而言,环境伦理尤为重要,因为他们的工作对环境影响很大。"建造一座大坝需要很多专业人员的技能,如会计师、律师和地质学家,但正是工程师实际建造了大坝。正因为如此,工程师对环境负有特殊的责任。"随着工程对自然的干预和破坏能力越来越巨大、后果越来越危险,工程师需要发展一种新的责任意识,即环境伦理责任。

工程师在工程活动中的角色多样而复杂,其身份既可以与投资者、管理者重叠,又可以是纯粹的技术工程人员,即人们通常意义上的工程师。作为一种特殊的职业,工程师通过专门知识和技能为社会服务,但另一方面,工程师又是改善环境或损害环境的直接责任人,在那些对环境产生正面的或负面的效果影响的项目或活动中,他们是决定性的因素,如建设的化工厂污染环境,建设的水坝改造了河流或淹没了农田,建设的煤矿破坏了自然生态等,在这种意义上,工程师仅有职业道德是不够的,还应该承担环境问题的道德和法律责任。

传统的工程师伦理认为,工程师的职业性质决定了忠诚雇主是工程师的首要义务,做好本职工作是评价他是否合格的基本条件。这种评价机制侧重于工程领域内部事务,而忽视了工程师与公众、工程与环境的关系。环境伦理责任作为崭新的责任形式,要求工程师突破传统伦理的局限,对环境有一个全面而长远的认识,并承担环境伦理责任,维护生态健康发展,保护好环境。因此今天对工程师的评价标准,不是工程师是否把工作做好了,而是是否做了一个好的工作,即既通过工程促进了经济的发展,又避免了环境遭到破坏。

因此,工程师的环境伦理责任包含了维护人类健康,使人免受环境污染和生态破坏带来的痛苦和不便;维护自然生态环境不遭破坏,避免其他物种承受其破坏带来的影响。鉴于这种责任,如果认识到他们的工作正可能对环境产生不良影响,工程师有权拒绝参与这一工作,或中止他们正在进行的工作。因为从伦理的角度来看,工程师担负的责任与其所拥有的权利和义务是相等的。工程师的环境伦理责任不只是赋予工程师责任和义务,还同时赋予他相应的权利,使得他能在必要时及时中止他的责任和义务。

然而,工程师如何才能中止他的责任?何时中止他的责任?如何在工程的目标与环境损坏之间求得平衡?在面临潜在的环境问题时,在何种情况下工程师应当替客户保密?所有这些都是摆在工程师面前的现实问题。尽管每个工程项目都有自己的特定的目标和实施环境,在面对类似的上述问题时的情境各不相同,工程师在处理这类棘手问题时仅凭直觉和"良心"是不够的,需要学会运用环境伦理的原则和规范来处理问题,在无明确规范的情况下,可以运用相关法律法规来解决。

5.5.4　工程师的环境伦理规范

尽管环境伦理学从哲学的层面为工程师负有环境伦理责任提供了理论基础,但这并不能保证他们在工程实践过程中采取相应的行为保护环境。因为工程师在工程实践活动中的多重角色,使其对任何一个角色都负有伦理责任,如对职业的责任、对雇主的责任、对顾客的责任、对同事的责任、对环境和社会的责任等,当这些责任彼此冲突时,工程师常常会陷入伦理困境之中,因而需要相应的制度和规范来解决此困境。

工程师的环境伦理规范就是针对工程师在面临环境责任时可以使用的行动指南。因此,工程师环境伦理规范对于现代工程活动意义重大。它不仅能为工程在解决工程与环境的利益冲突方面提供帮助和支持,而且还可以帮助工程师处理好对雇主的责任以及对于整个社会的责任之间的冲突。当一个工程师面临着潜在的环境风险时,或者工程的技术指标已达到相关标准,而实际面临尚不完全清楚的环境风险时,工程师可以主动明示风险。

目前,工程师的环境伦理规范已受到广泛的重视。世界工程组织联合会(World Federation of Engineering Organizations,WFEO)就明确提出了"工程师的环境伦理规范",工程师的环境责任表现为:

(1)尽你最大的能力、勇气、热情和奉献精神,取得出众的技术成就,从而有助于增进人类健康和提供舒适的环境(不论在户外还是户内)。

(2)努力使用尽可能少的原材料与能源,并只产生最少的废物和任何其他污染,来达到你的工作目标。

(3)特别要讨论你的方案和行动所产生的后果,不论是直接的或间接的、短期的或长期的,对人们健康、社会公平和当地价值系统产生的影响。

(4)充分研究可能受到影响的环境,评价所有的生态系统(包括都市和自然的)可能受到的静态的、动态的和审美上的影响以及对相关的社会经济系统的影响,并选出有利于环境和可持续发展的最佳方案。

(5)增进对需要恢复环境的行动的透彻理解,如有可能,改善可能遭到干扰的环境,并将它们写入你的方案中。

(6)拒绝任何牵涉不公平地破坏居住环境和自然的委托,并通过协商取得最佳的社会与政治解决办法。

(7)意识到生态系统的相互依赖性、物种多样性的保持、资源的恢复及其彼此间的和谐协调形成了我们持续生存的基础,这一基础的各个部分都有可持续性的阈值,那是不容许超越的。

美国土木工程师协会(ASCE)的章程也强调:工程师应把公众的安全、健康和福祉放在首位,并且在履行他们职业责任的过程中努力遵守可持续发展原则。它用四项条款进一步地规定了工程师对于环境的责任:

(1)工程师一旦通过职业判断发现危及公众的安全、健康和福祉的情况,或者不符合持续发展的原则,应告知他们的客户或雇主可能出现的后果。

(2)工程师一旦有根据和理由认为,另一个人或公司违反了准则(1)的内容,应以书面的形式向有关机构报告这样的信息,并应配合这些机构,提供更多的信息或根据。

(3)工程师应当寻求各种机会积极地服务于城市事务,努力提高社区的安全、健康和福祉,并通过可持续发展的实践保护环境。

(4)工程师应当坚持可持续发展的原则,保护环境,从而提高公众的生活质量。

为了更好地履行环境保护的责任,工程师应该持有恰当的环境伦理观念,以此规范自身的工程实践行为,以达到保护环境的目的。

这些规范不只是某些工程行业的规范,而应该成为所有工程的环境伦理观念,工程师依据它来指导和规范具体的工程实践活动,结果必然会使工程活动中的环境损害大大降低。

尽管我国目前尚未出台工程师的环境伦理规范,但欧美等工业化国家的行业环境伦理规范可以为我们提供相关工作指南。在工程国际化的情况下，我们迫切需要一部较完善的环境伦理规范，这一规范不是划定工程师行动的边界，而是强调了工程师环境保护的责任意识，同时在一定程度上也为工程师的合理行动提供保护。

　　总体上看，即使是欧美等国，这些规范距离人与自然协同发展的理念也还有一定距离，但它毕竟要求工程技术活动充分考虑环境问题，随着工程环境责任意识的增强，最终会促使人们在工程活动中把符合自然的规律性与人的目的性目标结合起来，从而带来更多环境友好的工程。

 参考案例

全国首宗海上倾倒垃圾污染环境案做出判决

　　随着人们生活水平的提高，所需日用品也日益增多，而当前我国民众尚没有形成强烈的减少生活垃圾的意识和习惯，造成城市生活垃圾遍布城市周边而无法有效处理。因此，沿海地区有人非法将生活垃圾倒入海中，从而对沿海周边生态环境造成极其严重的破坏。

　　2016年以来，珠江口海域海上违法倾倒垃圾呈现"井喷式"增长，海漂垃圾波及港澳水域，已严重影响周边海洋生态环境、渔业生产及海上航行安全，发展为影响社会安全的重大隐患。海上垃圾除了对海洋生态造成直接影响之外，也会让海上渔业蒙受损失。

　　2016年8月25日夜晚，广东海警接线报称有一艘可疑货船在珠海市高栏海域倾倒大量生活垃圾，海警巡逻艇迅速出动，当场查获一艘悬挂船牌号为"桂藤县货1088"改装货船正在利用自带钩机往海中倾倒垃圾。经查，该船在东莞市某码头装载生活垃圾后，驶抵珠海高栏海域，待天黑后，向海里倾倒垃圾，查获时，已倾倒垃圾约563.99吨。

　　海警侦查员在该案侦办过程中，根据线索顺藤摸瓜，于2017年1月发现了一个位于东莞市的转运焚烧垃圾码头。1月9日，广东海警在广东省环保厅、省住建厅以及东莞警方积极配合下，成功依法捣毁了一处位于东莞市的非法焚烧、转运垃圾码头，当场抓获嫌疑人8名并制止其焚烧行为。

　　此次案件中，海上倾倒的垃圾由各种垃圾所混合，其中塑料制品等在自然条件下降解需要几十年甚至上百年，塑料垃圾在阳光和海水的作用下不断破碎分解，成为肉眼无法看见的微粒，从而变得更加难以清理。在降解过程中，塑料垃圾将不断释放有毒有害物质，污染周围土壤、地下水和附近海域。塑料垃圾对于海洋生物也是一个巨大的威胁，误食塑料制品或被塑料缠绕可能造成海洋生物健康受损，甚至死亡，每年有数以万计的海洋生物因海洋垃圾受伤甚至死亡。部分涉案垃圾还包含重金属等多种有毒物质，垃圾露天堆置时，受雨水淋溶会产生垃圾渗滤液，部分渗滤液抽样超标数达数十到数百倍，若外流将会对海洋造成严重污染。

　　鉴于海上违法倾倒垃圾严重污染海洋生态环境，近年来海警等相关部门持续加大对海上违法倾废行为的打击力度。此案经珠海市金湾区人民检察院批准，广东海警一支队对"桂藤县货1088"案多名犯罪嫌疑人予以逮捕,于2018年5月18日在珠海市中级人民法院进行终审判决,判处该案被告人崔某犯污染环境罪,有期徒刑4年,处罚金人民币3万元;判处被告人李某犯污染环境罪,有期徒刑3年3个月,处罚金人民币2万元;判处被告人甘某犯污染环境罪,有期徒刑3年,处罚金人民币1万元。

(资料来源:李晶川.不能忍!全国首宗海上倾倒垃圾污染环境案做出判决[N].人民日报,2018-05-31.内容有整理)

通过此案例分析:如何避免此类事件再次发生?

青藏铁路工程中的环境伦理

青藏铁路,简称青藏线,是一条连接青海省西宁市至西藏自治区拉萨市的国铁Ⅰ级铁路,是中国新世纪四大工程之一,是通往西藏腹地的第一条铁路,也是世界上海拔最高、线路最长的高原铁路。青藏铁路的修建工程对我国意义重大,加强了国内其他广大地区与西藏的联系,促进了藏族与其他各民族的文化交流,加强了民族之间的团结合作。此外,青藏铁路对改变青藏高原贫困落后的面貌,促进青海与西藏地区的工业、旅游业等产业的发展,产生了广泛而深远的影响。

然而,全线永久用地6240公顷(62.4平方千米),临时用地6174公顷(61.74平方千米),由西宁站至拉萨站,线路全长1956千米,而铁路修建在世界上最年轻、海拔最高、对生态环境影响最大的高原——青藏高原上。青藏高原是中国和南亚地区的"江河源""生态源",也是亚洲气候变化的"起搏器"。科学家认为,它的每一种生态环境指示的变化,必然会对全球气候、环境产生重大影响。高原高寒生态环境十分脆弱,为保护青藏高原独特的高原高寒生态系统,我国建立了可可西里、三江源等国家级自然保护区。这里有特有高原哺乳动物种数11种,特有高原鸟类科7种,特有两栖爬行动物80多种,鱼类100多种。地表植被生长缓慢,一旦破坏极难恢复。因此,要想不破坏当地生态环境又完成铁路的建设,其难度之大可想而知。

开工前,每一位青藏线的建设者都会领到一本《环保手册》,各级管理人员必须参加施工环保专题讲座,学习环境保护的法律法规。在每个参建单位的招标文件和工程合同中,都包括了具体的环境保护要求,设立专门的环境保护管理机构和专职环境保护管理人员。评选优质工程实行环保"一票否决制"。各施工单位在结合本管段工程特点、环境特征及主要环境保护目标的基础上,制定了因地制宜的规章制度和要求。此外,在铁路建设史上,首次引入环境监理制度:由总指挥部委托独立第三方——铁道科学研究院对全线施工期环境保护进行监理,构筑了由青藏总指挥部统一领导、施工单位具体落实并承担责任、工程监理单位负责施工过程环保工作的日常监理,环保监理实施全面监控的"四位一体"环保管理体系,环保监督检查融入了青藏铁路工程建设的全过程。

为了保护青藏铁路沿线的一草一木及野生动物,各施工场地周围均设置了铁丝网和绿色塑料网进行隔拦,界定了作业区和活动范围,防止施工人员和施工机械、车辆随意进入施工场地以外的区域；营地和施工便道尽量选取在无植被或植被较差的地方；在湿地路基施工过程中，首先界定施工范围并对范围内的草甸进行移植、养护；在路基基底处理过程中，严格按照设计要求施工，确保地下水流向路基基础外和路基两侧的草地。就连生活垃圾都实行集中回收、分类处理，生活污水须经氧化处理后排放，生产污水须经沉淀处理后排放，含油废水必须经过涌油池处理后回收……所有的措施都是坚持保护优先的原则，都是为了把青藏铁路建设成一条世界铁路建设史上具有时代意义的生态绿色通道。

青藏铁路从设计、施工建设到运营维护，始终秉持"环保先行"理念，如为保障藏羚羊等野生动物的生存环境，铁路全线建立了33个野生动物专用通道；为保护湿地，在高寒地带建成世界上首个人造湿地；为保护沿线景观，实现地面和列车的"污染物零排放"；为改善沿线生态环境，打造出一条千里"绿色长廊"。这些独具特色的环保设计和建设运营理念，也使青藏铁路成为中国第一条"环保铁路"。有了青藏铁路成功的环保经验，青藏铁路的建设者们将把环境保护的理念带到今后更多的工程建设中。

（资料来源：1.路，一条绿色的哈达：青藏铁路不留生态环保"伤疤"纪事[N].科技日报，2016-07-11；2.青藏铁路：穿行在高原上的千里"绿色长廊"[N].青海日报，2016-07-01.内容有整理）

通过此案例分析：青藏铁路的建设与咸海改造工程(5.1.2)的区别在哪里？

 思考与讨论

1. 为什么对咸海的改造是失败的？

2. 人类与环境有哪几个基本关系？我们应该如何与环境相处？

3. 请简述工程活动中环境伦理的核心问题。

4. 你认为"可持续发展"和"环境影响评价"是如何实践环境伦理思想的？

5. 作为一名准工程师，根据你所学的环境伦理思想，你应该如何面对工程中的环境问题？

第6章 工程师的职业伦理

学习目标

　　通过本章的学习,使同学们了解、掌握工程师职业的地位、性质与作用,并加强对工程师职业伦理标准的认识;使同学们对工程师职业伦理规范有整体性认识,能清楚理解工程师在职业活动中的权利与责任,准确认知工程师职业活动中的主要伦理问题;培养学生的工程师职业精神,使学生初步具备面对较为复杂的工程伦理困境时的伦理意志力和解决问题的方案与能力。

引导案例

2018年问题疫苗事件

　　2018年7月15日,国家药品监督管理局发布通告指出,长春长生生物科技有限责任公司冻干人用狂犬病疫苗生产存在记录造假等行为。这是长生生物自2017年11月份被发现疫苗效价指标不符合规定后不到一年,再曝疫苗质量问题。2018年7月16日,长生生物发布公告,表示正对有效期内所有批次的冻干人用狂犬病疫苗全部实施召回;7月19日,长生生物公告称,收到《吉林省食品药品监督管理局行政处罚决定书》。2018年7月22日,国家药监局负责人通报长春长生生物科技有限责任公司违法违规生产冻干人用狂犬病疫苗案件有关情况。现已查明,企业编造生产记录和产品检验记录,随意变更工艺参数和设备。上述行为严重违反了《中华人民共和国药品管理法》《药品生产质量管理规范》有关规定,国家药监局已责令企业停止生产,收回药品GMP(药品生产质量管理规范)证书,召回尚未使用的狂犬病疫苗。国家药监局会同吉林省局已对企业立案调查,涉嫌犯罪的移送公安机关追究刑事责任。

　　2018年7月23日正在国外访问的中共中央总书记、国家主席、中央军委主席习近平对吉林长春长生生物疫苗案件做出重要批示:长春长生生物科技有限责任公司违法违规生产疫苗行为,性质恶劣,令人触目惊心。有关地方和部门要高度重视,立即调查事实真相,一查到底,严肃问责,依法从严处理。要及时公布调查进展,切实回应群众关切。习近平强调,确保药品安全是各级党委和政府义不容辞之责,要始终把人民群众的身体健康放在首位,以猛药去疴、刮骨疗毒的决心,完善我国疫苗管理体制,坚决守住安全底线,全力保障群众切身利益和社会安全稳定大局。

李克强总理就疫苗事件做出批示:此次疫苗事件突破人的道德底线,必须给全国人民一个明明白白的交代。国务院立刻派出调查组,对所有疫苗生产、销售等全流程全链条进行彻查,尽快查清事实真相,不论涉及哪些企业、哪些人,都坚决严惩不贷、绝不姑息。对一切危害人民生命安全的违法犯罪行为坚决重拳打击,对不法分子坚决依法严惩,对监管失职渎职行为坚决严厉问责。尽早还人民群众一个安全、放心、可信任的生活环境。

2018年7月24日,吉林省纪委监委启动对长春长生生物疫苗案件腐败问题调查追责。2018年10月16日,国家药监局和吉林省食药监局分别对长春长生生物科技有限责任公司做出多项行政处罚。

新华社、人民日报发表评论《保护疫苗安全的高压线一定要带高压电!》,作为与老百姓生命和健康安全紧密相关的领域,疫苗行业在生产、运输、储存、使用等任何一个环节都容不得半点瑕疵。针对企业故意造假的恶劣行为,要建立严格的惩戒体系,让企业为失信和违法违规行为付出沉重的代价。

对疫苗企业的任何违规行为,不论大小轻重,监管部门都必须从严从快惩处,并做到举一反三,针对发现的问题,认真查找和弥补存在的风险漏洞,进一步加强制度和体系建设,完善监管于生产、销售、运输、仓储、注射等每一个环节,尤其要从源头上防止企业违规行为的发生。

(资料来源:佚名.2018年问题疫苗事件[EB/OL][2018-07-15].http://baike.chinaso.com/wiki/doc-view-412094.html.内容有整理)

然而,问题是何以会出现如此严重并产生恶劣影响的"问题疫苗"事件? 安全标准的不尽完善仅是造成该事件的原因之一,重要的是在该事件发生的过程中,企业、监管部门的责任何在? 生产企业中工程师是否履行了自己的职责? 工程师应该如何全面地理解和履行自己的职责? 如果我们把工程师作为一种职业,工程师的职业伦理是什么?

6.1 工程师的权利与责任

在具体的工程实践活动中,工程师需要履行职业伦理章程所要求的各种责任,这也意味着,工程师的权利必须得到尊重。

6.1.1 工程师的职业权利

工程师的权利指的是工程师的个人权利。作为人,工程师有生活和自由追求自己正当利益的基本权利,例如在被雇用时不受到基于性别、种族或年龄等因素的不公正歧视的权利。作为雇员,工程师享有作为履行其职责回报的接受工资的权利、从事自己选择的非工作的政治活动的权利、不受雇主的报复或胁迫的权利。作为职业人员,工程师有由他们的职业角色及其相关义务产生的特殊权利。

一般来说,作为职业人员,工程师享有下列八项权利:①使用注册职业名称;②在规定范围内从事执业活动;③在本人执业活动中形成的文件上签字并加盖执业印章;④保管和使用本人注册证书、执业印章;⑤对本人执业活动进行解释和辩护;⑥接受继续教育;⑦获得相应的劳动报酬;⑧对侵犯本人权利的行为进行申诉。上述八项权利中,最重要的是第二条和第五条权利。工程师应该了解自身专业能力和职业范围,拒绝接受个人能力不及或非专业领域的业务,如 ASCE 基本准则第二条规定"工程师应当仅在其胜任的领域内从事工作",AIChE 第七条也有同样的规定。

6.1.2　工程师的职业责任

责任(responsibility)一词常常用于伦理学、法学伦理以及法律实践中,其核心是要求对自己的行为负责。北京科技大学李晓光教授认为,伦理责任与法律责任不同,法律责任通常是一种事后责任,是行为发生以后所要追究的责任,而伦理责任则针对事前责任而言,具有前瞻性。在传统的道德规范中,仅仅要求公民恪守本分,遵守乡约民俗,自己的所作所为要与自己的社会地位相适应,很明显,这之中并没有充分体现出责任的作用。

随着政治学领域对于市民社会的研究越来越深入,随着政治生活在社会生活中的无孔不入,人们越来越强调社会生活中公民的责任问题,责任已经成为当今社会最普遍的具有主导性的规范概念。这种重要性正如卡尔·米切姆所指出的那样:在西方,责任已经成为对政治、经济、艺术、商业、宗教、伦理、科学和技术的道德问题讨论的试金石。

人类的行为会对自然界带来影响,所有的行为都要受行为者的控制(自由意志),如果一切行为都出于被迫,就谈不上责任;由于人有自由意志、有控制能力、有预测能力,人能有效地影响外部世界,因此人要对自己的行为负责任。另外值得注意的是,有一些人由于掌握着一般人所不具有的专业技术知识或者特殊的权利,他们的活动所带来的影响相应的就比一般人要大得多,他们也就理所应当要承担更多的责任,例如医生、官员等需要有特殊的规范来约束他们的行为。在汉语的语言习惯中,责任通常与特定的社会角色相联系,倾向于职务责任;一般指某个特定的职位在职责范围内应该履行的情况或由于没有尽到职责而应承担的过失。而汉斯·约纳斯对人类的生存进行了深入的思考,在伦理学中引入了新的维度——责任伦理。责任伦理是对传统伦理学的一个突破。

20世纪七八十年代以来,国际伦理学界,特别是在应用伦理学或职业伦理学中,责任问题引起哲学家或伦理学家们的关注,成为研讨的主题或主线。责任伦理是对传统的德行论和近代的权利论(自然法)、三道义论、目的论伦理学的反思和延伸。工程师的伦理责任直到20世纪初才形成和确立,究其原因,要从工程师的职业特点说起。工程师由于其独特的知识结构,往往是偏重理论技能,而其语言和社交能力则相对比较薄弱,这在一定程度上影响了工程师参与政治活动并且对工程师与其他社会部门的交流造成了障碍;同时,工程师在人们眼中的形象往往都比较刻板、保守,只知按数字办事,对其他社会事务却缺乏敏感度。但为了实现产品交换的目的,工程师的活动必须以社会需求为导向,要紧跟时代潮流,时刻关注市场变化,随着社会价值观念改变而调整工程技术活动,充分考虑技术产品的社会价值。同时,工程师作为掌握专业技能的技术发明者要对社会公众负责,因为在技术发达的社会中,工程师作为专业人士,凭借他的技能,对指出特定的技术可能产生的消极影响负有特殊的责任。并且作为社会成员,要从长期的整体的角度考虑技术的影响,保证自己的作品造福于人类。在与自然环境进行物质、能量重新交换分配的过程中,工程活动不可避免地对自然环境造成一定的负面影响,对工程项目评价的标准,在过去工程师们都是从功利主义的角度出发,经济效益是其唯一的评判标准,经济效益大于成本核算,则该工程项目就是一个合格的项目,没有将环境的破坏、生态的污染列入成本核算中。加之科学技术对工程活动的不可预测性,工程师对于自然界出现的生态危机负有不可推卸的责任(事后责任),同时,工程师还肩负着保护自然环境、恢复和维护生态平衡以及维持可持续发展的责任(事前责任)。

1.工程师对职业的伦理责任

虽然19世纪末之前,在社会、企业和工程师队伍中,伦理责任的观念与工程师职业很少挂钩,但是工程师伦理责任广泛地存在于工程实践过程之中,这却是不争的事实。工程师在工程实践中涉及许多的伦理责任问题。比如,工程产品设计时,考虑产品的有用性是不是非法的?从事工程技术研究时,仿造产品是否侵犯他人的知识产权?在对实验的数据处理过程中是否存在修改,改变真实的实验数据?在论文的撰写过程中是否抄袭他人的科研成果?在对科研成果进行验收时,是否对研究成果的缺陷以及对后期的用户可能产生的不利影响进行隐瞒?为了自身的利益,是否夸大产品的使用性能?产品的规格符合已经颁布的标准和准则了吗?有回收产品的承诺吗?美国学者马丁等人通过研究发现,在个别产品的生命周期循环中,从产品设计、生产、制造、成品、使用,一直到产品的报废,整个过程都蕴含着道德问题和伦理问题,工程师的伦理责任贯穿于一个产品生命周期的各个环节。

2.工程师对人的伦理责任

(1)工程师对现场执行人的伦理责任:工程师设计的方案无法达到天衣无缝、面面俱到的效果。在进行生产制作的过程中,现场执行人常常会发现设计方案存在的缺陷,并且根据实际的经验以及产品制作的实际情况对设计方案进行优化改进。这时,工程师是拒绝接受现场执行人的优化方案,还是谦虚地接受现场执行人的提议?

(2)工程师对经理的伦理责任:一般而言,工程师的直接领导者——经理是由公司股东聘请来对企业进行管理经营的,以最小的投入获取最大的利润是其职责所在。为了获利,伦理道德问题常常无法得到经理的重视。根据调查统计,总体来说,企业领导对伦理的标准是消极的。尽管从伦理角度出发,遵循共同规范是首要的,但是经理为了自己的利己主义偏好常常将其置于次要地位。经理往往从企业的利益出发,忽视工程产品的安全性和危险性,这对社会福利和公众安全、健康造成巨大风险和威胁,在这种情况下,工程师是否会为了自己所承担的伦理责任对企业领导进行直接的检举?

(3)工程师对同行的伦理责任:在同行之间,合作伙伴与竞争对手共同存在。为了经济利益、业绩评比、职位晋升,是运用卑劣的手段贬损和打击对方,还是公平、公正、客观、平等地对待同行？在争取工程项目时，是否丧失了工程师应有的伦理责任，存在对同行进行贿赂的不道德行为？现代工程基本上都是一些大型工程，需要许多不同专业的工程师共同协作才能完成，工程师能不能与同行和睦相处，互相帮助，形成一个团结、合作的共同体？

（4）工程师对用户的伦理责任：工程师设计、制造的产品最终要由顾客和用户使用。产品是否存在安全隐患？是否对用户造成危害？用户使用产品是否方便、舒适？操作是不是简单、容易？产品是否人性化？

3.工程师对社会的伦理责任

20世纪中期之后，随着一批高新技术的出现，产生了许多依托高新技术的工程。由于这些高新技术的复杂性和不确定性，一项工程的设计者和完善者无法完全预测或控制这项工程的最终用途，总是存在意外的后果和出乎预料的可能性。技术过程的不可预见性，即使是对那些控制着相关领域核心的专家来说也是一样。仅有建设工程的良好初衷，并不是工程项目能达到预期效果的根本保证。20世纪70年代以来，许多大型工程不断发生事故，如摩天大楼的倒塌事故、"挑战者号"航天飞机爆炸、毒气的泄漏事故、核电站的爆炸事故等工程灾难，给人们的生命财产和周围环境造成了严重的影响，这些工程灾难引发了工程师的自省和理性反思，最终导致了他们伦理责任的转向。这就要求工程师在每从事一个项目时都要将公众的安全、社会福祉置于首位。正如德国技术哲学家拉普所说："在技术发达的社会中，工程师作为专家，凭他的能力，对指出特定技术产生的消极影响负有特殊的责任。"为此，世界各专业工程师协会提倡工程师要从伦理角度对社会公众利益予以重视。比如，1963年美国土木工程师协会（ASCE）修改的伦理规范的第一条基本标准是这样陈述的："工程师在履行他们的职责时，应当将公众的安全健康和福祉放在首要位置。"这一关键性短语成为一个基点，以提升工程师贡献于公众福祉的意识，而不是仅仅服从于公司管理者的利益和指令。在2002年德国工程师协会制定的工程伦理的基本原则中就特别强调工程师对社会及公众的责任：工程师应对工程团体、政治和社会组织、雇主、客户负责，人类的权利高于技术的利用；公众的福祉高于个人的利益安全性和保险性、高于技术方法的功能性和利润性。

工程师作为工程活动的主持者，必须担负起社会赋予他们的神圣职责，在工程实践活动中必须尊重自然规律，维护人与自然的和谐。尽量减少人类工程活动对自然环境的冲击，尽可能地把危机和冲突压制在最低限度内。

6.1.3　如何做到权责平衡

工程师在职业活动中要达到权利与责任之间的平衡，是需要实践智慧的，这是一种寻求、标识工程活动中工程师主动践履"应当"责任要求的本质行为或"能力"。

首先，工程师要在胜任工作和可能引发的工程风险之间寻求平衡——与"适当的人、以适当的程度、在适当的时间、出于适当的理由、以适当的方式"进行工程活动。若要如此，工程师就必须养成诸如节制、自律、勤奋、真诚、节俭等美德，才有可能实现其在工程生活中的卓越成就。其次，在工程生活中，尽管"我""它"关系缺乏亲密，但是工程师也必须对"它"承担超出切近的责任,付诸"我"对"它"的善意。正如在"阻止一份危险的合同"案例中,由于萨姆担心公司生产的新型地雷会对更广泛的公众产生更大的危险,所以他宁愿舍弃巨额利润并且支付1.5万美元的赔偿金,也要与北约解除合约。在阻止合同的工程行为中,萨姆克服了对物质利益的欲望与追求,自觉避免了他"以一种自然缺陷(体现出的)恶"(moral evil as a kind of natural defect),主动展现了他善良的美德(virtuegoodness of the wili),践履了职业责任。最后,工程师在繁复的工程活动中要能始终保持个人完整性(integrity),在工程实践与个人生活中都是一个"完整的人"。"如果完整性确实是一种美德,那么它也是一种特殊的美德……(完整性)承诺了某人(将道德卓越的要求)与行为相结合的确定方式",在《斯坦福哲学百科全书》中,"完整性"被看作是一个"集体概念"(cluster concept)——"完整性本身不是一种美德,它更是一种合成的美德,(它将勇气、忠诚、诚实、守诺等美德组合成为)一个连贯协调的(美德)整体,也就是我们所说的,(形成了一个人)真正意义上的性格(character)"。在工程实践情境中,完整性意指工程师在工程活动中能始终保持自身人格与德行的完整无缺、不受侵蚀;亦即在道德的意义上,要求工程师能忠诚地坚守其价值观并拒绝妥协,在工程实践和个人生活中真实地做自己,能够自愿选择并"正确行动",主动承担起各种职业责任。

在传统的大众认知里,工程师是从事某项工程技术活动的"专家",而"专家"的词源本是"profess",意为"向上帝发誓,以此为职业"。因此,在传统的工程师"职业"的概念中先天地包含了两方面的内容:一是专业技术知识,二是职业伦理;而现代赋予工程师"职业"以更多的内涵,"诸如组织、准入标准,还包括品德和所受的训练以及除纯技术外的行为标准"。

6.2 工程师的职业

我们提出了工程界的职业伦理以"工程造福人类"为基本原则,它包含两个大的层面:一是对待社会关系,包括尊重生命、尊重每个人的基本人权,坚守平等原则,利用技术服务社会,增加人类福祉。二是对待人与自然的关系,坚守可持续发展的原则。包括人类对自然的权利与义务,利用自然维护人类生存的权利;对自然给予补偿的义务,维护环境保护的公正性(全球和国际的公正)。这些原则给出了工程活动基本价值目标,这里我们将着重讨论工程师的职业责任内容,它是工程价值目标在工程师职业活动中的具体要求。

6.2.1 工程师职业责任的内容

工程师需要承担比普通人更多的社会责任已经得到国际上很多国家的认同,很多国家和地区对工程师的社会责任做出了具体要求。美国工程教育学会(ASEE)于1999年发表声明强调:唯有新一代的工程师接受足够的处理伦理问题的训练,方可在变迁的世界中承担作为一个负责任的科技代理人的工程师的角色,也唯有如此,工程师才能够在21世纪的专业工作中具有竞争力。美国《工程师的伦理规范》就规定:在履行自己的职责时,工程师应当把公众的安全、健康和福祉放在首位。澳大利亚、德国等国家也有相关的规定。东亚三国工程院院长在第八届"中日韩（东亚）工程院圆桌会议"上联合发出《关于工程道德的倡议》，希望工程师"在涉及公众安全、健康和福祉方面，在各自的业务活动中凭良心行事"，并要求工程师"在他们的业务活动中，遵守高尚的道德标准，以使工程技术对社会福祉做出贡献，改善人们的生活"。1999 年，在匈牙利布达佩斯举行的世界科学大会上，与会代表一致认为，新世纪科学发展应该更加富有"人性"、更有责任感。也就是说，科学应该更自觉地为人类的利益服务，更好地满足人类发展的需求，为对付疾病和抵御自然灾害服务。2000 年首届世界工程师大会由世界工程师组织联合会和联合国教科文组织发起，在德国汉诺威召开，商定以后每四年召开一次。2004 年在中国上海召开第二次大会，大会主题是"工程师塑造可持续发展的未来"。来自 58 个国家和地区的 3000 多名工程师参加了大会，大会通过了《上海宣言——工程师与可持续的未来》。中国工程院院长徐匡迪在大会上讲："工程师的角色正在从'物质财富的创造者'转变到'可持续发展的实践者'"。他说，"如果一篇文章没写好，大家可以对其评论探讨；如果一个工程师设计的工程是错的，就有可能浪费资源，破坏生态，所以工程师应有更强的社会责任感"。

进入工程大国的中国，对工程师社会责任的内容也在不断地更新。我国能源利用率、矿产资源总回收率、工业用水重复利用率跟西方国家相比都有很大差距，所以节能技术的利用对节约型社会的建设有重要的意义，这是工程师不可推卸的责任。2002 年中国科学大会在四川大学召开，会上中国科学院院士、物理化学家张存浩作了"科学道德建设与科技工作者的责任"的专题发言。2004 年 6 月，两院院士大会上，胡锦涛总书记强调要大力加强能源领域的科技进步和创新，提高我国资源特别是能源和水资源的使用效率，减少资源浪费，发展可再生资源，为建设节约型社会提供技术保证。这是对两院院士提出的要求和希望，也是对全国工程师提出的要求和希望。中国工程院院士、清华大学教授钱易指出，工程师是一个城市和国家的建筑者，在工程实践中应该以节约资源与能源为准则，不再破坏岌岌可危的生态环境，开发并应用环境友好技术，将废物变成可再生的资源。

我国经济正处于高速发展时期，工程师面临着严峻的挑战和难得的机遇：一方面要求工程技术在满足人们物质文化生活需求的同时，还要满足人们对保护生态环境的需要，走绿色化制造和循环经济的道路。重视自己对社会的影响，担负起科技工作者的社会责任，是今天越来越多的工程师的共识，作为社会的一分子应该关心人类的前途、命运和社会的发展，工程师因为比常人更深知工程对社会、对他人的影响，所以他应承担更大的社会责任。具体表现在科技活动、工程活动的整个过程中。首先，在科研和工程项目的选择上。项目的选择通常要注意两个方面：一是科研价值与条件，二是社会价值和影响，这两个方面都包含道德因素。其次，在科技成果的运用上。科技是双刃剑，既可能给人类带来福祉，也可能给人类带来灾难，科技工作者应该做出正确的选择，在科技成果的作用不明确时，不能为了经济利益仓促投入生产。

最后，科技工作者的社会责任还要延伸到科技活动之外，比如做好科普宣传和工程基本知识的宣传，为政府出谋划策等。

6.2.2　为了让未来的工程师更好地承担社会责任

为了让未来的工程师更好地承担社会责任,工程教育与工程界应该做好几件事:

(1)提高工程师的专业技能是对社会提供服务的必要条件,也是工程师对所从事的职业的客观要求;工程师绝不能满足现状,必须终身不断学习、总结经验;提高自身的专业技术水平,锻炼自身的组织协调能力,防范由于专业技能不足可能给自身带来的风险。

(2)加强工程师职业道德教育是提高从业人员的道德敏感和个人修养,树立正确的利益观和价值观,坚守"工程造福人类"的最高价值;施工安全和工程安全关系到每个人的切身利益,是人本思想的集中体现。任何时候都要坚持"质量第一、安全第一"的观点,严格按设计和工程质量验收规范进行检查验收,绝不能因为个人利益牺牲国家利益和他人利益。

(3)必须建立客观公正、公开、公平的责任评价机制。

(4)必须完善健全的工程法律法规体系,在我国已有很多相关的工程法律法规,但是有些已经不适应社会发展的需要,一方面我们应该制定相关的新法律法规;另一方面要修改那些不适应形势的旧的法律法规。

(5)要建立道德监督机制,特别是加强公众的监督力度,收集广大群众通过多种形式的建言献策。公众参与可以让决策部门了解更多的观点、意见,从而得到更多的公平决策和科学决策意见。

6.2.3　工程师为什么负有工程及工程社会效益的责任

工程师给我们"创造"一个什么样的生存环境,将社会引导向何方,这是关系到每个人的切身利益的大事,也是我们普遍关注的大事。如果工程师没有高度的责任感,对自己的行为不加约束,就可能给社会、他人、环境带来重大的伤害。工程活动对社会和环境日益扩张的影响要求工程师打破技术眼光的局限,对工程活动的全面社会意义和长远社会影响建立自觉的社会责任意识。

可是,工程活动的风险不能通过限制科学研究和技术创新来避免,而必须依赖科学家和工程师强烈的社会责任感来预防,依靠社会对工程行为的职业道德规定来保障。这就是我们说的:工程活动的客观社会性质决定了工程师需要担负社会责任。而工程师的职业技术特点又决定了唯有他有能力预见技术风险。同时,工程师这一职业有相对独立的社会地位,形成了工程师共同体,作为科技的运用者,工程师群体是一个能够承担,也应该承担工程社会责任的群体。航空工程的先驱者、美国加州理工学院冯·卡门教授有句名言:"科学家研究已有的世界,工程师创造未有的世界。"现代工程活动使工程师扮演了一个极其重要的社会角色,工程师是现代工程活动的核心,是工程活动的设计者、管理者、实施者和监督者。工程师作为社会的一员,是受过高等教育与训练的精英分子,他们对人类社会的责任也就由传统走向现代化。

为此,我们还要从制度上进行建设,以便工程师更好地承担职业责任。在制度建设上,我国和西方国家、亚洲发达国家和地区还存在着很大的差距。我们希望在工程管理的完善和工程伦理的建设过程中,不断改善我们的制度环境。

6.3 工程师职业伦理

工程师职业伦理是工程伦理学的基本组成部分。所谓职业伦理,是指职业人员从业的范围内所采纳的一套行为标准。职业伦理不同于个人伦理和公共道德。对于工程师来说,职业伦理表明了职业行为方式上人们对他们的期待。对于公众来说,具体化到伦理规范中的职业标准,使得潜在的客户和消费者对职业行为可以做出确定的假设,即使他们并没有关于职业人员个人道德的知识。

职业伦理规范实际上表达了职业人员之间以及职业人员与公众之间的一种内在的一致,或职业人员向公众的承诺——确保他们在专业领域内的能力。在职业活动范围内促进全体公众的福利。因而,工程师的职业伦理规定了工程师职业活动的方向。它还着重培养工程师在面临义务冲突、利益冲突时做出判断和解决问题的能力,前瞻性地思考问题、预测自己行为的可能后果并做出判断的能力。一些工业发达国家把认同、接受、执行工程专业的伦理规范作为职业工程师的必要条件。

6.3.1 工程师职业伦理章程

职业伦理在工程师之间及在工程师和公众之间表达了一种内在的一致,即工程师向公众承诺他们将坚守章程的规范要求:①当涉及专家意见的职业领域时,促进公众的安全、健康与福祉;②确保工程师在他们专业领域中的能力(和持续的能力)。作为明确的"工程师"职业,从出现至今已有三百余年的发展。工程师群体受到社会进步及科技进步的影响,其职业责任观发生了多次改变,归纳起来经历了从服从雇主命令到"工程师的反叛"、承担社会责任、对自然和生态负责四种不同的伦理责任观念的演变。工程师职业责任观的演变直接导致了工程师职业伦理章程的发展。在当今欧美国家,几乎所有的工程社团都把"公众的安全、健康与福祉"放在职业伦理章程第一条款的位置。确保工程师个人遵守职业标准并尽职尽责,这成为现代工程师职业伦理章程的核心。

无论是西方国家的工程师职业伦理章程,还是中国的工程师职业伦理章程,无一不突出强调工程师职业的责任。"责任的存在意味着某个工程师被指定了一项特别的工作,或者有责任去明确事物的特定情形带来什么后果或阻止什么不好的事情发生。"因此,在工程师职业伦理章程中,责任常常归因于一种功利主义的观点,以及对工程造成风险的伤害赔偿问题。1997年,美国土木工程师协会(ASCE)的基本原则从"应当"修改为"必须"——"工程师在履行职业责任时必须将公众的安全、健康和福祉置于首位,并努力遵守可持续发展原则"。"工程师应当这样理解责任,即责任是有伦理层次的,它分布在不同的工程活动和不同的时期中。"即责任的最低层次要求工程师必须遵循职业的操作程序标准和工程伦理章程,其最低限度的目标是避免指责,"这是世界范围内的大多数公司的工程实践哲学"。责任的第二层次是"合理关照"(reasonable care),"工程师应认识到,一般公众的生命、安全、健康和福祉取决于融入建筑、机器、产品、工艺及设备中的工程判断、决策和实践",即工程师必须评估与一项技术或行为相关的风险,在工程活动中都要考虑到那些可能会给其他人带来伤害的风险,并为公众提供保护。责任的第三层次是要求工程师实践"超出义务的要求",鼓励"工程师应寻求机会在民事事务及增进社区安全、健康和福祉的工作中发挥建设性作用","在反思社会的未来中担负更多的责任,因为他们处在技术革新的前线"。

具体来说,工程师责任包含三个层面的内容,即个人、职业和社会;相应地,责任区分为微观层面(个人)和宏观层面(职业和社会)。责任的微观层面由工程师和工程职业内部的伦理关系所决定,责任的宏观层面一般指的是社会责任,它与技术的社会决策相关。对责任在宏观层面的关注,体现在西方国家各职业社团的工程伦理章程的基本准则中,美国全国职业工程师协会(NSPE)伦理准则、EE伦理准则、ASCE伦理准则等,都把"公众的安全、健康和福祉"作为进行工程活动优先考虑的方面。

在微观层面,其一,各工程社团的职业伦理章程鼓励工程师思考自己的职业责任,比如提高对技术、其适当应用以及潜在后果的了解,"提高能力,以合理的价格在合理的时间内创造出安全、可靠和有用的高质量的软件"。芬伯格(Andrew Feenberg)认为,工程师通过积极地参与到技术革新进程中,就能引导技术和工程朝更为有利的方面发展,尽可能规避风险。这就期望工程师认真思考自己在当前技术和工程发展中的职业角色并为此承担责任,必须要能够在较大的技术和工程发展背景中考虑到自己行为的后果。其二,微观层面的责任要求作为职业伦理规范的一部分,它体现为促进工程师的诚实责任,即"在处理所有关系时工程师应当以诚实和正直的最高标准为指导",引导工程师在实践中养成诚实正直的美德。

6.3.2　工程师职业伦理的伦理问题

概括地说,伦理章程是由职业社团编制的一份公开的行为准则,它为职业人员如何从事职业活动提供伦理指导。伦理章程首先是一种伦理要旨,它使职业人员了解他们的伦理要旨是什么,比如,工程师的伦理要旨就是为公众提供常规并重要的服务。章程能提高工程师的伦理意识,进而保证了其行为符合社会公众的利益。其次,作为一种指导方针,伦理章程能够帮助工程师理解其职业工作的伦理内涵。为了保证章程的有效性,章程通常只涉及一些普遍性的原则,涵盖了工程师主要的责任与义务。再次,伦理章程是作为一种职业成员的共同承诺而存在的,它"可以看作是对个体从业者责任的一种集体认识"。这里有两层含义。其一,伦理章程是(个体)工程师个人责任的承诺。章程规定的行为标准适用于个体工程师,即成为他们的责任与义务,是他们必须遵守的。其二,更重要的是,职业伦理章程是工程师作为工程社团(整体)对社会公众做出的承诺,它保证以促进公众利益的方式,更有效地进行职业的自我管理。

公众的安全、健康、福祉被认为是工程带给人类利益最大的慈善,这使得工程伦理规范在订立之初便确认"将公众的安全、健康和福祉放在首位"为基本价值准则。沿着这个基本思路,西方国家各工程社团制订并实施的职业伦理章程,以外在的、成文的形式强调了工程师在"服务和保护公众、提供指导、给以激励、确立共同的标准、支持负责任的专业人员、促进教育、防止不道德行为以及加强职业形象"这八个方面的具体责任,这是"由职业看来以及由职业社团表现出来的工程师的道德责任",以他律的形式表达了"职业对伦理的集体承诺"。进而,在现实的工程活动中,由于"工程既关涉产品,也关涉人,而人包括工程师——他们与顾客、同事、雇主和一般公众处于道德(以及经济)关系之中",所有的工程师都被要求遵行工程伦理章程中载明的责任。

首先,作为职业伦理的工程伦理是一种预防性伦理。正如许多职业工程师的经历所证实的,伦理教训通常仅仅是在某事被忽略或出错的时候才获得的。美国工程与技术认证委员会(ABET)采纳了一种预防性伦理的思想,它试图对行为的可能后果进行预测,以此来避免将来可能发生的更严重的问题。预防性伦理包含两个维度:第一,"工程伦理的一个重要部分是首先防止不道德行为"。作为职业人员,为了预测其行为的可能后果,特别可能具有重要伦理维度的后果,工程师必须能够前瞻性地思考问题。负责任的工程师需要熟悉不同的工程实践情况,清楚地认识自己职业行为的责任,努力把握职业伦理章程中至关重要的概念和原则,实施预防性的伦理:做出合理的伦理决定,以避免可能产生的更多的严重问题。第二,工程师必须能够有效地分析这些后果,并判定在伦理上什么是正当的。这有两层含义。其一,职业伦理章程为工程师避免伦理困境提供了一个非常重要的准则——把公众的安全、健康和福祉放在首位。例如,美国化学工程师协会(AIChE)要求工程师"正式向雇主或客户(若有理由,考虑进一步披露)提出建议——如果他们觉得他们职责行动的结果将负面影响公众当前或未来的健康或安全"。这个声明结合最高责任的表述,清楚地表明做雇主的忠实代理人的责任,不能超越在事关公众安全的重要事情上的职业判断。其二,如何让技术成为好的技术,让工程成为好的工程?人的选择至关重要,职业伦理章程为工程师指出了选择的方向,因为,"人类创造性成就的任何方面,都没有工程师的聪明才智更受公众瞩目"。

其次,作为职业伦理的工程伦理是一种规范伦理。责任是工程职业伦理的中心问题。1974 年,美国职业发展工程理事会(Engineering Council on Professional Development,ECPD)确立了工程师的最高义务是公众的安全、健康与福祉。现在几乎所有的工程职业伦理章程都把这一观点视为工程师的首要义务,而不是工程师对客户和雇主所承担的义务。特别在西方国家,尤其是美国的各职业社团的工程伦理章程对工程师的责任都进行了比较详细务实的界定,包括对安全的义务、揭发、保密与利益冲突。最后,作为职业伦理的工程伦理是一种实践伦理,它倡导了工程师的职业精神。这可以从三个维度来理解。其一,它涵育工程师良好的工程伦理意识和职业道德素养,有助于工程师在工作中主动地将道德价值嵌入工程,而不是作为外在负担被"添加"进去。比如,工程师会自觉关注"安全与效率的标准、技术公司作为从事合作性活动的人们的共同体的结构、引领技术发展的工程师的特性,以及工程作为一门结合先进的技能和对公众友善的承诺的职业的观念"。

工程伦理所倡导的"将工作做好""做好的工作"的道德要求与工程职业精神形影相随,其主动思考工程诸多环节中的道德价值,践行对公众负责的职业承诺,将会激励工程师在工程活动中尽职尽责,追求卓越。其二,它帮助工程师树立起职业良心,并敦促工程师主动履行工程职业伦理章程。工程职业伦理章程用规范条款明确了工程师多种多样的职业责任,履行工程职业伦理章程就是对雇主与公众的忠诚尽责,也就对得起自己作为工程师的职业良心。在工程师的职业生涯中,职业良心将不断激励着个体工程师自愿向善并主动在工程活动中进行道德实践,内化个体工程师职业责任与高尚的道德情操,并塑造个体工程师强烈的道德感。其三,它外显为工程师的职业责任感——确保公众的安全、健康与福祉,并以他律的形式表达了"职业对伦理的集体承诺",即工程师应主动践履"服务和保护公众、提供指导、给以激励、确立共同的标准、支持负责任的专业人员、促进教育、防止不道德行为以及加强职业形象"这八个方面具体的职业责任。

伦理章程代表了工程职业对整个社会做出的共同承诺——保护公众的安全、健康与福祉,这常在章程中被表述为"首要条款"。作为一项指导方针,伦理章程以一种清晰准确的表达方式,在职业中营造一种伦理行为标准的氛围,帮助工程师理解其职业的伦理含义。但是,伦理章程为工程师提供的仅仅是一个进行伦理判断的框架,并不能代替最终的伦理判断。章程只是向工程师提供从事伦理判断时需要考虑的因素。

伦理章程可以给工程师职业行为以积极的鼓励,即在道德上给予支持。例如,当雇主或客户要求工程师从事非伦理行为时,面对这样的压力,工程师可以提出,"作为一名职业工程师,我受到伦理章程的约束,章程中明确规定不能……"工程师可以如此来保护自身的职业行为符合伦理规范。当工程师因为坚持其职业伦理标准而遭到报复时,伦理章程还可以提供法律上的援助。事实上,IEEE(电器和电子工程师协会)就曾为处于不利地位的工程师提供了支持。章程所提供的道德或法律支持可以使职业的自我管理更为有效。

伦理章程向公众展现了职业的良好形象,承诺从事高标准的职业活动并保护公众的利益。同时,还可以获得更大的职业自我管理的权力,而减少政府的管制。

6.3.3　工程师职业伦理的实践指向

工程职业必须处理好个体工程师、雇主或客户以及社会公众之间的关系。随着工程师职业自身的不断发展和成熟,工程社团给予工程师的实践指导以及对其职业责任与义务的规定也越来越完善。伦理章程就是被职业社团用于表述其成员的权利、责任和义务的正式文件,它以规范条款的叙述方式表达了工程职业伦理的内容与价值指向。

工程伦理章程从制度或规范的角度规约了工程师"应当如何行动",并明确了工程师在工程行为的各环节所应承担的各种道德义务。面对当今世界在技术推陈出新和社会快速发展问题上的物质主义和消费主义倾向,伦理章程从职业伦理的角度表达了对工程师"把工程做好"的实践要求,更寄予工程师"做好的工程"的伦理期望,着力培养并塑造工程师的职业精神。伦理章程不仅为"将公众的安全、健康和福祉放在首位,并且保护环境"提供合法性与合理性论证,而且还要求工程师将防范潜在风险、践履职业责任的伦理意识以良心的形式内化为自身行动的道德情感,以正义检讨当下工程活动的伦理价值,鼓励工程师主动思考工作的最终目标和探索工程与人、自然、社会良序共存共在的理念,从而形成工程实践中个体工程师自觉的伦理行为模式,主动履行职业承诺并承担相应的责任。

首先,伦理章程要求工程师以一种强烈的内心信念与执着精神主动承担起职业角色带给自己的不可推卸的使命——"运用自己的知识和技能促进人类的福祉",并在履行职业责任时"将公众的安全、健康和福祉放在首位",并把这种自愿向善的道德努力升华为良心,勉励工程师在工作中"对良心负责、率性而为"。良心作为个体工程师自愿向善的道德努力,使工程师在履行职业角色所赋予的责任时不再是为了责任而履责,而是成为他(她)的本质存在形式,即良心是工程师对工程共同体必然义务的自觉意识。这表现在:①工程师视伦理章程为工作中的行为准则,为自己的工程行为立法。②伦理章程时刻在检视工程师的行为动机是否合乎道德要求,是否在冠冕堂皇之下为了一己私利掩盖某些不为人知的东西,若有,则会出现良心上的不安、谴责与恐惧。"良心是在我自身中的他我",通过对自己职业行为可能造成的后果的评估,与他人换位,将心比心,设身处地为可能受到工程活动后果不良影响的他人考虑,对自己行为作进一步权衡与慎重选择,也即"己所不欲,勿施于人"。③伦理章程敦促工程师在工作中明确自身职业角色和社会义务,及时清除杂念,纠正某些不恰当手段或行为方式,不断向善。④伦理章程以其明确的规范帮助工程师摆脱由于无限的自我确信所造成的任意,以维护公众的安全健康和福祉为宗旨,引导工程师在平常甚至琐碎的工作中自觉地遵从向善的召唤,主动地为"公众的安全、健康和福祉"担负责任。

其次,伦理章程表征了一种工程社会秩序以及"应当"的工程实践制度状况,以规范的话语形式力促工程—人—自然—社会整体存在的和谐与完整;它作为"应当"的工程社会秩序和"应当"的工程实践的制度正义,表达出工程共同体共同的社会意识。不仅如此,伦理章程更重要的是将此种工程—社会正义意识孕育升华为当今技术—工程—社会多维时代的社会责任精神。"工程环境中的责任内涵容易受到缺乏控制、不确定性、角色分歧、社会依赖性和悲剧性选择的影响",当风险责任的分配不平衡时,伦理章程会激励工程师产生一种克服不平衡、完善职责义务的内在要求,寻求责任目标的一致,"对责任在工程实践中的分配做出前瞻性判断",尽可能在责任分配上达到公平和完整。

最后,从职业伦理的角度,主动防范工程风险、自觉践履职业责任,增进工程与人、自然、社会的和谐关系,都是工程师认同和诉求的工程伦理意识,是人给自己立法。基于这种共识,伦理章程要求工程师在具体的工作中,把施行负责任的工程实践这一道德要求变为自己内在的、自觉的伦理行为模式,主动履行职业承诺并承担相应的责任。在工程职业伦理章程建立的逻辑链环中,工程师的自律一方面凸显出人的存在总是无法摆脱经验的领域;另一方面,又表现出人对工程实践中风险的主动认识,以及对行业的职业责任、具体工作中的角色责任和防御风险、造福公众的社会责任的主动担当。伦理章程将自律建立在工程师自觉认识、理解、把握工程—人—自然—社会整体存在的客观必然性的前提和基础之上,督促工程师对公众的安全、健康和福祉主动维护,它是对自身存在的"应当"反思性把握;作为工程职业精神的伦理倡导,自律是工程师对工程—人—自然—社会整体必然存在的一种道德自觉,而这种自觉的过程引领工程师从朦胧未显的工程伦理意识走向明确自主的对责任的担负。可以说,伦理章程所倡导的工程师自律使被动的"我"成长为自由的"我",从而表现为一种从向善到行善的自觉、自愿与自然的职业精神。

6.4　工程师的职业伦理规范

工程师应该对什么负责? 对谁负责? 谁负责任? 各工程社团的职业伦理章程对工程师的职业伦理规范进行了比较详细的解释,包括首要责任原则、工程师的职业美德、职业行为中的伦理冲突。

6.4.1　首要责任原则

"将公众的安全、健康和福祉放在首位"构成工程职业伦理规范的首要原则,这基于两个方面的因素推动:一是时刻在工程风险之凌厉威胁之下,在工程—人—自然—社会中人的存在困境;二是面向文明的发展与未来的生活、人的生存需要。风险与工程相伴相生,这使得人始终被动地处于存在困境中,"公众的安全、健康和福祉"成为工程—人—自然—社会存在中人的最大现实利益。"在任何情况下,个人总是"从自己出发的",出于对安全的关注和对可能由工程及其活动引发的灾难进行防护的考虑,在最大限度上避免潜在的、未来的、可能的工程风险给人带来生命及财产的伤害,因而工程职业伦理章程的制定基本上是以工程师承担相应于职业角色的道德义务与责任,在工程活动中做出或多或少的自我牺牲为特质的。

1.对安全风险的义务

风险与安全的关系十分密切,根据工程学和统计学的规律,一个工程项目面临越大的风险,它也就越不安全。所以,工程职业伦理章程中关于安全的条款是与减少风险相关的。在NSPE(美国国家专业工程师学会)的相关章程中,都要求工程师进行安全的设计,其定义安全设计的术语为"公认的工程标准"。例如,要求工程师"对不符合工程应用标准的计划书或说明书,工程师不应加以完善、签字或盖章"。要求工程师"在公众的安全、健康财产或幸福面临风险的情况下",如果他们的职业判断遭到了否决,那么他们有责任"向他们的雇主、客户或其他适当的权力机构通报这一情况"。尽管"其他适当的权力机构"还有待于澄清,但它应该包含地方建筑规范的执行者和管理机构。在工程实践中,减少风险最普遍的观念之一就是"安全要素"的概念。例如,如果一条人行道的最大负载是1000N,那么一位谨慎的工程师将按3000N的承载力来设计图纸,即以3倍的安全要素对日常用途的人行道进行设计。

工程职业伦理章程对风险的控制,不仅要求工程师通过自我反思而达到一种自我认识,更需要现实的行动,例如,"工程师应当公开所有可能影响或者看上去影响他们的判断或服务质量的已知的或潜在的利益冲突""工程师应努力增进公众对工程成就的了解,防止对工程成就的误解""工程师在履行其职业责任时,应当把公众的安全、健康和福祉放在首位,并且遵守可持续发展的原则"。

2.可持续发展

ASCE章程是这样定义"可持续发展"的:"可持续发展是一个变化的过程,在这个过程中,投资的方向、技术的导向、资源的分配、制度的改革和作用应(直接)满足人们当前的需求和渴望,同时不危及自然界承载人类活动的能力,也不危及子孙后代满足他们自我需求和渴望的能力"。"可持续发展着眼于人类发展的整体利益和长远利益,将自然纳入伦理的调整范围,并通过人为自己立法的积极行动,对工程实施有约束的发展模式,不仅实现国内发展的可持续性,还要确保国际发展的可持续性。"在现代欧美国家,"可持续发展"已经成为全社会和各工程主体的首要责任,并在工程的具体运作中,"考虑总的、直接的和最终的所有(工程)产品和进程的环境影响⋯⋯充分、平衡地考虑社会、后代人和(自然界)其他物种的利益⋯⋯与把原材料转化为最终产品相联系,施加控制于产品和进程的所有即时和最终的影响。"

职业伦理章程中的可持续发展观正是基于善之前提下人类享有自然的全面发展权利,但同时也要求工程师对"生而入乎内,死而出乎外"的自然世界主动承担起节约资源、保护环境的责任;它强调工程不能仅仅着眼于当前的物质和经济的需要,更应站在人类的安全、健康和福祉的基础上着眼于全面发展、生态良好、生活富裕、社会和谐的未来。

3.忠诚与举报

工程师背负着多种价值诉求,而这些不同的价值诉求常常将工程师拉向对立的方向,举报正是这些冲突的一种结果。举报涉及诸多伦理问题,其中比较突出的一个问题便是:举报是不是工程师对雇主忠诚的一种背叛?马丁和辛津格认为,举报"不是医治组织的最好的方法,它仅仅是一种最后的诉求",在采取揭发行动之前,应当注意几个实际建议和常识性规则:①除了特别少见的紧急情况外,首先应当努力通过正常的组织渠道反映情况和意见;②发现问题迅速表达反对意见;③以通达、体贴的方式反映情况;④既可以通过正式的备忘录,也可以通过非正式的讨论,尽可能使上级知道自己的行动;⑤观察和陈述要准确,保存好记录相关事件的正式文件;⑥向同事征询建议以避免孤立;⑦在把事情捅到机构外部之前,征求所在职业学会伦理委员会的意见;⑧就潜在的法律责任问题咨询律师的意见。

一个举报者之所以甘冒事业风险,毅然选择举报,正是由于他意识到了自己所肩负的社会责任。例如,在著名的"挑战者号"灾难中,当著名的举报者罗杰·博伊斯乔利被问到是否对自己的举报行为感到后悔时,他说,他为他的工程师身份感到自豪,作为一名工程师,他认为他有义务提出最好的技术判断,去保护包括宇航员在内的公众的安全。因此,站在公众的立场,举报体现了工程师对社会的忠诚。其实,选择举报是举报者的一种无奈之举,组织应该对举报负主要的责任。在许多工程伦理案例中,可以发现,举报者在举报之前,其实已经竭尽所能,穷尽了各种组织所认可的途径,但组织对他的警告完全漠视,以致最后他不得不选择举报。正如戴维斯所说的,"这世界可能是残酷的,一个人可能已经倾其全力,但是他最后依然要在举报自己的组织与保持沉默并使自己遭受良心的谴责之间做出某种选择"。

6.4.2　工程师的职业美德

工程师最综合的美德是负责任的职业精神。在塞缪尔·佛洛曼看来,很好地完成自己工作的工程师是道德上善良的工程师,而做好工作是以胜任、可靠、发明才智、对雇主忠诚以及尊重法律和民主程序等更具体的美德来理解的。

1.诚实可靠

工程师的职业生活常常要求强调某些道德价值的重要性,比如诚实可靠。因为工程师的职业活动事关公众的安全、健康和福祉,人们要求和期望工程师自觉地寻求和坚持真理,避免有所欺骗的行为。

NSPE伦理准则的6条基本守则中有2条涉及诚实可靠。第三条守则要求工程师"只以客观和诚实的方式发布公共声明",而第五条守则要求工程师"避免欺骗行为"。这些要求统称为诚实责任,也是工程职业伦理所要求的职业美德。工程师必须是客观的和诚实的,不能欺骗。诚实可靠禁止工程师撒谎,还禁止工程师有意歪曲和夸大,禁止压制相关信息(保密的信息除外),禁止要求不应有的荣誉以及其他旨在欺骗的误传。而且,诚实可靠还包括没能做到客观的过失,例如因疏忽而没能调查相关信息和允许个人的判断被破坏。

几乎所有的工程社团职业伦理章程都提出了对工程师诚实可靠的要求。IEEE伦理章程准则3鼓励所有成员"在基于已有的数据做出声明或估计时,要诚实或真实";准则7要求工程师"寻求、接受和提供对技术工作的诚实批判"。ASME基本原则2规定,工程师须"诚实和公正"地从事他们的职业,"只能以一种客观的和诚实的态度来发表公开声明"。

2.尽职尽责

从职业伦理的角度来看,工程师的"尽职尽责"体现了"工程伦理的核心",西方国家各工程社团职业伦理章程均明确"工程师最综合的美德是负责任的职业精神,很好地完成自己工作的工程师是道德上善良的工程师,而做好工作是以胜任、可靠、发明才智、对雇主忠诚以及尊重法律和民主程序等更具体的美德来理解的。在职业伦理章程中,对工程师的责任要求具体表现在公众福利、职业胜任、合作实践及保持人格的完整(personal integrity)等方面,例如,"工程师只在自己能力范围内提供服务""在处理所有关系时,工程师应当以诚实和正直的最高标准为指导""对于系统存在的任何危险的迹象,必须向那些有机会或有责任解决它们的人报告"。作为工程行为要求、评价的准则,胜任、诚实、忠诚、勇敢等个人品格无疑具有规范的意义;"将公众的安全、健康和福祉放在首位;只在自己能力胜任的领域从事业务;仅以客观的和诚实的方式发布公开声明;作为忠实的代理人或受托人为每一位雇主或客户服务;避免欺骗性行为;体面地、负责任地、合乎道德地以及合法地行事,以提高本职业的荣誉、声誉和作用"。意味着在工程实践中工程师诸多的职业责任在当代工程职业伦理规范体系中,"为……负责"不仅是各工程社团职业伦理章程所要求的工程师之"应当"的责任,亦同时被理解为个体工程师内在的德行和品格。因此,工程职业伦理章程在工程活动的道德实践中促使工程师逐渐形成内在的诸如胜任、诚实、勇敢、公正、忠诚、谦虚等美德。

3. 忠实服务

服务是工程师开展职业活动的一项基本内容和基本方式，"诚实、公平、忠实地为公众、雇主和客户服务"已然是当代工程师职业伦理规范的基本准则。

在当前充满商业气息的人类生活中，服务是工程师为公众提供工程产品、集聚社会福利、满足社会发展和实现公众行善需要的行为或活动，从而呈现出工程师与社会、公众之间基于正义谋利的帮助关系。因为工程实践的过程充满了风险和挑战，工程活动的目标和结果存在不可准确预估的差距，工程产品也极有可能因为人类认识的有限性而对社会发展和公众生活存有难以预测的危害，所以西方各工程社团的职业伦理章程都开宗明义地指出："工程师所提供的服务就需要诚实、公平、公正和平等，必须致力于保护公众的健康、安全和福祉。"工程活动及其产品通过商业化的服务行为满足社会和公众的需要，并通过"引进创新的、更有效率的、性价比更高的产品来满足需求，使生产者和消费者的关系达到最优化状态"，促进社会物质繁荣与人际和谐。由此看来，服务作为现代社会中人类工程活动的一个伦理主题，是经济社会运行的商业要求（正谊谋利、市场竞争），服务意识赋予现代工程职业伦理价值观以卓越的内涵。

作为一种精神状态，忠实服务是工程师对自身从事的工程实践伦理本性的内在认可；作为一种现实行为，忠实服务表现为工程师对践行"致力于保护公众的健康、安全和福祉"职责的能动创造。

6.4.3　职业行为中的伦理冲突

工程师职业伦理章程为工程师提供了被公认的价值观和职业责任选择。但是，在实际的工程实践情境中，工程师面临的问题不仅仅局限于伦理准则，还面临着具体实践情境下的角色冲突、利益冲突和责任冲突。

1. 回归工程实践以应对角色冲突

工程师在社会生活中不可避免地扮演着多重角色，不同的角色有不同的责任、追求以及他人的期待。当工程师作为职业人员的时候，他是一个职业人；工程师受雇于企业，他还是雇员；另外工程师可能在企业当中担任管理者的角色；此外他作为社会人，也是社会公众的一员；他还是家庭中的一员，甚至某些社会组织中的成员。角色冲突导致了工程师处于道德行为选择困境。首先，作为职业人，工程师一方面受雇于企业；另一方面，工程师有自己的职业理想，把社会公众的健康、福祉放在首位。当企业的决策明显会危害到社会公众的健康、福祉，或者工程师能预测到这种危害时，工程师就面临着角色冲突，这就是戴维斯所说的工作追求和更高的善的追求之间的冲突。工程师同时作为职业人员和企业的雇员，二者产生冲突的时候，则面临着忠于职业还是忠于企业的选择。其次，工程师作为社会公众的一员，要遵守一般道德。通常情况下，工程师把公共向善的实现放在首位，与一般道德的价值方向一致，不会产生冲突。但是工程活动是一项复杂的社会实践，涉及企业工程师群体以及社会公众甚至政府。工程师在促进工程成功实施的过程中,协调各方目的,当工程师实践过程中的行为与一般道德要求相冲突的时候,他就陷入了角色冲突的困境中。第三,工程师还可能是企业的管理者。工程师与管理者的职业利益不同,这使得他们成为同一组织中的两个范式不同的共同体。当企业的决策违反工程规范标准或者可能对公众安全、健康和福祉造成威胁的时候,处于企业决策者位置的工程师就面临着角色道德冲突。

为什么工程师会遭遇到角色冲突呢? 这是因为,首先,工程师很难兼顾自己的职业角色和个人生活中的其他多种角色。在"受雇用的机会"案例中,杰拉尔德的运气实在不好,父亲在他毕业前夕重病住院,使得他不能按原来的计划回家经营农场,必须要找到一份工作减轻家庭经济负担。可是他的运气实在是"糟糕",唯一的工作机会是让他去从事杀虫剂研发。若他坚守"将公众的安全、健康和福祉放在首位,并且保护环境"这一伦理信念,他可能就无法帮助家庭为父亲支付昂贵的医疗费;若是为了赚钱进公司上班,却不卖力地工作,虽然在良心上稍得安慰,可是作为一名工程师,又违背了"作为忠实的代理人或受托人"的职责。无论杰拉尔德做出何种选择和行动,他都会感觉到遗憾,工程职业伦理章程并未充分考虑生活的复杂性,只是将"工程师应当……"单纯地诉请个人的工程实践要求,这就必然"在道德上表现得卓越(being virtually good)和生活得好(living well)之间产生一个断裂"。作为儿子,杰拉尔德有责任为患重病的父亲赚取医疗费;作为员工,他有责任为他履职的杀虫剂公司忠诚工作;作为一个理性的社会人和有良知的工程师,他负有"遵守可持续发展"的义务。于是在杰拉尔德身上,产生了角色冲突。

其次,职业伦理章程中对职业责任和雇员责任不偏不倚的强调,也常会导致角色冲突的发生。比如在"铲车手"案例中,布莱恩作为职业工程师,必须要"将公众的安全、健康和福祉放在首位",他必须拒绝上司的命令,甚至向上级有关部门举报公司的行为。可是,作为雇员的"做每位雇主或客户的忠实代理人或受托人,避免利益冲突,并且绝不泄露秘密"职责又要求他遵从上司命令。职业伦理章程中职业责任和雇员责任在具体工程实践情境下的矛盾,会导致工程师的职业角色和雇员角色发生冲突。

工程师角色冲突的解决有赖于在宏观与微观方面建立一套机制。宏观层面的工程职业建设,为问题的解决提供制度保证和理论基础;微观层面对工程师个体的道德心理进行关怀,培育工程师的道德自主性,为制度建立内在的道德基础。首先,职业建设为解决冲突提供宏观制度背景。工程职业需要不断完善自己的职业建设。工程职业的技术标准和伦理标准是工程职业建设的两个最主要的方面,技术标准是职业在工程质量方面的承诺,而伦理标准是对职业人员职业行为的承诺。其次,增强工程师个体道德自主性的实践。工程师并不是只会遵守规范的机器,而是有自己的独立意志、会思考和有情感的个体。道德规范没有给出必须遵守的理由,因此当制度规范缺乏道德心理根基时,就在实践中难以保证工程师道德选择的合理性。只有当工程师把规范条文内化为自己的道德原则,从内心认同接受的时候,才能自觉地产生道德行为,做出合理的道德选择。再次,回归工程实践。工程师角色冲突伴随着工程实践的整个过程,工程实践本身就是解决角色冲突的唯一途径,角色冲突产生于实践,于实践中得以解决。角色冲突的出现和解决构成了工程实践的一部分,伴随着工程实践的始终,而工程实践也就是角色冲突的不断产生和不断解决。

2.保持多方信任以应对利益冲突

工程中的利益冲突问题是工程伦理和工程职业化中的一个重要话题。"当工程师对于雇主、客户或社会公众的忠诚和正当的职业服务受到某些其他利益的威胁,并有可能导致带有偏见的判断或蓄意违背原本正确的行为时,就会产生利益冲突"。工程中利益冲突的种类既包括个体利益(工程师)与群体利益(公司)之间的冲突,也包括个体利益(工程师)与整体利益(社会公众)之间的冲突,同时也包括群体利益(公司)与整体利益(社会公众)之间的冲突。首先是公司与社会公众之间的利益冲突。作为营利性的组织,公司所作出的决策都遵循利益最大化的原则;而当公司的这种实现自身利益的活动影响到社会公众的利益(即安全健康与福祉)的时候,公司与社会公众之间的利益冲突就发生了。其次是工程师与公司之间的利益冲突。工程师受雇于公司,有责任以自己的职业技能做出准确和可靠的职业判断,并代表雇主的利益。但工程师与公司之间也时常会发生利益冲突,其中有两种情形:①当雇主或客户所提出的要求违背工程师的职业伦理,或者可能危害到社会公众的安全、健康和福祉时,工程师是坚持己见与雇主或客户进行抗争,还是屈服于雇主或客户的要求,而不顾及社会公众的利益;②当外部私人利益影响工程师的职业判断,使其产生偏见,而做出不利于公司利益的判断。最后,是个体工程师与社会公众之间的利益冲突。不同于其他的一般职业,工程中利益冲突的对象并不只局限于工程师个体和公司群体这两方面,还常常会涉及"公众"这一重要的利益主体。因此,公众利益是工程利益冲突中的一个重要组成部分,也是其特征之一。工程师既是公司的一员,也是社会的一员。工程师既要考虑公司的利益,也同样要为社会公众的安全、健康与福祉负责。这里也有两种冲突的情形:①当工程师面对公众利益与私人利益的选择时,就会有利益冲突的发生;②公司利益与公众利益发生冲突,雇主或客户所提出的要求影响到工程师的职业判断,进而使社会公众的安全、健康与福祉受到损害,这也是发生在工程师与公众之间的利益冲突。

在工程师的日常工作中经常会发生利益的情形,工程师该如何应对可能发生的利益冲突?保持雇主客户与公众的信任,做"忠诚的代理人或托管人";保持工程师职业判断的客观性。这就要求工程师尽可能地回避利益冲突。具体到工程实践情境,它包含以下五种"回避"利益冲突的方式:①拒绝,比如拒收卖主的礼物;②放弃,比如出售在供应商那里所持有的股份;③离职,比如辞去公共委员会中的职务,因为公司的合同是由这个委员会加以鉴定的;④不参与其中,比如不参加对与自己有潜在关系的承包商的评估;⑤披露,即向所有当事方披露可能存在的利益冲突的情形。前四种方式都归于"回避"的方法。回避利益冲突的方法就是放弃产生冲突的利益。通过回避的方法来处理利益冲突总是有代价的,即有个人损失的发生。其中不同的是,"拒绝"是被动地失去可获得的利益,而"放弃"是主动放弃个人的已有利益。而"披露"能够避免欺骗,给那些依赖于工程师的当事方知情同意的机会,让其有机会重新选择是找其他工程师来代替,还是选择调整其他利益关系。

3.权益与变通以应对责任冲突

责任冲突是指工程师在工程行为及活动中进行职责选择或伦理抉择的矛盾状态,即工程师在特定情况下表现出的左右为难而又必须做出某种非此即彼选择的境况。在具体的工程实践场景中,相互冲突的责任往往表现在个人利益的正当性、群体利益的正当性、原则的正当性。因此,工程师需要作四类提问:

第一,该行动对"我"有益吗?健康的利己是一件好事。如果工程师都不关心自己的利益,又有谁会关心呢?在有些情况下,如果我们认为某一行动是有益行动,只要我们能显示这种行动对我们有益,我们就能证明自己的这种认识是正确的。

第二,该行动对社会有益还是有害?工程师在进行伦理思考时,不能仅考虑这一行动对自己是否有益,而是应该进一步考虑该行动对受其影响的所有人是否有益。

第三,该行动公平或正义吗?我们所有人都承认的公平原则是,同样的人(同等的人)应该受到同样的(同等的)待遇。关于什么人是平等的和什么是平等的问题,人们常常意见分歧,但除非存在相关差别,所有人都应该受到同等待遇。进而,这引出了下一个问题,该行动侵犯别人的权利吗?

第四,"我"有没有承诺?这个问题询问的是,是否就以某种方式实施行动向某种现存关系作过含蓄或明确的承诺。假如有过承诺,那么应该信守承诺。因此,对于问题"我答应过做这事吗",如果答案是肯定的,那么,做这件事就又有了一个正当理由。

通过上述反思,工程师至少可以寻找到一个满意的方案。工程社团职业伦理章程常常提供解决困境的直截了当的答案,但也有矛盾的地方。公认的准则是把公众的安全、健康和福祉放在首要位置,但是当公众利益与雇主、客户利益冲突,如何做到诚实和公平?这就需要在具体的伦理困境中权宜与变通。

我们来看一个案例:

戴维德是一位固体废物处理的专业工程师。在他所工作的麦迪森县,固体废物规划委员会(SWPC)计划在该县一处人烟稀少的地方建立公共废物填埋场。然而,该县少数富人想买下紧挨着这个拟议中的填埋场的一大片土地,因为他们打算建一座有豪华住宅环绕的私人高尔夫球场。富人们认为那里是麦迪森县最美丽的地区之一,在拟议地点建立垃圾填埋场会损害他们安居休闲的权利,因此建议将垃圾填埋场改建到县内贫民集中居住的地区,这样方便废物运输、清理和及时填埋;或者将垃圾填埋场迁址到临近麦迪森县最贫瘠地区的土地上,因为只有8000人(麦迪森县有10万居民)住在那里。

戴维德该如何化解公众利益与雇主利益的冲突?如何诚实公平地履行自己的职业责任和雇员责任?

第一,戴维德必须要耐心地倾听富人、城中贫民和郊区居民的权益要求,而且,也不能轻视乃至忽视任何选择下环境可能遭受的最坏影响。富人们有休闲娱乐、提高生活质量的权利,城中贫民和郊区居民也有健康生活和安居不受侵扰的权利;而且,为了子孙后代也能安乐生活在这个地方,戴维德还要考虑在任一区域建设垃圾填埋场可能对环境和生态产生的负面影响。

第二,戴维德要设身处地地思考他们提出的各种权益要求,深度权衡利益之间的矛盾与冲突,仔细比较各利益的受众面和影响程度;同时,梳理规范、准则对戴维德提出的责任要求,针对以上利益诉求考察并初步筛选已给出的行动方案。

第三,尊重生活传统给予自己的道德信念与良知,忠实于工程实践与个人真实生活的统一,戴维德将再度甄选已给出的三个行动方案(一个政府提出的,两个富人们提出的),寻找出利益诉求的矛盾焦点:何种利益是根本利益?何种利益更贴近于"好的生活"的实现?

第四,戴维德要慎思自己工程行为的伦理优先顺序:富人们休闲娱乐、提升生活品质的权益需要尊重,城中贫民和郊区居民生命健康和安乐生活的权益需要维护,环境的可持续发展有利于子孙后代的幸福生活。在这些利益中,最基本的权利是人的生存和健康,这是任何其他权利实现的必要前提,也是当代人追求"好的生活"的必需条件。因此,保护城中贫民和郊区居民的生命健康和生活成为戴维德行动的首要考虑因素;其次是尽可能降低污染影响,保护生态环境;最后才是考虑富人们的娱乐休闲权利。

第五,用道德敏感性"过滤"规范对自己的责任要求,身临其境地"想象"已给出的三个方案可能导致的后果,更新对规范的认识,将温暖(warm)关怀"你""它"的道德情感现实转化为改进富人们提出的第二方案的意志冲动,即在原方案的基础上,增加居住于郊区的8000人足够的经济补偿,政府也要在城内或城郊其他地方给予他们不差于此前生活标准和居住条件的妥善安置;同时,在填埋场附近建造污染监测站,招标生物清洁公司及时处理已发生的或潜藏的污染风险,维持该地区的生态平衡。良好工程目标的实现固然离不开工程师"遵行责任"开展工程活动,但其最终的真正实现还是依赖于工程师在整个工程生活中践履各层次责任并始终彰显卓越的力量。因此,工程师要按照伦理章程的规范要求遵循职责义务,根据当下的工程实际反思、认识、实践规范提出的道德要求,变通、调整践履责任的行为方式,不断探索和总结"正确行动"的手段、途径。

工程师是一门职业:工程是一种涉及高深的专业知识、自我管理和公众利益的服务,它通常在自己的职业伦理章程中明确表达了公共向善。这意味着:第一,成为职业工程师要求经历一段长期的专业知识、技术和技能的训练;第二,职业工程师需通过职业社团进行自主的自我管理;第三,工程职业服务于公众的安全、健康和福祉并提供技术解决方案。

职业伦理:为了防止职业人员滥用权力,职业需要具体化为行为规范的伦理标准,即职业伦理。对职业的工程师而言,工程伦理是一种预防性的伦理,它旨在预防道德伤害和可避免的伦理困境,帮助职业工程师进行伦理反思,做出正确的行动。

职业伦理规范:工程社团的职业伦理章程确定了工程师的具体职业伦理规范。它一般包括:首要责任原则、工程师的权利与责任、工程师的职业美德,并尽可能通过规范条款详细地说明在不同工程实践情境下工程师如何做出正确的伦理决策。

参考案例

"大楼雄起时,是否良心造"

美国凯悦饭店中庭走道坍塌事故

　　美国堪萨斯城建设了一座非常豪华的酒店——凯悦饭店。完工一年后,1981年7月17日,酒店举办了一场舞会,有1500人拥进酒店中庭舞场跳舞,另有几十人在中庭上方悬空走道起舞。不幸发生了,中庭走道突然坍塌坠落,共造成114人死亡,216人受伤(如下图),此事故为美国最严重的建筑结构事故;为当时全美死亡人数最多的工程事故,直至被2001年"9·11事件"所超越。其影响之深,在27年后的7月27日,堪萨斯日报仍以"for many,a memorial long over due"为标题悼念该事件中的受害者。而由堪萨斯城市星报主导的对事故原因的调查更获得了美国新闻界最高荣誉奖项——普利策新闻奖。

(图片来源:堪萨斯日报)

　　据美国国家标准局的调查,事故发生时,四楼天桥连接处承受的荷载为93kN,而美国国家标准局对天桥进行复制并进行的实验表明,该连接处最多只能承受83kN的力,这一数值,不仅小于事故发生时实际施加在该连接处的荷载(93kN),也远远达不到美国堪萨斯城当地建筑规范对该连接处的设计要求。根据美国堪萨斯城当地的建筑规范,该连接处必须承担302kN的荷载而不出现任何结构问题。即使是G.C.E的原始设计,这个数值也无法被满足。这个设计缺陷,出现在了所有三条人行天桥上。诚如美国国家标准局的调查报告所说,人行天桥只能够承受自身的重量和一点点其他荷载(见图a,b)。

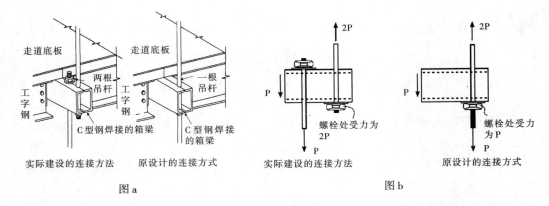

图a　　　　　　　　　　　　　　图b

　　基于本次事故，由美国土木工程师协会（ASCE）出版的用于指导调查结构结果事故的工程师手册中对连接处失效做出了如下定义："由连接处失效导致的整体结构的坍塌发生在完全没有或者仅有少量的额外承载强度的结构上。当出现多个强度很低的连接处时，其中一个连接处的失效会导致相邻的连接处纷纷失效，最终致使结构坍塌。"而连接处失效的主要原因包括：（1）对于施加的荷载计算失误导致的不足够（insufficient）的设计；（2）由于结构截面发生突然变化导致的应力集中；（3）对于旋转和位移计算的错误；（4）连接处材料的退化；（5）没有考虑材料在生产过程中产生的大量残余应力。

　　显然，凯悦酒店坍塌事故的事故原因包括第一点——对连接处的设计不足。但同时，G.C.E和连接处的供应商兼施工方Havens公司谁应该对连接处的设计变更负责，以及谁应该对整体设计负责，也是本次事故责任判定的关键点。

　　在调查和法庭听证过程中，有两个重要的事实被公之于众：（1）吊杆的制造商和施工方Havens公司在法庭证词中声称，他们就吊杆的设计变更问题与设计公司G.C.E通过电话并得到了G.C.E的同意。而在长达26周的庭审中，G.C.E始终否认他们收到过类似电话。尽管改动的图纸上被印上了G.C.E的印章；（2）1979年10月14日，就在坍塌事故发生之前两年，仍在建设中的中庭屋顶发生过一次坍塌，坍塌面积超过250平方米。G.C.E表示，他们曾经要求在现场安排设计代表多达三次，但由于经费限制都没有得到业主（皇冠中心重建公司）的同意。

　　最终，法庭判定G.C.E公司的人行天桥的设计不能满足建筑规范要求。这个结论基于已经暴露的天桥部分的设计及图纸中的错误、误差、疏忽。而对于G.C.E公司所宣称的，是对设计含义的沟通失误造成了变更设计的通过乃至最终被建造，法庭认为，G.C.E公司既没有在设计阶段承担应尽的责任，也没有在中庭屋顶发生坍塌事故时进行应有的详尽的调查。尽管供应商兼Havens公司没有尽责审核和检验施工图纸，也没有向G.C.E公司特别标注出吊杆和箱梁的连接处的设计变化，G.C.E公司的工程师们应该对图纸进行最终检查。G.C.E公司并没有发现连接处的变更，也没有详尽调查中庭屋顶坍塌的原因，显然，他们错误地对Havens公司信任过度。最终，G.C.E公司被判定对吊杆的设计变更负责。

　　1984年11月1日，G.C.E公司被判决为严重疏忽罪（gross neligence，比一般疏忽罪更严重一级,被定义对应有责任全部的疏忽),并被剥夺了设计资质。美国土木工程师协会(ASCE)也更改了相关规定为结构工程师对设计项目负全部责任。

(资料来源:亨利·波卓斯基.设计是人类的本性[M].王芊,马晓飞,丁岩,译.北京:中信出版社,2012.内容有整理)

本项目中 G.C.E 是否履行工程师职责? 是否把工程职业伦理服务于公众的安全、健康和福祉当中?

上海"楼脆脆"事件

上海"楼脆脆"倒楼事件——2009年6月27日凌晨5点30分左右,当大部分上海市民都还在睡梦中的时候,家住上海闵行区莲花南路、罗阳路附近的居民却被"轰"的一声巨响吵醒,伴随的还有一些震动,没多久,他们知道不是发生地震,而是附近的小区"莲花河畔景苑"中一栋13层的在建的住宅楼倒塌了,事故致1名工人死亡。事故调查组认定其为重大责任事故,6名事故责任人被依法判刑3年至5年。该楼房倒塌是房改以来发生的第一起,引起了社会的广泛关注而上榜2009年房地产十大新闻。因官方以两次堆土施工为事故缘由,遭网友抨击为"楼脆脆"。这起恶性事件提醒人们除了关注价格之外,更应关注居住安全。

7月3日上午,在以中国工程院院士江欢成为专家组组长的带领下,由来自勘查、设计、地质、水利、结构等相关专业的14位专家组成事故调查专家组,关于倒楼事件进行调查并撰写调查报告。主要有:①房屋倾倒的主要原因是,紧贴7号楼北侧,在短期内堆土过高,最高处达10米左右;与此同时,紧邻大楼南侧的地下车库基坑正在开挖,开挖深度4.6米,大楼两侧的压力差使土体产生水平位移,过大的水平力超过了桩基的抗侧能力,导致房屋倾倒。②倾倒事故发生后,对其他房屋周边的堆土及时采取了卸土、填坑等措施,目前地基和房屋变形稳定,房屋倾倒的隐患已经排除。③原勘查报告,经现场补充勘查和复核,符合规范要求;原结构设计,经复核符合规范要求;大楼所用PHC管桩(预应力高强度混凝土管桩),经检测质量符合规范要求。④建议进一步分析房屋倾倒机理,总结经验、吸取教训;同时对周边房屋进行进一步检测和监测,确保安全(如下图)。

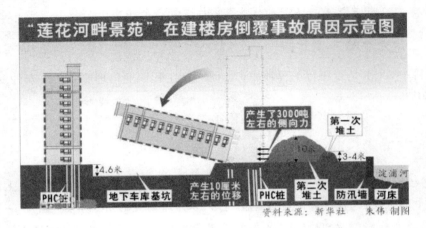

"莲花河畔景苑"在建楼房倒覆事故原因示意图

资料来源:新华社 朱伟 制图

专家组组长江欢成院士表示,事发楼房附近有过两次堆土施工:第一次堆土施工发生在半年前,堆土距离楼房约20米,离防汛墙10米,高3~4米。第二次堆土施工发生在6月下旬。6月20日,施工方在事发楼盘前方开挖基坑,土方紧贴建筑物堆积在楼房北侧,堆土在6天内即高达10米;第二次堆土是造成楼房倒覆的主要原因。"土方在短时间内快速堆积,产生了3000吨左右的侧向力,加之楼房前方由于开挖基坑出现临空面,导致楼房产生10厘米左右的位移,对PHC管桩产生很大的偏心弯矩,最终破坏桩基,引起楼房整体倒覆。"

通过以上分析,专家组在经过勘查、检验、复核后认为,倒覆大楼的原勘查报告、原设计结构和大楼所用的PHC管桩都符合规范要求。从工程伦理知识角度出发,勘查设计均符合设计要求的话,那谁才是这次事故的罪魁祸首?针对专业人士提出的部分桩基是空心水泥管的疑问,江欢成表示,空心桩是很好的桩型,节省材料,垂直承载力很强。从结构力学的知识来分析真的能满足承载力要求吗?同时,从设计角度来说,建筑物通常不依靠桩基来抵抗水平推力?倒楼原因仍是"大楼两侧压力差使土体产生水平位移"。不同的只是增加了六个"间接原因",均是相关施工各方的主观作为。

问题在上述官方调查结果出来后的大半个月中,已有许多人士多方予以质疑,主要集中在三点:一是有专业人士疑惑,堆土最高10米,加上基坑开挖4米多,14米左右的土压差很难达到官方分析的3000吨侧向力;二是事故原因过于简单,希望能公布勘测报告内容,特别是相关具体数据;三是两次原因公布均是在肯定设计和施工质量的前提之下,而舆论和业主普遍对施工质量有所疑问。当然,政府方面聘请的确是专家,甚至还请出了一位院士,提出的倒楼原因也不无道理。问题在于,明明知道各方对此仍有怀疑,为何不在此次以市政府名义举行的新闻发布会上予以积极回应?

(资料来源:2018年一级建造师案例分析资料[EB/OL][2019-03-19].https://wenku.baidu.com/view/f73cc9ba2dc58bd63186bc0b19e8b8f67c1cef84:htmL.内容有整理)

思考与讨论

1. 基于道德和伦理的讨论:从工程伦理的角度来看凯悦项目事故的核心问题是:谁应该对连接处的设计负责? 为什么是Havens公司提出变更并最终施工建造,G.C.E公司却要承担全部责任? 谁被法律约束去履行这个责任? 又如何履行他的责任?

2. 结合本章对工程师职业伦理的论述,结合本章参考案例,谈谈你对工程师职业精神的理解。

3. 很多从事具体工作的职业工程师认为,在现实的工作情境中,工程师采取某项职业行动的动机是什么无关紧要,重要的是做正确的事情。请结合工程的特点和本章对工程师职业伦理规范的阐释,参考国内外工程师职业社团的伦理章程,思考并讨论工程师在从事职业活动时"负责任行为"的标准。

4. 通过本章的学习,查阅相关资料,思考并讨论在当前中国"一带一路""中国制造2025"发展趋势下"职业工程师"的标准。

第二篇　专项伦理

第7章 土木工程的伦理问题

学习目标

通过本章的学习,掌握土木工程的类型和特点,强化对工程建设领域中相应的理论问题的理解,通过对案例的学习,结合具体项目掌握相应的工程伦理要求,树立土木工程师的责任心。

引导案例

"工程师之戒"

1907年8月29日,随着一声大炮般的巨响,横跨圣劳伦斯河上,连接加拿大Winnipeg市和Moncton市的魁北克大桥中跨轰然倒塌,灾难发生时,大桥已经接近最后完工,桥上的86名工人正准备下班,在仅仅15秒钟内,总重量达19000吨的钢结构沉入河底,由于河水很深,工人们或是被弯曲的钢筋压死,或是落水淹死,共有75人罹难。事故调查显示,这起悲剧是由工程师在设计中一个小的计算失误造成的。

1913年,这座大桥的建设重新开始,1916年9月悲剧再一次上演。当用千斤顶举升长达195米、重达5000吨的悬挂孔时,悬挂孔一侧的十字形铸件被压坏,导致悬挂孔塌落。结果至少10名工人被夺去了生命。事故的原因仍然是设计缺陷。1917年,在经历了两次惨痛的悲剧后,魁北克大桥终于竣工通车,这座桥至今仍然是世界上最长跨度的悬臂大桥,这是加拿大历史上最大的工程事故。

原本可能成为不朽杰作的桥梁却在建造过程中发生两次重大事故,惨痛的教训引起了人们的沉思。1922年,加拿大七大工程学院出钱将倒塌过程中的所有残骸一并买下,决定把这些钢条打造成一枚枚戒指,发给之后的工程学院毕业生。由于当时技术的限制,那些钢条并没能被打造成戒指,于是学院重新寻找新的钢材代替,戒指被设计成如残骸般的扭曲形状来铭记这次事故,纪念事故中的死难者。

加拿大的七大工程学院,会分别举行工程师召唤仪式。仪式中,工程学院教授,或者资深工程师,将为工程学本科毕业生佩戴"工程师之戒";学生将进行工程师宣誓,表明愿意承担工程师的无上责任,对工程师职业心怀谦逊。大多数学院的工程师召唤仪式,不对公众开放,一般只邀请工程学院教授、工程师校友及亲属参加。如今,仪式常在每年3月举行,因为3月是加拿大的工程师之月。

多少年来,加拿大工程学院的毕业生都是戴着这枚"耻辱之戒"走上社会的,这枚戒指既是作为工程师的一种骄傲,也代表作为工程师应有的谦逊,戴上了这枚戒指就意味着要把自己的工作做到最好,因为这枚戒指的由来有着工程师无法忘记的教训和耻辱。"工程师之戒"无时无刻不提醒着每一位被定义为精英的工程师的义务与职责。

当时的加拿大总督成立了事故调查委员会,其官方文件总结事故原因如下:

①魁北克大桥倒塌是由于悬臂根部的下弦杆失效,这些杆件存在设计缺陷;

②工程规范并不适合该桥的情况,使部分构件的应力超过以往的经验值;

③设计低估了结构恒载,施工中又没有进行修正;

④负责管理建设的魁北克大桥公司和凤凰城桥梁公司都负有管理责任;

⑤工程的监管工程师没有有效地履行监管责任;

⑥凤凰城桥梁公司在计划制定、施工以及构件加工中均保证了良好的质量,主要问题源于设计;

⑦当前关于受压杆的理论还不成熟,因此在设计时应偏于保守。

魁北克大桥第一次垮塌是因为计算错误,这是专业能力的问题。第二次没有吸取教训就是责任心不强,属于伦理问题,伦理教训通常被忽略或出错后才获得。

(资料来源:佚名.工程师之戒[EB/OL][2017−02−15].https://baike.baidu.com/item/.工程师之戒/9752854?fr=aladdin.内容有整理)

通过此案例分析:如果你作为魁北克大桥的项目负责人,应该怎样权衡专业能力和伦理素质?应该怎么避免问题的发生?

7.1　土木工程的类型和特点

7.1.1　土木工程的类型

土木工程是伴随着人类社会的发展而发展起来的。它所建造的工程设施反映出各个历史时期社会经济、文化、科学、技术发展的面貌,因而土木工程也就成为社会历史发展的见证。

远古时代,人们就开始修筑简陋的房舍、道路、桥梁和沟壑,以满足简单的生活和生产需要。后来,人们为了适应战争、生产和生活以及宗教传播的需要,兴建了城池、运河、宫殿、寺庙以及其他各种建筑物,许多著名的工程设施显示出人类在这个历史时期的创造力。例如,中国的长城、都江堰、大运河、赵州桥、释迦塔,埃及的金字塔,希腊的帕特农神庙,罗马的给水工程、科洛西姆圆形竞技场(罗马大斗兽场),以及其他许多著名的教堂、宫殿等。可以说,从有人类活动开始,就有了土木工程。

土木工程所覆盖的内容非常广泛,与人们的日常生活密切相关,在经济社会发展过程中扮演着非常重要的角色,是指建造各类土地工程设施的科学技术的统称。它既指所应用的材料、设备和所进行的勘测、设计、施工、保养、维修等技术活动,也指工程建设的对象。即建造在地上或地下,直接或间接为人类生活、生产、军事、科研服务的各种工程设施,例如房屋、道路、铁路、管道、隧道、桥梁、运河、堤坝、港口、电站、飞机场、海洋平台、给水排水以及防护工程等。

7.1.2　土木工程的特点

土木工程工程的特点如下:

1. 建设过程复杂

土木工程项目建设过程中涉及投资金融、前期规划、勘查设计、施工咨询、施工总承包、监理、招投标、工程合同等多个专业整体合作,从前期可行性研究到最终交付使用也会经历较长时间,整个开发建设过程较为复杂。以港珠澳大桥为例,大桥于 2009 年 12 月 15 日动工建设,于 2017 年 7 月 7 日实现主体工程全线贯通,于 2018 年 2 月 6 日完成主体工程验收,于 2018 年 10 月 24 日上午 9 时开通运营,接近 95 个月,主体工程涉及参建单位有中交公路规划设计院有限公司、丹麦科威国际咨询公司、奥雅纳工程顾问、上海市隧道工程轨道交通设计研究院、中交第一航务工程勘查设计院有限公司、中铁大桥局集团有限公司、广东省长大公路工程有限公司等近百家,因其超大的建筑规模、空前的施工难度以及顶尖的建造技术而闻名世界。

建设过程的复杂性将为工程质量管控带来很大难度,任务分解的遗漏或某个环节责任人的失误、渎职都会带来安全隐患,而繁杂的沟通过程也将造成项目团队在纠纷处理、环保措施等决策上出现不应当的妥协。

2. 环境影响巨大

土木工程建设过程中将耗费大量自然资源,同时将产生大量的建筑垃圾,在各类建筑物大拆大建的背景下,全国每年建筑垃圾产生量有数十亿吨,绝大部分未经处理直接填埋,成为巨大的生态隐患。由于建筑材料和建筑装修材料多为高耗能、重污染产业产品,建筑垃圾的综合环境影响巨大。

我国在 40 年的高速发展过程中,建设了大量的建筑物:居民住房、企事业单位厂房及各种设施、铁路公路等各类基础设施、重大工程项目等。毫无疑问,这些建筑物在未来几十年内都将进入报废期,必然累积形成巨量的建筑垃圾。加之每年还在不断增加新的建筑物,未来阶段的建筑垃圾将以较高的增长率不断累积。预计若干城市,将在四五十年内集中进入建筑垃圾爆发期,而在相应的发展规划之中,尚未包含各种类型建筑物报废的总体规划和综合应对规划。

在城市快速发展过程中,还出现大量"短命建筑"。一些花巨资建设的建筑,在建成不久便被拆除,造成巨大财富损耗的同时,也造成无谓的资源浪费和生态环境影响。据有关统计,全国每年过早拆除建筑面积达到数亿平方米,拆除建筑的平均寿命仅为 30 年,远低于《民用建筑设计通则》规定的标准——重要建筑和高层建筑主体结构的耐久年限为 100 年,一般建筑为 50～100 年。建筑物寿命过短和不合理拆除现象,在全国各地普遍存在,这都将给我们赖以生存的环境造成巨大不良影响。

3. 经济影响明显

土木工程项目通常涉及金额巨大,部分重大基础设施项目可到几百亿元甚至上千亿元,常被中央或地方政府作为刺激经济增长、创造就业机会的重要抓手和切入点。以港珠澳大桥为例,大桥的建成将使从香港到澳门和珠海的陆路车程缩短为半个小时,粤港澳大湾区"1小时都市圈"呼之欲出,香港将继续扮演珠江三角洲物流枢纽的角色;现有的贸易中心地位将得到巩固,香港四大支柱行业旅游、物流、金融和商业服务都可从中得益,预计大桥可直接为香港带来约200亿港元的经济收益,并促使香港GDP增加1.39%至1.6%;港珠澳大桥在香港的起点在大屿山,这一地区有望被香港打造成继中环、西九龙之后的第三个CBD(中央商务区);珠江西岸生活成本较低(房价也比香港低得多),适合居住和养老,大桥的建成,可以极大地缓解香港地少人多的压力,香港亦可输出养老、医疗等高端服务;澳门的支柱产业是博彩和旅游业,港珠澳大桥建成之后同样能让澳门获益。由于香港机场的国际航班众多,以后更多的人能通过港珠澳大桥前往澳门,促进澳门的博彩、旅游和金融业发展。

4. 安全责任重大

建筑业属于劳动密集型行业并且工程构造和工艺通常较为复杂,工作人员常常暴露在高温高空、地下重物、机械、粉尘等危险性较高的工作环境下,发生安全事故的概率较高。工程质量直接关系到众多使用者的生命安全,一旦出现工程质量问题,将会对使用者及公众造成难以挽回的伤害。

据住建部数据统计,至2018年1月1日,全国共发生房屋市政工程生产安全事故698起、死亡800人,比去年同期事故起数增加55起、死亡人数增加47人,分别上升8.55%和6.24%。其中,事故死亡人数较多的省(区、市)有江苏(88人)、广东(78人)、四川(59人)、安徽(45人)、重庆(45人)、黑龙江(30人)、浙江(30人)、河南(28人)、山东(27人)、福建(26人)、江西(25人)、贵州(25人)、甘肃(25人)、宁夏(24人)、湖北(23人)、上海(22人)、湖南(21人)。例如2018年10月5日9时左右,菏泽市定陶区博文欧洲城1号楼项目发生一起塔式起重机倒塌事故,造成3人死亡;2018年10月4日9时50分左右,天门市北湖置业有限公司北湖轩1号楼项目发生一起施工升降机坠落事故,造成3人死亡;2018年9月10日14时许,上海市浦东新区上海科技大学配套附属学校新建工程发生中毒和窒息事故,造成3名施工人员死亡;2018年9月7日19时10分许,江西省赣州市经济技术开发区创业路1标(新国道-长岭路)地面及高架(K2+604-K4+174)项目发生一起钢模板坍塌事故,造成4人死亡;2018年8月31日9时37分许,山东省德州市经济开发区龙溪香岸住宅小区三期项目地下车库工程发生一起模板支撑脚手架坍塌事故,造成6人死亡、2人受伤等。在今年刚过去的几个月中,就有多起施工安全事故,如2019年4月10日上午9时30分左右,扬州古运新苑农民拆迁安置小区四期B2地块工程发生一起基坑坍塌事故,造成5人死亡,1人受伤;2019年3月24日7时许,位于沈阳市苏家屯区的老虎冲生活垃圾焚烧发电厂项目施工现场发生一起高处坠落事故,造成3人死亡;2019年1月23日9时许,湖南省岳阳市华容县华容明珠三期工程项目发生一起塔吊倒塌事故,造成 4 名施工人员死亡、1 人重伤等。此外,追溯到 2017 年 6 月,事故造成的人员伤亡见表 7.1。

表 7.1　生产安全事故

序号	时 间	事故项目	事故类型	死亡人数
1	2018 年 8 月 8 日 7 时 35 分左右	贵阳市轨道交通 2 号线一期工程土建施工 10 标	坍塌事故	3 人死亡
2	2018 年 7 月 2 日 7 时 30 分	贵州省毕节市环境整治"19456"工程天河广场项目	塔吊倒塌事故	3 人死亡
3	2018 年 6 月 29 日 7 时 30 分	天津市宝坻区大白庄镇九园工业园御景家园二期项目	触电事故	3 人死亡
4	2018 年 5 月 17 日 11 时	海南省五指山市颐园小区 A 栋工程	塔吊倒塌事故	4 人死亡
5	2018 年 3 月 13 日 8 时 40 分	宁夏回族自治区银川市西夏区文昌南街(南环高速–观平路)道路、给水、路灯工程及银川市第九污水处理厂配套进出厂管道工程进行沉井加固时发生塌方	坍塌事故	4 人死亡
6	2018 年 1 月 29 日 10 时	四川省成都市地铁 5 号线土建 9 标	中毒和窒息事故	2 人死亡 1 人失联
7	2018 年 2 月 7 日	广东省佛山市禅城区地铁 2 号线绿岛湖至湖涌盾构区间工地	地面塌陷事故	11 人死亡 1 人失联
8	2018 年 2 月 8 日 10 时 30 分	广西壮族自治区河池市锦逸时代商住楼工程	塔吊倾覆事故	3 人死亡
9	2018 年 1 月 26 日 7 时左右	广州地铁 21 号线 10 标段水西至苏元区间左线(黄埔区)	塌方事故	3 人死亡
10	2018 年 1 月 21 日 16 时 30 分	安徽省阜阳市太和县河西李小洼安置区 12#楼工程	高处坠落事故	3 人死亡
11	2017 年 11 月 20 日 20 时左右	山东省聊城市高唐县尚品福城三期工程	打桩机倾倒事故	4 人死亡
12	2017 年 9 月 17 日 16 时 10 分左右	广西壮族自治区南宁市隆安县丁当镇污水处理厂污水管网配套一期工程	土方坍塌事故	3 人死亡
13	2017 年 7 月 19 日 15 时 45 分左右	新疆维吾尔自治区昌吉回族自治州昌吉市环宇新天地建设项目 9#楼	吊篮倾覆事故	3 名作业人员高处坠落死亡
14	2017 年 7 月 22 日 18 时 30 分左右	广东省广州市海珠区中交集团南方总部基地 B 区	塔吊倒塌事故	7 人死亡 2 人受伤
15	2017 年 7 月 11 日 17 时 20 分左右	内蒙古自治区鄂尔多斯市伊金霍洛旗蒙古源流文化产业园北方民国影视城拍摄区二期建设项目	坍塌事故	8 人死亡
16	2017 年 6 月 21 日 10 时 30 分左右	陕西省延安新区桥沟排洪渠一标工程	中毒事故	4 人死亡

续　表

序号	时　间	事故项目	事故类型	死亡人数
17	2017年6月19日19时35分左右	山东省淄博市孝妇河黄土崖段综合整治项目昌国路、北京路人行道及雨污管道工程	塌方事故	4人死亡
18	2017年6月23日6时左右	青岛地铁11号线	电缆运输车辆侧翻事故	3人死亡
19	2017年6月2日18时10分左右	重庆市大渡口区"幸福华庭"公租房项目	中毒事故	3人死亡
20	2017年6月1日18时30分左右	山东省济宁市高新区崇文学校施工工地	操场网架屋顶坍塌事故	3人死亡

5.社会影响广泛

工程活动是一项社会活动,工程就是一个复杂利益的系统,一项工程不仅能够带来经济的利益,也会产生政治、军事、社会的利益。但工程也可能损害到局部利益,部分人群的利益。土木工程的发展不仅满足了人类居住环境改善的需求,还为人类衣食住行各方面提供了极大便利。土木工程是为了改善人类生活水平的努力结果,无论是在民用居住、生产还是军事科学等各个方面,土木工程的发展不仅带来了实用功能,还彰显了很大的审美功能。纵观土木工程的技术发展历程,土木工程的发展和社会经济发展是相辅相成、相互影响、相互促进的一个过程。在现代化市场经济形势下,土木工程的发展更是关系经济发展的着力点。

在土木工程项目开发过程中,或多或少都会对原有的社会环境和生活带来影响,如移民、拆迁、文物和物种保护等众多社会问题。随着城市化的推进和扩展,征地拆迁的规模和速度空前扩大与加快,而因征地拆迁而产生的矛盾剧增,并成为影响社会稳定的重要因素,根据媒体报道和相关统计,目前的涉农上访事件上,占比最多的类型是因整体拆迁的上访,占信访接待部门受理总数的70%以上。三峡工程建设由于照顾了各方面的利益,所以得到了包括库区居民在内的广大群众的支持和配合。相反,西南某水利工程因为移民安置工作做得不好,引发了群众闹事,影响了社会安定。所以,工程活动还关系到社会公正、和谐安定,工程利益目标和实现方式都体现着一定的社会伦理价值。

7.2　工程建设领域中相应伦理问题

7.2.1　土木工程的伦理问题

土木工程的发展使人们抵御自然力、自然灾害的能力大大加强。尽管世界上还有很多无家可居者,但越来越多人的居住和工作空间已得到增加,空间的使用质量也在提高。在文明社会,由于常规自然力作用(寒冷、酷热、大风、暴雨等)而失去生命的人已越来越少。自然灾害对人类安全的威胁已在一定程度上得到遏制。在"大震不倒、小震不坏"的现代抗震设计理论指导下,采用现代施工措施建造的房屋结构,已使地震造成的生命财产损失降至一个可接受的范围。现代的大库高坝水利工程,使得江河湖泊的洪水危害大大地降低,并使江河湖泊为人类服务并造福于人类。此外,桥梁、隧道使人们能够跨越江河、穿过高山峻岭直接交往,增进不同人群的了解,这些当然具有很强的积极的伦理学意义。

土木工程的发展也给伦理学带来了消极影响。首先,在土木工程的历史上,工程事故是不断发生的,并引发了许多灾难性后果。1981年7月17日,美国堪萨斯城的凯悦饭店的中庭走道坍塌事故,共造成114人死亡,216人受伤,这是美国历史上由结构倒塌造成死伤人数最多的恶性工程事故。1986年4月26日,苏联切尔诺贝利核电站的4号机组发生爆炸,核电站的安全壳被炸裂,放射性物质向外辐射,有难以计数的人受到核污染的伤害,造成约两千亿美元的损失。1999年1月4日,中国重庆綦江县彩虹桥倒塌,造成40人死亡。2004年5月12日,中国安阳特大塌架事故夺去21条生命。其次,土木工程需占据自然环境的空间(地上与地下、水上与水下),消耗自然资源,污染自然环境,甚至影响和破坏自然生态平衡。因而,土木工程的可持续发展问题越来越引起人们的高度重视。土木工程是带有特定目的的社会活动,对人类的生产生活起着举足轻重的作用,与人类其他行为一样,只要是行动,则势必就要与一个关涉行为后果的"责任"的概念相联系。

7.2.2 土木工程师的责任

工程师是受过高等教育与训练的精英分子,工作对社会有直接而巨大的影响,身为有幸的少数人,自然应对谋求社会大众福祉、塑造良性大环境多尽一份责任。世界各工程师相关团队有鉴于此,多订有工程师守则或信条以为自律互勉。其中包括:

(1)工程师对社会的责任:守法奉献,包括恪守法令规章、保障公共安全、增进民众福祉。尊重自然,包括维护生态平衡、珍惜天然资源、保存文化资产。

(2)工程师对专业的责任:敬业守分,包括发挥专业知识技能、严守职业本分、做好工程实务。创新精进,包括吸收科技新知、致力求精求进、提升产品品质。

(3)工程师对雇主的责任:真诚服务,包括竭尽才能智慧、提供最佳服务、达成工作目标。互信互利,包括建立相互信任、达成双赢共识、创造工程佳绩。

(4)工程师对同僚的责任:分工合作,包括贯彻专长分工、注重协调合作,增进作业效率。

土木工程首先是一种人类的活动,是由土木工程技术人员设计建造的人类产品之一,是无数工程技术人员在不同的社会传统、文化、法律下,应用科学与技术知识,创造性工作的结果,工程设计与建设不仅为其个人道德品质的形成和完善提供了锻炼的时间,也为其提供了实践的场所。土木工程伦理的功效,在于改变或进一步提高土木工程技术人员在学校生活阶段和少年生活阶段业已形成的道德认识,使其道德品质逐渐成熟,同时指导土木工程师在岗位上明确职业义务和责任,形成高尚的职业理想,培养良好的职业习惯。

土木工程的发展是土木工程科技工作者用他们的聪明才智、艰苦劳动推动的。而在这些科技工作者中,杰出的土木工程师对土木工程发展的贡献更为突出。如中国古代主持修建了都江堰水利工程的李冰父子,主持修建世界上第一座敞肩式石拱桥——赵州桥的李春,这些伟大工程师的工作在加快土木工程进步的进程的同时,也大大加快了人类社会进步的进程。对土木工程师而言,其工程伦理的重心在于如何使道德要求通过土木工程活动的行为规则与行为程序得以实现,以及土木工程师在土木工程活动中应当怎样承担社会责任的问题。土木工程伦理有四项道德规范:一是责任规范,包括决策者的责任、设计人员的责任、工程承包者的责任、每个人都应有的责任;二是公平规范,即利益分配应该是公平的;三是安全规范,包括工程设计安全和生态安全;四是风险规范,即充分考虑到工程建设带来的种种风险,并做出相应的防范措施,把生态伦理的思想贯穿到工程建设中去。

工程伦理是土木工程师的生命,甚至比工程专业知识还要重要。土木工程师的行为和其他人的行为一样,时刻处在社会各阶层的关注之下,受制于社会的普遍道德规范和标准。土木工程师作为土木工程蓝本的设计者、实施者,首先就要有较高的道德素质、行为素质。

由于土木工程师的工作直接影响到接触使用的人以及所处的环境,层面广泛,土木工程伦理牵涉复杂,其伦理行为包括手段和目的的"利己"与"害己"或者"利他"与"害他"的选择。对土木工程而言,所谓"利己"就是有利于土木工程共同体的生存发展,所谓"利他"就是有利于土木工程以外的自然、国家政权、经济或者文化以及与它们关联的人类的发展。对土木工程师而言,所谓"利己"就是有利于其自身及其建设项目、工作领域的生存和发展,所谓"利他"就是有利于土木工程师自身之外的科技领域、科技共同体以及相关联的社会环境的发展。

7.2.3　美国土木工程师协会(ASCE)伦理章程

1.基本原则

通过以下原则,工程师应保持和促进工程职业的正直、荣誉和尊严:

(1)运用他们的知识和技能改善人类福祉和环境。

(2)诚实、公正和忠实地为公众、雇主和客户服务。

(3)努力增强工程职业的竞争力和荣誉。

(4)遵守职业和技术协会的纪律。

2.基本准则

(1)工程师应当把公众的安全、健康和福祉置于首位,并且在履行他们职业责任的过程中努力遵守可持续发展的原则。

(2)工程师应当仅在其能胜任的领域内从事职业工作。

(3)工程师应当仅以客观、诚实的态度发表公开声明。

(4)在职业事务中,工程师应当作为可靠的代理人或受托人为每一名雇主或客户服务,并避免利益冲突。

(5)工程师应当将他们的职业声誉建立在自己的职业服务的价值之上,不应与他人进行不公平的竞争。

（6）工程师的行为应当维护和增强工程职业的荣誉、正直和尊严。

（7）工程师应当在其职业生涯中不断进取，并为在他们指导之下的工程师提供职业发展的机会。

3.基于伦理基本准则的实践指南

（1）准则1：工程师应把公众安全、健康和福祉置于首位，并在履行他们职业职责的过程中努力遵守可持续发展的原则。

①工程师应认识到一般公众的生命、安全、健康和福祉取决于融入了他们的工程判断、决策和实践的建筑物、机器、产品、程序和设备。

②工程师应只批准或签署那些经过他们核查或编制的设计文件，并确定它们对公众健康和福祉是安全的，符合公认的工程标准。

③工程师一旦通过职业判断发现情况危及公众的安全、健康和福祉，或者不符合可持续发展的原则，就应告知他们的客户或雇主可能出现的后果。

④工程师一旦有根据和理由认为，另一个人或公司违反了准则1的内容，就应以书面的形式向有关机构报告这样的信息，并应配合这些机构，提供更多的信息或根据需要提供协助。

⑤工程师应当寻求各种机会积极地服务于城市事务，努力提高社区的安全、健康和福祉，并通过可持续发展的实践保护环境。

⑥工程师应当坚持可持续发展的原则，保护环境，从而提高公众的生活质量。

（2）准则2：工程师应仅在他们能胜任的领域内履行其职责。

①仅当通过教育或经验积累而具备了相关的工程技术领域资质后，工程师才可承担并完成分配的工程任务。

②当完成某项任务所必需的教育或经验背景的要求超出了工程师能胜任的范围时，对于这样的任务分派，如果工程师的工作被限定在他们的资质能胜任的项目实施阶段上，那么他们可以接受这样的任务。该项目的其他阶段应由有资质的同事、顾问或雇员来实施。

③根据教育经历和经验背景，工程师对于自己缺乏能力的领域内的任何工程计划书或文件，或对未经审阅，或不在自己监督下编制的任何计划书和文件，都不应签字或盖章。

（3）准则3：工程师应仅以客观的和诚实的态度发表公开声明。

①工程师应努力传播工程和可持续发展的知识，不应参与散播有关工程的虚假的不公平的或夸张的声明。

②工程师应在其职业报告、声明或证词中保持客观和诚实。他们应在这类报告、声明或证词中包含所有相关的和恰当的信息。

③当工程师作为专家证人时，他们所表达的意见应该立足于足够的事实、技术能力背景和诚实信念的基础上。

④工程师不应为利益集团授意或付费的工程事项发表声明、批评或论证，除非他们已明确地代表某一方发表声明。

⑤在解释他们的工作和价值时，工程师应表现得有尊严和谦虚，要避免任何以牺牲他

们职业的正直、荣誉和尊严为代价来为自己谋私利的行为。

(4)准则4:在处理职业事务中,工程师应作为忠诚的代理人或受托人为每一名雇主或客户服务,避免利益冲突。

①工程师应避免与他们的雇主或客户相关的所有已知的或潜在的利益冲突,且应及时告知他们的雇主或客户所有可能影响到他们的判断或服务质量的商业关联、利益或情况。

②工程师不应在同一项目或在与同一项目相关的服务中接受多方的报酬,除非所有情况完全公开,并且所有的利益方一致同意。

③工程师不应直接地或间接地索取或接受合同方、他们的代理人或其他的与他们负责的工作相关的客户或雇主的馈赠。

④在作为政府机构或部门的成员、顾问或雇员的公共服务中,工程师不应参与他们或他们的组织在个人或公共工程实务中承揽或提供的事务或活动。

⑤当工程师通过自己的研究确信某个项目不可行时,他们应该向他们的雇主或客户提出建议。

⑥如果有损于客户、雇主或公众利益时,工程师不应使用在其工作中获得的秘密信息作为谋取个人利益的手段。

⑦工程师不应接受他们常规工作之外的职业雇佣,或者获取他们的雇主并不知晓的利益。

(5)准则5:工程师应依靠他们职业服务的价值建立自己的职业声誉,不应与他人进行不公平的竞争。

①除了通过就业机构获得有薪水的工作外,为了获得工作,工程师不应直接地或间接地提供任何政治馈赠,或者索求或接受赠礼或非法的报酬。

②工程师应在证明自己具有某一专业服务所要求的能力和资质的基础上,公平地进行提供职业服务的合约谈判。

③仅在他们的职业判断不受干扰的情况下,工程师才可以根据情况要求、提议或接受职业佣金。

④工程师不应伪造他们的学历、职业资质或经历或者允许它们的误传。

⑤工程师应当将适当的工程工作的荣誉给予那些应该得到的人,且应认可其他人的所有权利益。无论何时,只要有可能,他们就应将荣誉给予那些负责设计、发明、写作或做出其他贡献的人。

⑥在不含有误导性语言或不贬损职业尊严的情况下,工程师可以通过特定的途径宣传职业服务的内容。允许如下形式的广告宣传:

(a)在公认的、权威的出版物上的职业启事,以及由可靠的机构出版的名册或分类清单,假如启事或清单在尺寸和内容上保持一致,并且刊登在出版物固定用于这类启事的栏目中。

(b)准确地描述经验、设备、人员和所提供服务能力的小册子,如对工程师曾参与项目的描述没有误导性内容。

(c)在公认的权威的商业和专业出版物上发布的广告,如确保真实性,并且对工程师曾参与的项目的描述没有误导的内容。

（d）可以将有关工程师的姓名或公司名称和对服务类型的说明张贴至他们所提供的服务项目的栏目中。

（e）为普通刊物或技术刊物撰写或评论描述性的文章，这类文章必须真实且有品位，不应隐含任何超出所述的直接参与项目的内容。

（f）经工程师同意后，可以将他们的姓名用于商业广告中，例如：可能仅由合同方、材料供应商等发布的商业广告，但必须以一种谦虚的有尊严的内容认可工程师对所述项目的参与，这样的许可不适用于公开转让的所有权产品。

（g）工程师不应恶意地或虚伪地、直接地或间接地损害另一名工程师的职业声誉、前途、实践、职业或批评他人的工作。

（h）未经其雇主的同意，工程师不应将雇主的设备、原材料、实验室或办公设备用于从事公司外的私人事务。

（6）准则6：工程师的行为应维护和增强工程职业的荣誉、正直和尊严。

工程师不应故意以某种行为贬损工程职业的荣誉、正直和尊严，或有意从事欺诈性的、不诚实的或违反伦理的事务或职业实践。

（7）准则7：工程师应在整个职业生涯中不断进取，并为在他们指导之下的工程师提供职业发展的机会。

①工程师应通过从事职业实践、参加继续教育课程、阅读技术文献、参加专业会议和研讨会的方式，使自己保持在本专业领域内的前沿状态。

②工程师应支持和鼓励他们的工程雇员尽早地参加职业工程师注册。

③工程师应鼓励工程雇员参加专业和技术社团会议并提交论文。

④在包括职业等级、薪资范围和附加福利的雇佣条件的商谈中，工程师应坚持雇主和雇员互相满意的原则。

7.2.4 教学引例——凤凰沱江大桥重大坍塌事故*

1.事故背景

堤溪沱江大桥是湖南省凤凰县至大兴机场二级公路的公路桥梁，为双向二车道设计。大桥总投资1200万元，桥长328米，跨度为4孔，每孔65米，高度42米。此桥属于大型桥梁，于2003年动工兴建，计划2007年8月底竣工。

2007年8月13日下午4点45分，大桥正进入最后的拆除脚手架阶段，突然，大桥的四个桥拱横向次第倒塌。经过123小时的现场清理和搜救工作，到8月18日晚，现场清理工作结束，152名涉险人员中88人生还，其中22人受伤，64人遇难。直接经济损失3974.7万元。

经过详细的事故调查，国务院于2007年12月25日公布事故调查结果：24人移送司法机

*（资料来源：佚名.湖南省凤凰县堤溪沱江大桥"813"特别重大坍塌事故调查报告[EB/OL][2018-03-19].http://www.360doc.com/content/18/0319/21/50901686_738540841.shtml.内容有整理）

关,32人受纪律处分;湘西土家族苗族自治州原州长杜崇烟因该事故等问题被省纪委立案。

湖南凤凰县堤溪沱江大桥"8·13"特别重大坍塌事故调查组通过现场勘查、技术鉴定、调查取证、综合分析,从立项审批、地质勘查、工程设计、工程施工、工程监理、项目管理等六个方面进行了认真细致的调查,认定这是一起由质量引起的生产安全责任事故,损失惨重,教训深刻。

2.事故原因

(1)直接原因:事故调查组对堤溪沱江大桥进行了原设计和坍塌阶段结构平行检算,结果表明,原设计的主拱圈和桥墩其强度和刚度能满足规范要求,原设计的结构布置、结构尺寸、选用材料较为合理,设计的施工工序基本可行,但营运期间拱圈安全储备偏低。

多种综合地质勘查表明,堤溪沱江大桥桥墩、桥台未见位移发生,导致大桥坍塌的直接原因是主拱圈砌筑材料未达到规范和设计要求,上部构造施工工序不合理,主拱圈砌筑质量差,拱圈砌体的整体性和强度降低。随着拱上施工荷载的不断增加,造成1号孔主拱圈最薄弱部位强度达到破坏极限而坍塌,受连拱效应影响,整个大桥迅速坍塌。

(2)间接原因:对堤溪沱江大桥坍塌事故,施工单位、建设单位、监理单位、设计单位乃至有关主管部门都负有一定责任。

施工单位严重违反有关桥梁建设的法规标准,擅自变更原主拱圈施工方案,违规乱用料石,主拱圈施工不符合规范要求,在主拱圈未达到设计强度的情况下就开始落架施工作业。

建设单位对发现的施工质量不合规范、施工材料不合要求等问题未认真督促施工单位整改,未经设计单位同意,擅自与施工单位变更原主拱圈设计施工方案,盲目倒排工期赶进度,越权指挥,甚至要求监理不要上桥检查。

监理单位未能依法履行工程监理职责,对施工单位擅自变更原主拱圈施工方案未予以制止,在主拱圈施工关键阶段投入监理力量不足,对发现的主拱圈施工质量问题督促整改不力,在主拱圈砌筑完成但拱圈强度资料尚未测出的情况下即签字验收合格。

勘查设计单位违规将地质勘查项目分包给个人,设计深度不够,现场服务和设计交底不到位。

有关主管部门和监管部门及地方政府未认真履行职责,疏于监督管理,没有及时发现和解决工程建设中存在的质量和安全隐患等问题,是造成事故的间接原因。

7.3 大工程观视角下对工程伦理的要求

7.3.1 大工程观的提出

直到20世纪80年代以后,有人提出了"大工程"的观念,把工程作为一项具有社会性、综合性和整体性的生产活动来加以思考。

大工程观要求把工程实践看作一个受多种因素制约的复杂的运作体系。工程活动是以一种既包括科学技术要素又包括非技术要素的系统集成为基础的物质性实践活动。它不仅涉及科学技术在决策、设计、构件、生产管理过程中的有效应用,还包含着组织管理、社会协调、经济核算等基本要素，并将产生直接而广泛的社会影响。因此，工程活动必须协调社会、政治、法律、文化、伦理、自然环境、资源等多种因素才能付诸实施。

例如：一座桥梁是铁路或公路的一个组成部分，而一条铁路或公路又是一个交通网络中的一条经脉，这个交通网络又是一个区域经济、文化、管理布局中的物质流和人流的命脉，而一个区域的社会、经济发展又是更大地域社会发展战略的一部分。可见，这座桥与自然、地理、人文环境、社会经济环境密不可分，是经济、社会、文化的组成部分。因此，任何工程活动都会受到外部边界条件的影响和制约。复杂的工程系统对于在工程活动中处于支配地位的人，必然提出很高的要求。为了保证工程活动的质量，自然要求提高建设者的素质，要求其不但要懂得技术、经济、社会人文和管理知识，而且还应学习哲学，研究工程价值观，树立正确的工程理念。工程往往是文化的载体，它不仅承载了一定时代的科学思想、技术手段和工程实施的组织管理与物质表现力，还承载了一定时代的审美趣味、艺术思想甚至意识形态。工程还是凝固的雕塑。例如，都江堰水利工程、北京故宫、科隆教堂、埃及金字塔、帕特农神庙等。

7.3.2　大工程观与工程道德的联系

大工程观是一种现代工程观，其包含着道法自然、和谐共生、环境、安全、风险、责任等因素。人类工程实践活动干预自然的程度日益加深以及对人类社会生活影响的日益广泛和复杂，也要求逐步树立对人类工程实践活动有指导意义的大工程观。

工程道德和大工程观之间并不是孤立的，二者之间存在着密切的联系。一方面大工程观指导工程道德规范，工程是人类利用和改造客观世界的实践活动，这种实践活动直接决定着人们的生存状况，影响着自然生态环境，其中工程观就起着重要的规范、引导和调节作用。另一方面工程道德需要大工程观，工程活动具有集成性，道德要素是工程活动的一项基本要素，道德标准也是评估工程活动各个阶段的一个基本要求，在工程设计和建设过程中往往有人类主观的评价因素。

大工程观与工程道德相互影响、相互促进，一是从工程到道德，用伦理道德来规范、约束工程实践活动，推动工程实践活动更好地符合人类的需要，促进人与自然和谐相处。二是从道德到大工程观，要研究大工程发展对伦理的影响，不但要研究新情况、解决新问题，还要更新道德观念、完善行为规范。

7.3.3　案例分析——大工程观视域下的延安新城建设*

新城新区及城镇一体化建设，已经成为各地提升城市功能、扩大城市规模、提高城市一体化和缩小城乡二元化的重要途径和抓手。延安新城建设是世界最大黄土地削山填沟造城工程，在西部开发战略中具有重要地位，是典型的大工程观视域下的工程建设。

1.旧城存在的问题

---

*（资料来源：徐生雄.大工程观视域下工程伦理原则和规范思考[D].昆明：昆明理工大学硕士论文）

（1）人口增长与城市用地矛盾。延安市城区在40平方千米的土地上容纳近60万人口，人地矛盾突出，急需解决。

（2）空间不足与需求增长矛盾。延安市城区沿延河两岸分布，狭窄且长，不紧凑，不利于需求的市政基础设施建设。

（3）生态恶化与居民安置问题。黄土高原生态脆弱，水土流失、土地沙漠化和山体滑坡时有发生，加之近些年开采油矿、煤矿的人为破坏，城区山下居民受到直接威胁，寻求新的居住地迫在眉睫。

（4）旧址保护与城市规划矛盾。自古以来延安就是塞外名城，城区古旧址和革命旧址不断遭到城市发展的侵占，显然与打造一流红色旅游城市相违背。

（5）经济利益与传承文化矛盾。延安精神是传家宝，是一种自力更生、艰苦奋斗的精神。一方水土养育一方人，粗犷的信天游最能体现延安民众性格。在经济利益的驱动下，延安精神显得"不堪一击"。

（6）城区布局与绿色发展矛盾。城区布局不合理，违规建筑、非法搭建、山坡窑洞等建筑物屡见不鲜，相反提倡绿色理念发展的休闲公园、休闲文化设施建设寥寥无几。

（7）窑洞居住虽冬暖夏凉，但不宜永久居住。窑洞是陕北特殊地貌产物，虽由传统"土窑洞"改进到现代"砖窑洞"，但窑洞寿命有限且不安全，山体窑洞破坏生态，供水供电都困难，违背人性化的舒适居住原则。

（8）新城使用，旧城是否会成为"鬼城"？延安市以石油为产业支柱，中国陆地第一口油井就位于延安市延长县，如今延长石油集团是延安人民第一大经济来源，但延安原油开采时间长，很多油井已经枯萎，居民收入和消费明显下降，鉴于此，担心延安旧城成为"鬼城"是合理的。

2.新城建设的作用及合理性

（1）扩宽城市空间。改善人民居住条件，解决人口密集问题，缓解交通压力。

（2）传承红色旅游发展。保护历史古城和革命旧址，不仅使旅游发展，增加居民收入，而且有利于传承红色文化，起到红色育人良好效果。

（3）弥补旧城布局的先天不足。在过去旧城不规整的布局基础上进一步调整，新城建设布局合理，有居住区、生态区、休闲娱乐设施等，新城旧城连接一体，总面积是旧城的3倍，有足够的利用空间。

（4）改善居民居住生存环境。旧城山上居民、山体半坡居民、传统窑洞居民统一拆迁安置到新城居民区，还居民一个舒适的家。

（5）顺应时代发展潮流。植树造林、绿化山体、建设黄土地绿洲，与历史古城相辉映。

3.大工程观视域下延安新城建设伦理问题

（1）风险问题如表7.2所示。

表7.2　风险问题

类别	产生的问题
工程风险	失陷性黄土问题
	填方地基土承载力问题
	特殊地质结构问题
	隐蔽的偷工减料和违规操作问题
生态风险	破坏植被生态储水功能问题

（2）正义问题如表7.3所示。

表7.3　正义问题

类别	产生的问题
代际公正	代际的延续、资源的延续问题
同代分配公正	不同角色中利益和风险不均衡问题
	原住民拆迁补偿问题
	原住民未来生存保障问题

（3）责任问题。延安新城建设是一项宏伟庞大的项目，其复杂性、整体性和系统性可想而知，必然会涉及成千上万的工程主体人员，包括工程决策主体、工程规划主体、工程建设主体及工程使用主体，工程主体是工程利益相关者。创造经济利益是这些工程主体的合理目标之一，也是工程主体参与工程的着手点，在追求经济利益的同时，偷工减料、降低成本，缩短工期，缩减流程等问题出现。政府、工程主体和民众之间的博弈在延安新城建设工程中表现得淋漓尽致，一方面政府为了绩效工程，一方面工程主体为了经济利益，另一方面民众要安全无风险。三者之间博弈往往是政府施压，民众反抗，工程主体妥协。延安新城建设需要一支责任伦理意识较强的领导队伍和工程主体人员，以及民众共同参与，才可达到预期效果。

 参考案例

扬州古运新苑农民拆迁安置小区基坑坍塌事故

2019年4月10日上午9时30分左右，扬州古运新苑农民拆迁安置小区四期B2地块工程发生一起基坑坍塌事故，造成5人死亡，1人受伤。建设单位是扬州曲江生态园林实业有限公司；施工总承包单位是扬州市第四建筑安装工程有限公司，项目经理是王某；监理单位是扬州市金泰建设监理有限公司，项目总监是习某。事故发生前该工程已被属地主管部门要求停工整治，施工单位擅自违规复工。

经初步分析，造成事故的主要原因是：基坑深度7.2米，临坡角存在集水井，局部加深达3米，加深部位实际边坡垂直开挖，造成边坡土体坍塌，导致事故发生。事故发生后吴政隆省长和樊金龙常务副省长、费高云副省长均批示指示要求彻查严处，举一反三，抓好建筑行业安全生产工作。4月11日,已在门户网站上通报该起事故相关情况,并对涉事施工单位(扬州市第四建筑安装工程有限公司)做出暂停在本省范围内承揽新建工程的市场准入限制。

(资料来源:中华人民共和国住房和城乡建设部官网,内容经过整理)

通过此案例分析:建设单位代表、施工方项目经理和监理代表应该具有什么样的工程伦理素养,分别应该怎样指导项目的开展?

渤海海峡跨海通道

烟台和大连之间直线距离不过百余公里,但实际上两地的陆路行程需要环渤海一圈,总里程约1400km。铁路部门于2006年开通了烟台到大连的中铁渤海铁路轮渡,用于货运列车的海上运输,汽车目前也可以通过轮渡过海。但通过轮渡的方式耗时较长,需要6~7h。在近日举办的2019年国际桥梁与隧道技术大会上,中国科学院院士孙钧表示,渤海湾跨海通道的内部研究已到关键节点,课题组已完成通道方案的战略性规划研究报告,并已上报国家发改委审批,初步估算项目资金3000亿元。

渤海海峡路海通道建设已提出跨海桥梁、海底隧道、桥隧结合等多种方案,并根据渤海海峡的地理地质、海洋环境等提出了不同的线路设计,其中被普遍看好的是修建海底隧道。

渤海海峡跨海隧道南起山东半岛北片北岸蓬莱角,北至辽东半岛南端老铁山角,两端相距106km,平均水深25m,最深处位于北部老铁山水道,深86m。隧道先从大连旅顺附近定一个入地点,蓬莱有一个登陆点,然后到达烟台,整条隧道全长123~126km,设计寿命120年。计划采取以全断面隧道掘进机(TBM)为主,钻爆法和浅埋暗挖法交替配合的方式。工程总造价2000亿~2600亿元,项目建设周期10年。设计火车运行时速20~250km/h,全程运行40min。年运营收入估算约200亿元。

项目的最新消息依然引发社会各界的热烈讨论,支持者和反对者主要观点见表7.4。

表7.4 渤海海峡跨海通道支持者与反对者观点

支持者观点	反对者观点
贯通南北、促进经济发展	客流量产生经济效果不乐观
工程投资大、拉动经济增长	地震危害不容忽视
缩短运距、节能环保	只带动辽宁和山东两省,直接受益面小
加强国防、拱卫京畿	现代战争中将成为主要打击目标
工程技术日渐成熟	海底地质灾害隐患
	海洋生物生态影响难以预估
	对深海工程建设能力不足
	政绩工程

(资料来源:李正风,丛杭青,王前.工程伦理[M],北京,清华大学出版社,2016)

通过此案例分析：围绕渤海海峡跨海通道建与不建，以及如何建设的问题，从土木工程伦理和土木工程师职业伦理的角度可以讨论的议题包括：公众安全、健康和福祉；经济、社会、资源、生态和环境的可持续发展；能力范围和制度政策；如何做到诚实、守信、公正、客观、平等以及对公众、业主、委托单位、合作单位负责。

南京某电视台演播中心坍塌事故

2000年10月25日上午10时10分，某三建（集团）有限公司（以下简称"某三建"）承建的南京某电视台演播中心裙楼工地发生一起重大职工因工伤亡事故。大演播厅舞台在浇筑顶部混凝土施工中，因模板支撑系统失稳，大演播厅舞台屋盖坍塌，造成正在现场施工的民工和电视台工作人员6人死亡，35人受伤（其中重伤11人）。电视台演播中心工程地下二层、地面十八层，建筑面积34000平方米，采用现浇框架剪力墙结构体系。工程开工日期为2000年4月1日，计划竣工日期为2001年7月31日。工地总人数约250人，民工主要来自南通、安徽等地。演播中心工程大演播厅总高38米（其中地下8.70米，地上29.30米）。

事故的直接原因：

（1）支架搭设不合理，特别是水平系杆严重不够，三维尺寸过大以及底部未设扫地杆，从而主次梁交叉区域单杆受荷过大，引起立杆局部失稳。

（2）梁底模的木楔放置方向不妥，导致大梁的主要荷载传至梁底中央排立杆，且该排立杆的水平系杆不够，承载力不足，因而加剧了局部失稳。

（3）屋盖下模板支架与周围结构固定与连系不足，加大了顶部晃动。

事故的间接原因：

（1）施工组织管理混乱，安全管理失去有效控制，模板支架搭设无图纸，无专项施工技术交底，施工中无自检、互检等手续，搭设完成后没有组织验收。搭设开始时无施工方案，有施工方案后未按要求进行搭设，支架搭设严重脱离原设计方案要求，致使支架承载力和稳定性不足，空间强度和刚度不足等是造成这起事故的主要原因。

（2）施工现场技术管理混乱，对大型或复杂重要的混凝土结构工程的模板施工未按程序进行，支架搭设开始后送交工地的施工方案中有关模板支架设计方案过于简单，缺乏必要的细部构造大样图和相关的详细说明，且无计算书；支架施工方案传递无记录，导致现场支架搭设时无规范可循，是造成这起事故的技术上的重要原因。

（3）工苑监理公司驻工地总监理工程师无监理资质，工程监理组没有对支架搭设过程严格把关，在没有对模板支撑系统的施工方审查认可的情况下即同意施工，没有监督对模板支撑系统的验收，就签发了浇捣令，工作严重失职，导致工人在存在重大事故隐患的模板支撑系统上进行混凝土浇筑施工，是造成这起事故的重要原因。

（4）在上部浇筑屋盖混凝土的情况下，民工在模板支撑下部进行支架加固是造成事故伤亡人员扩大的原因之一。

（5）"某三建"及上海分公司领导安全生产意识淡薄，个别领导不深入基层，对各项规章制度执行情况监督管理不力,对重点部位的施工技术管理不严,有法有规不依。施工现场用工管理混乱,部分特种作业人员无证上岗作业,对民工未认真进行三级安全教育。

(6)施工现场支架钢管和扣件在采购、租赁过程中质量管理把关不严,部分钢管和扣件不符合质量标准。

(7)建筑管理部对该建筑工程执法监督和检查指导不力,建设管理部门对监理公司的监督管理不到位。

(资料来源:佚名.案例-南京电视台演播中心坍塌事故[EB/OL][2017-10-28].https://wenku.baidu.com/view/b4ad77784a35eefdc8d376eeaeaad1f34693118b.html.内容有整理)

通过此案例分析:在土木工程全寿命周期中,各专业人士应该怎样协同工作?工程伦理素养应该怎样加强?

 思考与讨论

1. 列举你所见到、听到的工程案例,分析其中涉及的工程伦理问题。

2. 结合本章的参考案例和知识点,思考若作为工程师,应该如何妥善处理自己的工作?

3. 如果你刚接手一个办公楼项目的监理工程师工作,一去工地就发现承包商无视工人的健康和安全,工人们一直在危险的条件下工作。而承包商的回应是,此前的监理工程师从未提此类问题,而且现在工程进度已落后于计划,加快工程才是当务之急,你该怎么办?

第8章 信息技术的伦理问题

学习目标

通过本章的学习,了解信息技术的伦理问题的来源,理解信息技术的伦理问题的本质,探讨解决信息技术伦理问题的原则和手段,树立正确的信息技术伦理观和互联网价值观。

引导案例

Facebook 泄露用户隐私事件

2018 年 3 月 20 日 Facebook(脸书)的股价从两天前盘中最高每股 185.03 美元跌至收盘时的每股 166.80 美元,Facebook 被政府相关部门问责,社交网站上正在发起"删除 Facebook"的话题。可以说,这家全球最大的社交网站正在经历自诞生以来最严重的信任危机,而导火索就是之前周末被媒体报道的 Facebook 泄露用户隐私事件。严格来说,应该是 Facebook 在已知用户隐私被泄露和利用的情况下并没有采取有效行动。Facebook 成立于 2004 年,是一个面向国际并得到各国人们喜爱的社交网络。其创始人扎克伯格也在 2017 年跃升为全球最年轻的亿万富翁。

根据《纽约时报》和英国《观察者报》在周末发布的报道,一个叫作 Cambridge Analytica(以下简称 CA)的公司在美国大选期间利用 Facebook 的开放平台协议获取了超过 5000 万用户的资料(其中大部分是美国选民)。CA 是一家数据分析公司,背后的支持者包括特朗普的支持者 Robert Mercer 以及前白宫首席策略师史蒂夫·班农。

向《观察者报》爆料的前 CA 员工 Christopher Wylie 向媒体表示,这家公司利用获取到的 Facebook 的数据影响大选,Wylie 向媒体展示的证据日期是从 2014 年 6 月到 8 月,包括收据、发票、邮件和法律文件,证明 CA 收集超过 5000 万 Facebook 用户的数据。其中有一份来自 Facebook 公司内部律师的信件,时间是 2016 年 8 月,指出 CA 非法获取信息、未经授权分享或者出售信息,要求 CA 立即删除已获取的数据。也就是说 Facebook 在数据泄露两年后曾通过律师发信,但之后并没有采取更积极的措施。

而这些数据都被用来做什么了呢？听听 Christopher Wylie 对《观察者报》记者说的，你可能会有些毛骨悚然。

"在对用户的了解程度上，CA 知道用户容易被什么样的信息影响，以及将如何消费这些信息。CA 也知道要和这个目标用户接触多少次能够改变他的想法。我们有一个内容生成团队，然后把内容交给另一个团队来"注入"互联网。内容生成团队会做网站、写内容，目标用户会接受什么内容，我们就会写什么内容，然后慢慢改变用户的想法。相比过去站在广场中央宣传自己，我们做的事情是在人的耳边说悄悄话，可能和这个人说的与和另一个人说的是不一样的。"简而言之，就是在未经用户同意的情况下，CA 公司分析利用在 Facebook 上获得的 5000 万用户的个人资料数据创建档案，并在 2016 年总统大选期间针对这些人进行定向宣传，从而间接影响大选结果。

Christopher Wylie 这次扮演了类似斯诺登在棱镜门事件中的角色。而此次事件在欧美引起轩然大波，也让 Facebook 的未来充满了不确定性。这次事件也从侧面体现了公众对个人隐私的极度重视，用户与技术公司之间的关系、数据与责任，应该是当前所有互联网公司着重关注的问题。

Facebook 泄露用户隐私事件反映了当今网络安全等问题，事关国家安全和社会发展以及广大人民群众的工作和生活。因而在互联网快速发展的今天，我们必须认真地对待网络世界所出现的新现象以及所产生的新问题。

自 20 世纪 60 年代以来，伴随着第三次技术革命的到来，信息工程技术得到了长足的发展，并从各个方面深入影响了人们的生活，从而使人们的生产、生活等各个方面都发生了前所未有的剧变。特别是进入 20 世纪 90 年代后，伴随着互联网技术的普及，人们开始进入一个新的网络社会时代。网络已经走进了我们的生活，并且深深地改变着我们的生活。我们的生活样式、生存方式发生了难以置信的变化。面对着如此迅猛的、令人有些眼花缭乱的变化，有的人持赞赏之态度，有的人却持批评之观点；有的人欢欣鼓舞，有的人则是忧心忡忡。那么，如何看待网络给我们的社会生活带来的这一切呢？下面我们对此作进一步的分析。

（资料来源：1.尤一炜.泄露用户隐私 Facebook 或被罚 50 亿美元[N].南方都市报，2019-07-15；2 李贤焕.Facebook 数据泄露事件发酵，数字时代你的隐私如何守护？[EB/OL][2018-03-23].https://new.qq.com/omn/20180323/20180323A0OSHZ.html.内容有整理）

通过此案例大家思考下，在网络购物过程中有没有泄露用户隐私的风险？

8.1 信息技术开启了人类生存新样式

8.1.1 信息技术的发展

按宇宙大爆炸理论，地球的年龄约为 46 亿年，现代智人大约在 20 万年前才出现。打个形象的比方，若将地球年龄浓缩成一年，人类只在最后半小时才出现；如今作为准确记载和传递信息的主要载体——文字，则只在半分钟前才被先人发明出来。

就在这短短的半分钟内,人类社会的生产方式经历了狩猎、农业、工业到信息化的重要变迁。特别是近200年来,我们可以观察到几次以约50年为周期的长波变化:第一波以纺织工业为主导,实现蒸汽化;第二波以铁路、冶金为主导,实现铁路化;第三波以电力、化工、汽车为主导,实现电气化;第四波以石油和电子等技术为主导,实现电子化;当下正处于以网络和数字化技术为主导的第五波,实现信息化。随着物联网、云计算和大数据的风起云涌,信息化正在飞速改变人们的生产、生活乃至思维方式。

推动信息化的电、磁、光等重要科学基础发端于19世纪末至20世纪初的欧洲。从20世纪20年代开始,美国的一批科学家、工程师致力于将科学原理转为技术发明,并开始人类工程实验。信息技术由此萌生,信息时代逐渐到来。

在信息技术发展上,中国起步晚于美、欧、日等先进国家。1978年改革开放以来,生产力得到解放,国家经济实力和教育、科技水平显著提升,中国在信息化发展道路上快速跟进,积极赶超。当前,信息化与工业化正在进一步深度融合,集中体现在高端制造和大型信息化工程实施上,如"三网融合"及信息基础设施普及,高铁及轨道交通装备制造及安全运行,C919大型飞机的数字化协同生产;同时,平安城市、金税工程等政府管理及智慧交通、智慧医疗、智慧旅游等民生服务快速提升;电子商务、网络经济更是风起云涌,BAT(百度、阿里巴巴、腾讯)三巨头风光无限。全球各国正在以不同速度、不同程度进入或"被"进入信息时代。21世纪上半叶,信息科技仍将快速发展,大有作为。新的信息功能材料、器件和工艺将不断出现;以Linux、Android为代表的开放计算平台日益成为主流,智能化终端普及率快速提高;移动互联网和社交网络成为信息产业的增长关键,云计算、物联网等技术的兴起促使信息技术渗透方式、处理方法和应用模式发生变革;大数据研究成为全球关注的热点。

8.1.2　信息技术的特点

与机械技术、电气技术相比,信息技术具有如下特点:

(1)连接能力。在无线、有线、局域、广域的通信网络技术和手机、智能终端、计算机、嵌入式设备支持下,人、机、物形成全时空、可追溯、可预测的互联互通的网络。

(2)交互能力。符号、命令、文字、语音、图像乃至手势、表情,都可以被计算设备感知识别,人机之间可以更加自然地"对话"。

(3)渗透特性。家电可以上网,汽车可以联网,农作物生长态势及销售情况可以经由农业物联网送达农技人员、采购人员和百姓、政府……各种嵌入式设备被戴在手上、穿进鞋里、藏在筷子里。信息技术渗透到人类生活的各个方面,并带来新的生活方式,跨界、颠覆,成为信息科技的重要特性。

(4)融合能力。信息科技以数字化的0和1为基本形式记录、存储、传输、转换各类信息,不同信息可以方便地传输到同一个设备上,进而进行匹配、关联、融合等深度处理,产生新的使用价值。2013年,麦肯锡公司使用"颠覆性"(disruptive)一词,描述诸如移动互联网、物联网、云计算、大数据、知识工作自动化、3D打印、智能机器人、自动驾驶等信息或相关技术。可以说，颠覆性，是信息技术的独特性质。

8.1.3 信息技术与社会变革

随着移动互联网技术的成熟和基础设施的普及，信息技术正以"互联网+"模式更广泛、更深入、更迅速地进入各行各业，进入社会生活的方方面面，接近家庭中的老老少少，变革甚至颠覆了原有产业模式、产业格局、生活习惯乃至思维模式。

个人生活中，从买书、买唱片开始，到买衣服、日用品、家电、汽车……越来越多的人习惯通过电商平台挑选、下单，然后等待送货上门，逛商场的人减少；想约亲朋好友一起聚餐，在餐饮服务类平台上比较、选择、在线订座；要出差或旅行，网上买好火车、飞机票，出门前用打车软件约到出租车，或者查看好公交运行实况后悠然出门乘车；读书、看电影前后，可以上网络分享平台查看、询问、交流等。

工业生产领域，信息技术将单变量数字控制回路发展到整个生产加工过程的自动控制，再到将客户订单管理、制造资源管理、计算机辅助产品设计/工艺设计/加工制造等集成为一体的企业综合信息化系统，信息技术让企业获得更好的柔性、智慧，得到更高效率、品质。以电子化、数字化为基础的信息技术将激光照排技术引入印刷行业，"告别铅与火"；将激光测距、视频摄像、导航卫星接收仪器预装进汽车，帮助驾驶员预警碰撞险情，扩展"盲区"视觉，知道身在何处；银行、航空公司等服务企业可以在自己的中央数据库里记录客户的每一笔交易……

新闻和大众传媒更是发生了巨大变化。由于智能手机具有一体化拍照、输入、联网功能，大大促进了社交网络的广泛应用。从相对封闭的网络社区，到个体发布博客，继而到随时随地可发布图文短讯的微博，再到微信公众号、朋友圈。越来越多的"首发"新闻线索来自普通人，越来越多的新闻消息不是由记者到一线采访写出，而是对众多网民自觉发布在网上的零散消息进行搜寻、挑选、确认后聚合生成，越来越多的传统纸媒关张、倒闭。与此对照，腾讯牢牢掌控2011年才推出的微信平台，实现媒体服务和商务功能，腾讯发布的调查报告表明，2015年第一季度，分布在200多个国家和地区的5.49亿用户每日活跃在微信平台上，60%以上的微信用户每天至少10次浏览微信公众号、朋友圈来获取信息，微信已成为绝大多数用户首要信息来源渠道。

在公众生活领域内，由网民撰写、经一定志愿者审阅通过后发布，并可以不断修改的维基百科，颠覆了大英百科全书依赖专家和编审委员会的封闭模式，成为网民们信赖、依赖和共同维护的在线百科全书。慕课平台向在线学习者提供个人学习控制、交流答疑社区等更贴近个性需求的功能，上线后即快速发展。

总之，信息技术为人们的生活、生产提供了新的技术手段、经营业态、思想观念、社会网络，支撑着我国市场经济改革和向现代化的转型，信息技术是社会进步的加速器。而以在线学习、电子商务、电子政务为例，信息技术创造了许多社会生活新方式。信息系统内在的安全隐患，随着物联网、社交网络而扩散到社会系统，对社会生活的稳定有序提出巨大挑战。主动研究、正确认识信息技术对社会变革、价值准则、伦理规范的影响，及时而必要。

8.2　信息时代观念的变革与重塑

8.2.1　信息技术所带来观念的变革

信息技术的应用使得人们的交往超越了时空限制,获得了前所未有的广阔空间和自由天地。在网络世界中每个人都是网络当中的一个节点,每一个人在网络交互中既是中心,又是非中心;每一个人既是自为的目的,又是为他的手段;同时,网络开启了一个全新交往范围,即由传统的熟人交往过渡到"非熟人"的交往,特别是网络交往方式可以是匿名的交往,因而有人调侃这种交往方式道:"在网上,没有人知道你是一条狗。"正是由于有了这样的技术,有了如此交往方式的剧变,人们的思想观念也发生了全新的、深刻的变化。

第一,自主观。网络社会给了人们前所未有的"自由空间":它是一个淡化了社会背景的空间,它是一个开放的空间,它是一个看似没有强制力的空间。在这个空间里,没有了熟人间"面对面"般的交往的拘束与限制;在这个空间里,没有了领导与上级的监督与控制;在这个空间里,没有了国家与地域的界限人们可以自由选择信息,上传、下载、发布信息;人们可以通过论坛、博客、微博等方式在网上将真实的想法加以表达与展现;人们可以在网上实现自己在现实生活中难以实现的梦想、找到志同道合的朋友……总之,在网络的世界,自我就是主人,就是决定者,这个空间在一定程度上就是"我的地盘听我的"。

第二,多元观。网络文化之所以多元,原因有两个:第一,现实世界中人们存在样式的多元。我们这个世界上存在着不同的种族、不同的宗教信仰、不同的价值观念、不同的生活方式。我们的世界绝不是只有一个种族,一个国家、一种文化、一种信仰。第二,意见的多元。即便是在一个国家、一个民族与一种文化之中,不同的个体对于同一事物与现象可能也会有不同的意见。我们这个世界并不是简单的"一"与"同",而是繁杂的"多"与"和"。人们的意见有"同"的一面,但人们的意见更有"异"的一面。不同的人基于不同的立场、角度,对同一事物会产生不同的看法,这是很正常也很自然的现象。特别是在互联网上,由于外在约束的减少,人的本原的、真实的想法会更加自然地流露与表达,因而,网络世界必然带来的是意见的多元化。

第三,全球观。伴随着人类技术的进步,特别是网络技术的发展,人们越来越深刻地感受到人与人之间是"共在—依存"的关系。人类是一个整体,大家共同地生活在同一个地球上,生活在同一片蓝天下,整个地球就是一个村落,我们都是"地球村"的村民,我们要共同爱护好我们生存的家园。那种"鸡犬之声相闻,老死不相往来"的时代早已过去;那种以邻为壑,过小国寡民的生活更成为明日黄花。通过网络技术,人们更加深刻地体会了世界的一体化,人们开始打破了民族与国家的界限,以全球的视野来看待我们共同生活的地球,来看待我们共同面对的许多问题:金融危机、能源危机、环境保护,等等。

8.2.2　信息技术所要求的道德观

观念的变革,是一个实然的事实,是不以人的主观意志为转移的,但是这种观念的变革,并非必然绝对就是善的,就是好的。人,作为理性的存在,作为追求真善美的存在,必然会以应然的态度去面对这一实然的变化。人要对这一实然的过程进行价值评判,这一评判的过程也就是抑恶扬善的过程。面对着信息技术所带来的观念的变化,人们从中提取出新的道德观来规范与约束人们的行为,从而使得技术以及由技术而带来的社会的变革向着更好的方向发展。具体来讲,这些道德观包括以下几点:

第一,宽容。面对着互联网上的不同的观点与异样的声音,人们应培养宽容大度的胸怀、包容和谐之心态。不过,我们所讲的宽容,并不是对于思想观念的多元现状采取听之任之、放任自流的态度;我们所说的宽容是取一种大度包容的态度,先承认其存在,再对其加以分析与辨别,进而弃恶扬善。因而,我们所讲的宽容首先是对他人的尊重。在信息化的时代,我们应该对新、奇、异的事物与现象持开放的态度,其实这种态度便是中国古人所说的"和而不同"。对于"和而不同",冯友兰先生在《西南联大纪念碑》文中曾这样写道:"同无妨异,异不害同;五色杂陈,相得益彰;八音合奏,终和且平;道不同而不相悖,万物并育而不相害;小德川流,大德敦化,此天下所以为大也。"对于不同、对于异,我们应该以"和"的态度去加以包容,而不是以"同"的态度强行求一致。在信息社会之中,宽容并不等于对所有的一切都可以容忍。宽容是有底线的,是有原则的。宽容的首要原则是尊重,这种尊重既是自尊又是互尊。宽容不仅将自己看作是人,同时也将对方当作是人。只有这样,交往双方才能进行对话和相互理解。其次,在一定的条件下,宽容应该且必须对某些行为加以限制,当某些行为、某些观念明显地具有邪恶的目的且将产生巨大的负面影响时,就不能再对其加以宽容。

第二,自制。互联网这一虚拟的生存世界是有着如下特点的:信息泛滥、鱼龙混杂、外在监督与约束减少。在这种条件下,在传统时空场景下被伦理道德法律规范约束的自我可能就会放松要求,将受压抑的本我彻底地宣泄与展现,因此,网络世界中可能有许多低俗、庸俗与媚俗的东西。因而,我们要想利用好互联网,就必须培养人的自制能力与养成自制的习惯。自制要求个体对自我的行为进行约束、控制,做到不胡思乱想、不妄为。自制就是人要做自己的主人,不做情绪与欲望的奴隶。自制是个体对自身的责任与义务的认识与承担。自制不仅体现了人的自觉,更体现了人的自由。有人认为自制与自由是对立的,他们认为自由就是无拘无束、为所欲为。其实,这种看法是错误的。对此黑格尔曾讲:"当我们听说,自由就是指可以为所欲为,我们只能认为这种看法完全缺乏思想教养,它对于什么是绝对自由的意志、法、伦理等毫无所知,自由并不是随心所欲的任性。自由需要约束,需要限制。马克思曾写道:"自由是可以做和可以从事任何不损害他人的事情的权利。每个人能够不损害他人而进行活动的界限是由法律规定的,正像两块田地之间的界限是由界桩确定的一样。"马克思的论述实质表明了自由的社会本质,说明自由绝不是纯个人的权利,更不是自私的行为。想要获得自由,自由必须受到限制,个人对自己的行为必须要加以克制与约束。因而,自制是人的一种优良的美德,更是人成为自身主人的标志,也是人获得真实自由的必备品格。孔子有言曰:"吾十有五而志于学,三十而立,四十而不惑,五十而知天命,六十而耳顺,七十而从心所欲,不逾矩。"其实,孔子所讲的"七十而从心所欲,不逾矩"这句话就是对"自制就是自由"这一论断的鲜活证明。

第三,责任。当我们享受了网络技术所带来的便利时,当我们拥有网络自由时,我们必然要确立网络责任意识:"我如此行动,我必知如此行动的后果并对这一后果负责。"自由不是可以逃避责任与拒绝义务。责任与义务是相近的概念。不过义务则是更多地从客观要求上所言的,作为确定的人、现实的人,你就有规定、就有使命、就有任务,至于你是否意识到这一点,那都是无所谓的。这个任务是由于你的需要及与现存世界的联系而产生的。而责任更多指的是个体对于义务的主动认知、践行与承担。因而,责任意识是指公民应根据自己所处的地位、角色而积极、主动地承担相应的义务,尽自己应尽之职责。其实,自由、权利与责任是密不可分的:有权利就有责任,有责任也就有权利。同时,我们更应该指出的是:承担责任,是人成为人的条件,也是人成为人的标志;不承担责任,事实上便是放弃了做人的资格,人也不再称其为人了。

8.3　信息技术带来的伦理问题

信息技术给我们打开了一个全新的天地。在这个新天地中,既有便捷,也有不便;既有快乐,又有烦恼;既有清醒,更有困惑……总之,信息技术使得众多新的社会问题或者旧的社会问题以新的面貌与方式出现。下面,我们对此作进一步的分析。

8.3.1　网络隐私权

隐私权指自然人享有的私人生活安宁与私人信息依法受保护,不被非法侵扰、知悉、搜集、利用和公开的一种人格权,已在大多数国家得到立法保护。随着社会发展,特别是技术应用日益丰富,其客体范围不断扩展。目前,一般认为隐私权包括私密信息、私生活安宁、私人空间、私生活的自主。就其内容而言,主要指隐私享有权、隐私维护权、隐私利用权、隐私公开权。

信息时代,针对人们在网络活动中留下的丰富的身份、登录日志、交易或交互等个人信息,法律学者普遍认为应设立一种新型的权利,即个人信息权,来加以保护,以维护网络和大数据应用的可持续发展。所谓个人信息,是指与特定个人相关联的、反映个体特征的具有可识别性的符号系统,包括个人身份、工作、家庭、财产、健康等各方面的信息;而个人信息权是指信息主体对自己的个人信息所享有的进行支配并排除他人非法利用的权利,是一种积极的人格权。个人信息权的内容是信息控制权、信息利用权、信息知情权、信息收益权、错误信息的删除及更正权、信息安全维护请求权。也有学者提出将自然人在网络空间中的隐私权定义为网络隐私权。

大数据时代,不仅人们在网络上主动注册、登录、操作的数据能被系统记住,而且利用各种技术手段,有人可以不被察觉地获得他人的网络身份和活动信息,进而预测其行为、推断出身心特性,推荐服务或进行跟踪。欧盟曾对3000位网络用户进行问卷调查,其中88%的人认为至少有一家公司对他的隐私造成危险。但这种关切并未导致行为改变。大多数消费者对他们的数据究竟被拿去干了什么没有丝毫概念,仅有30%的人较全面地了解了究竟哪些部门在搜集和利用他们的信息。

还有,当进行交易和注册登记时,个人要提供诸如信用卡信息、身份证号码、电话号码、地址等相对私有不易公开获取的信息。获取数据的企业或公共机构若在存储中发生过失、使用中产生不当、发布中存在差错,都可能使这些信息外泄,从而侵犯隐私。如果外泄的个人私密数据被人假冒并用来实施诈骗,被侵犯的就不仅仅是隐私,还有财产甚至生命。另外,在大数据分析、关联、挖掘等技术支持下,大量个人私密信息被用于与其他数据联合分析,于是,在参与者不知情更无法同意的情况下,获取信息的本意被悄悄地"移花接木",出现功能潜变。

由于网络和信息技术的特点,保护数据隐私面临以下技术和非技术的挑战:

(1)可信性与可靠性:在大规模、分布、开放的信息基础设施内,存在为数众多的数据收集、处理和发布的实体,很难确保各自具有可靠的、可信的数据管控能力。

(2)快速扩散性与放大器效应:数据除了存储在专有数据库系统外,还存在被出售、被快速扩散、快速覆盖的可能性。因此,"隐私痕迹"很难消除。

(3)挖掘技术与关联发现:可以把零散的碎片化的数据重新关联、拼接起来,从而复原一个人的整体轮廓。

(4)身份盗窃与冒用:恶意使用偷盗来的数字身份,例如进行信用卡欺诈,甚至冒用被盗人身份用于犯罪。

(5)恶意攻击:现行数据管理系统无力防备黑客的犯罪行为或信息战侵略。

上述挑战,有些可以通过提高技术、规制行为来得到更好的应对,有些则很难做到完美的防范。

8.3.2 网络成瘾与人的"自我认同"危机

现代人喜欢网络,甚至在一定程度上离不开网络。通过网络,我们可以学习知识、获取信息、交流思想。不过,据不完全统计,在上网的人当中真正用于学习的时间所占的比重并不太大,绝大多数人将绝大多数时间花费在游戏与闲聊之上了。的确,网络是具有"诱惑性"的:网络世界里充斥着新鲜的事物,充满着好玩的游戏,在网络世界中人们很容易找到志同道合的好友(乃至于臭味相投的伙伴),再加上虚拟世界所提供的"任我行"的感觉体验,使相当一批人迷恋上网络乃至沉迷于网络。

网络成瘾会给人的生理、心理、意志、品质带来极大的伤害。长时间"泡"在网上,会给身体带来极大的损伤以至于出现意外。网络成瘾不仅耗费时间、精力与财力,更易使人玩物丧志乃至误入歧途。网络色情是互联网上的一个毒瘤。黄、赌、毒的行为在互联网产生之前也是存在的,不过,借助于互联网这一人类发明的新工具,色情信息的传播有了新的、更加便捷的方式。网络色情的泛滥会带来严重的社会后果。人如果长期接触此类内容,就会意志消沉、萎靡不振,甚至会走上违法犯罪的道路。

网络成瘾不仅会产生上述的问题,还可能带来人的认同的危机。虚拟毕竟是虚拟的,不同于那种真实环境条件下人的亲身实践,因而人很难感同身受。如果一个人长期处于虚拟世界之中,从而可能会与真实产生距离感与隔膜感。另外,如果一个人长期处于虚拟世界之中,他很可能就会将现实生活与虚拟生活的界限加以混同,导致现实生活中冷漠与麻木。在虚拟的世界中,人们完全可以隐瞒自己真实的社会身份,随意虚拟一个社会角色。这就是"网我",即网上的自我。网上的自我同样有着自我的"真实的"感受与体验,但所有这些都是在虚拟世界之中的感受与体验,与现实生活中的真实的感受与体验是不同的(我们不能说是截然不同,但最起码是有区别的)。一个人不能总在虚拟世界中过虚拟的生活,他必然还要回到现实生活之中。在现实生活当中,他要面对活生生的人,过"真我"的生活。当一个人长期在网上与网下扮演双重角色,则有可能造成人格的混乱:到底哪个"我"是真的"我"? 这便是人的自我认同的危机。自我认同的危机会混淆人的自主性认识、降低人的责任感、消磨人的意志。总之,自我认同危机不利于人的自由与全面发展。

8.3.3　网络安全与网络黑客

在数字化生存的时代,有一个关键的问题摆在我们面前,那就是信息安全。今天在网络世界上我们并不觉得安全:我们担心银行账号被盗,担心 QQ 号被盗,担心隐私无密可保……今天,病毒、黑客成为网络可怕的敌人。为了防止病毒与黑客,我们的计算机上安装了杀毒软件与防火墙,但是即便如此,我们仍然觉得病毒与黑客防不胜防。几乎每天我们都在升级我们的杀毒软件,但这并不能避免我们的计算机中毒、被黑客所侵扰,因而有时我们反而有这样的感觉:杀毒软件似乎总比病毒慢半拍。

病毒与黑客是紧密相连的。黑客原指热衷计算机程序的设计者,他们致力于软件的开发、完善,以及实现信息、资源的共享。但是现在的黑客指的是掌握了计算机网络尖端技术却专门攻击或破坏计算机网络系统的人。他们出于不同的目的——或者为了利益,或者为了兴趣,或者为了炫耀,利用自己高超的技术进入别人的计算机,随意篡改文件,破坏他人数据,进行网络诈骗等行为。黑客及黑客行为的出现威胁网络安全,从而成为现代社会人们所普遍关注的一个社会现象。在黑客行为中有一种现象值得我们格外关注。那就是有些人认为黑客是网络时代的"游侠",从而对其人及其行为加以推崇并予以效仿。在此,我们必须要说这种认识是错误的,对此我们必须加以批驳。因为从实质上而言侠是以个人的好恶、意气来行事的,侠的行为是对社会普遍秩序的背离,侠的行为是干扰社会的和谐与稳定的。因而,我们绝不能以其为榜样,我们应该且必然要对黑客及其行为说"不"。

8.3.4　知识产权争议

知识产权是人类智慧的独特产物,因为它具有商业价值。社会重视财产权,所以仅仅称智慧的产物为"知识产权"似乎表现出对所有权的偏见。有些人认为知识产权作品的创造者对于他们创造的东西有着自然的所有权。然而,当我们试图将约翰·洛克关于财产权的理论扩展到知识产权时,我们会发现很多问题。正如我们在威廉·莎士比亚的假设情景中所见,知识产权的两个特点使其与一般的财产权明显不同。第一,每个创作都是独一无二的。那么当两个人独立创作出了一样的作品时问题就出现了。第二,创意是被复制的,并不是被偷走的。当我采用了你的创意,你也仍然拥有它。这些问题表明洛克对于财产权的自然权利观点并不能扩展到知识产权领域。我们得出的结论是自然权利与知识产权之间并没有强有力的联系。

但是,社会认可知识产权创作的价值。为了刺激艺术和科学领域的创造性,政府决定授予创造者知识产权中有限的所有权。在美国,个人和组织保护他们的知识产权的方式一共有四种:商业秘密、商标、专利权和版权。

数字技术和互联网的引入将知识产权的话题提到了最前沿。任何有适当设备的人以数字形式展现音频和视频内容,都可以很好地复制出一份作品。互联网技术使得这些副本广泛传播。唱片公司制定了更加严格的复制限制条件,以作为对此现象的回应,尽管有时这些限制条件使得消费者不能再去制作副本,而这些副本之前被认为是正常使用的。很多数字版权管理策略都被废止或规避了。唱片公司开始放松他们对于数字版权管理的立场,现在消费者可以从亚马逊和苹果商城上购买无数字版权管理保护的音乐,这就是一个很好的证明。

对等网络使人们可以在全世界范围内交换文件,这其中的很多文件都是版权歌曲、版权电视节目或者版权电影。Napster公司使音乐文件交换更加便利,然而之后被美国唱片工业协会控告,因为它不能百分之百地阻止版权材料的试图传输。但是,其他一些免费的文件分享服务商,比如Grokster(格罗斯特)和StreamCast(流传播)迅速取代了Napster的位置。而后由电影工作室、唱片公司、音乐出版商和作曲家组成的团体联合控告了Grokster和StreamCast。美国最高法院判决Grokster和StreamCast应该对其用户的版权侵权行为负责,因为正是它们促使了这样的行为发生。Grokster关闭了它的对等网络并且支付了5000万美元的赔偿金给版权持有者。尽管这些娱乐产业在法律层面上屡获胜利,像PirateBay(海盗湾)这样的流行网站仍然继续通过对等网络使得版权材料的交换日益便捷。与此同时,美国唱片工业协会对那些据称通过互联网放出了大量的版权音乐的人提出控告或庭外和解。这些法律行为减少了一部分非法下载音乐的网络用户,或者至少是愿意承认自己非法下载的网络用户。

直到20世纪60年代中期,除了商业机密之外,没有对于计算机软件的知识产权保护。如今,版权和专利权也已经被用来保护软件。苹果电脑公司与富兰克林电脑公司的案例表明目标代码和源代码是受版权保护的。软件专利权领域是颇有争议的。有很多软件专利是为了一些过于明显的发明颁发的。大型公司现在都在囤积软件专利权,因此一旦他们被控告抄袭了其他公司的专利,他们就可以用自己的专利侵权的反诉来报复对手。

开源运动是一种更加传统的专有软件开发模式。大多数维持互联网运营的软件都是开源软件。Linux操作系统就是一个非常受欢迎的服务器操作系统。另外,很多低成本的计算机也在使用Linux的操作系统。

是否应该给予软件知识产权保护? 第一个论点以"就是应该的"(just deserts)的概念为基础,它企图以自然权利赋予知识产权,而我们发现这一论点并不可靠。第二个论点是以一系列因果关系为基础的复制带来收入的损失，然后导致软件生产的减少，最终将会危害整个社会。总体来讲，第二个论点也并不有力。简单来说，我们的结论是赋予软件知识产权保护的论断是不可靠的。

GNU（通用公共许可证）计划和 Linux 的故事展现了成千上万的志愿者可以共同努力去开发出高质量的、优质的软件。那么为什么 GNU 和 Linux 的成功不能被复制到艺术领域呢？试想有这样一种文化，它鼓励在现有的作品基础上进行新的创作，歌曲可以快速地发展，不同版本的电影可以交换和比较，超文本小说的链接被发往各种粉丝网站。如今的知识产权法使得在娱乐领域实现这一构想变得比较困难。如果不提前获得原作者的允许，在版权作品基础上能做的实在太少，劳动密集型的过程必将阻碍创新的发展。知识共享是为了简化中间程序而做出的一次努力，它允许版权所有者提前说明在何种条件下他们愿意让其他人使用他们的作品。

8.3.5　数字鸿沟

数字鸿沟指的是"有些人可以获取信息资源而有些人不行"这一差距。这一定义中包含着一个假设，即那些使用手机、计算机和互联网的人都获得了没有使用这些工具的人获得不了的机会和资讯。数字鸿沟这一概念在 20 世纪 90 年代中期随着互联网的发展得到人们的认可。

诺里斯（Norris）认为现在数字鸿沟是普遍现象。首先它体现在互联网使用的百分比上。2012 年，有 22 亿人接入互联网，占世界人口的 34%。互联网在北美、大洋洲和欧洲的使用率要远远高于世界平均值，而亚洲和非洲的使用率极低，在非洲，使用率占其总人口的 16%，每 6 个人中只有 1 个人能上网。即使是在美国这样的发达国家，使用互联网的人也在年龄层次、经济状况、教育水平上有所差别。市场调研机构皮尤研究中心在美国开展了一次互联网调查，研究在 2008 年使用互联网的人群。研究发现 93% 的网民年龄分布在 12~17 岁，27% 的人在 76 岁以上。2011 年另一项研究发现，96% 的网民年收入达到 75000 美元，63% 的网民年收入达 30000 美元，94% 的网民拥有大学学历，只有 42% 的人在读完高中后就辍学。

马克·华沙尔（Mark Warschauer）提出了"数字鸿沟"三个负面影响。

第一，数字鸿沟会让人认为"能获取信息技术的人"和"不能获取信息技术的人"的区别仅仅在于是否持有手机、计算机、互联网。很多政客因此直接得出结论，提供技术支持就可以消除数字鸿沟。华沙尔认为，这条路行不通。为了证明他的观点，他列举了一个爱尔兰小镇上的例子。

虽然由于多种原因，爱尔兰生产了很多 IT 产品，但是爱尔兰人民却很少使用 IT 产品。为了选出"信息时代镇"并为它筹资，爱尔兰的电信商在 1997 年举办了一项赛事。最终胜出的是位于北爱尔兰拥有 15000 人口的恩尼斯。2200 万美元的奖金意味着每个恩尼斯居民都能获得 1400 多美元的奖励，这对穷人区来说是一大笔钱。镇上的每个企业都配备了综合服务数字网络（ISDN）、一个网络主页和一个智能卡读卡器。每个家庭都收到了一张智能卡和一台个人计算机。

三年后,人们也没有使用这些新技术。虽然已经拥有这些设备,但人们还不知道为什么自己要使用这些高科技设备。技术的优势并不明显。有些时候,新技术必须与当地已经实行很久的体系竞争。例如,在引入新技术之前,失业人员一周三次亲自前往社会福利办公处,登记并领取失业人员补助。对于失业人员来说,去福利办公处是一项重要的社交手段。他们可以与其他人交流,给自己带来好心情。在配备了个人计算机以后,失业人员本应该在网上登记并领取补助,可很多人不喜欢这种新方式。很多人在黑市上卖掉计算机。失业人员还是会亲自前往社会福利办公处。

如果想要IT发挥作用,社会体系也必须改变。引入信息技术时也必须考虑当地的文化,包括语言、教育程度和价值观。

第二,"数字鸿沟"一词意味着,每个人都站在一条鸿沟的某一边。每个人都被"数字鸿沟"打上标签:能获取信息技术的人或者不能获取信息技术的人。而现实中,获取信息的手段是连续复杂的,每个人都能用某种方式获取信息。例如,有些人只有56Kbps的调制解调器,同有大带宽的人相比,他们肯定不占优势,但这些人该如何归类呢?

第三,"数字鸿沟"一词意味着没有获取信息的手段就会导致社会地位的下降。可真的存在这样的因果关系吗?技术扩散的模型显示,不占优势的群体在应用新技术时会比其他人稍稍延后。现实中,因果关系不会这么直接简单,而是存在着很多影响因素。

"数字鸿沟"的问题在于,它鼓励人们去寻找"数字的解决方法",例如计算机和电子通信,而忽略了让每个人都融入社会的其他资源和各种影响因素。信息技术的应用是其中一个因素,但绝不足以改变由多种资源和联系共同建立起的现状。

8.4 加强网络伦理建设,做守法有德的网民

8.4.1 加强制度建设,建立他律机制

波普尔曾说:"我们需要的与其说是好的人,还不如说是好的制度。"良好的网络道德建设,离开制度的保障是难以想象的。因而,我们必须要重视与加强制度建设。我们应该制定网络道德规范,同时加强网络行为监督,对网络犯罪行为加大惩处力度,从而起到震慑与教育的作用。针对我国现实的网络环境所出现的主要问题,我们提出制定网络道德的两个主要原则。

第一,尊重他人。尊重他人指的是要尊重他人的人格与权利,我们要尊重他人的尊严、名誉权、隐私权以及知识产权。无论是在网络世界还是在生活世界均应如此。"己所不欲,勿施于人"是道德中的"黄金律",更是网络道德中最基本的规范。我们不能将自己的快乐建立在他人的痛苦之上,我们不能将自己的幸福建立在损害他人的权益之上。这样做是违反道德的,也是触犯法律的。第二,保障自我。尊重他人并不意味着就是放弃自己的权利,尊重他人是为了更好地保护每一个人。每一个人权益的保护既在于制度的保障与他人的保障,更在于自我保障。尊重与保护自己的权益(特别是当自己的合法权益受到

损害时,个人勇于维权与善于维权),是现代社会的一种美德,也是现代公民应具有的公民素质。所以我们认为在网络伦理道德建设之中,不应该仅仅有"不应该去做什么"这种禁止性的规定,还要增加"应该怎样去做"这种保障性的规定。只有这样,网络世界的道德规定才是健全的。

8.4.2　加强个体道德建设,重视自律调节

"道德的基础是人类精神的自律。"在道德的形成过程中,需要他律,但更需要自律。自律即人对自己的自我监督与自我约束。当然,人的自律的养成是一个过程,在人的品质形成、自律精神养成的过程中,慎独无疑起了重要的作用。慎独是我国传统文化中的一个重要范畴。慎,谨慎;独,即单独或独居。这两个字合起来的意思就是告诫人们在独处之时,在没有外人的监督与督促时,不要放松对自己的要求,不可恣情任性。网络世界重视道德自律,强调慎独,是有着非常强烈的现实意义的。因为一般的情况下个人上网往往确是"一人独处"情境,正是由于缺少外在的监督,因而在这种条件下我们易放纵自己,易为所欲为。当然,也正是因此,在网络伦理道德建设中,我们强调自律精神与慎独也便更具有现实性。只要每一个网民都从自身做起,从点点滴滴做起,持之以恒,培养自己的网络道德,塑造自己的网络人格,就能真正地使我们的网络世界充满真、善、美。

 参考案例

勒索病毒席卷全球

2017年5月12日,一次迄今为止最大规模的勒索病毒网络攻击席卷全球。据杀毒软件卡巴斯基统计,在短短十几个小时里,全球共有74个国家的至少4.5万台Windows系统电脑中招。而杀毒软件Avast统计的数据更为惊人:病毒已感染全球至少5.7万台电脑,并仍在迅速蔓延中。

美国、中国、日本、俄罗斯、英国等重要国家均有攻击现象发生,其中俄罗斯被攻击得最为严重。中国部分高校电脑被病毒攻击,文档被加密。病毒疑似通过校园网传播。北京、上海、江苏、天津等多地的出入境、派出所等公安网也疑似遭遇了病毒袭击。中石油所属部分加油站运行受到波及。而对英国的攻击主要集中在英国国家医疗服务体系(NHS),旗下至少有25家医院电脑系统瘫痪、救护车无法派遣,极有可能延误病人治疗,造成性命之忧。

勒索病毒文件一旦进入本地,就会自动运行,同时删除勒索软件样本,以躲避查杀和分析。接下来,勒索病毒利用本地的互联网访问权限连接至黑客的服务器,进而上传本机信息并下载加密公钥。然后,利用系统内部的加密处理,是一种不可逆的加密,除了病毒开发者本人,其他人是不可能解密的。加密完成后,还会在桌面等明显位置生成勒索提示文件,指导用户去缴纳赎金。且变种类型非常快,对常规的杀毒软件都具有免疫性。攻击

的样本以 js、wsf、vbe 等类型为主,隐蔽性极强,对常规依靠特征检测的安全产品是一个极大的挑战。

勒索病毒的爆发,被认为是迄今为止最严重的勒索病毒事件,至少 150 个国家、30 万名用户中招,造成损失达 80 亿美元。此后,勒索病毒持续活跃,6 月份 Petya 勒索病毒席卷欧洲多个国家,政府机构、银行、企业等均遭大规模攻击。10 月份"Bad Rabbit"(坏兔子)勒索软件导致"东欧陷落",包括乌克兰与俄罗斯在内的东欧公司受灾严重。

(资料来源:新勒索病毒入侵全球专家警告:更危险更难控制[EB/OL][2017-06-29]. http://www.chinanews.com/gj/2017/06-29/8264190.shtml. 内容有整理)

通过此案例大家思考下,什么样的上网习惯会更容易中木马病毒?使用移动设备也有可能中病毒吗?

亚马逊官网也失守

2017 年 11 月,42 名消费者联名起诉亚马逊,称在亚马逊网购之后,不法分子利用网站多处漏洞,如隐藏用户订单、异地登录无提醒等登录网站个人账户植入钓鱼网站,然后再冒充亚马逊客服以订单异常等要求为客户退款,实则通过网上银行转账、开通小额贷款等方式套取支付验证码,从而对用户实施诈骗。

据报道,一次亚马逊网购,让上海市民沈先生损失了五万余元,江苏市民梁女士则被迫还贷 9 万余元。以沈先生被骗为例,骗子冒充亚马逊客服,谎称用户有一个退货订单因为亚马逊官网升级,暂时无法自动做退款处理,需手动操作。沈先生核实了订单编号及购买物品内容后,被对方要求进入他自己的亚马逊个人账户页面,查看"我的地址",点击了实为钓鱼网址的链接。多次转款操作后,最终沈先生被骗走 5 万余元。

值得一提的是,消费者在接到诈骗电话第一时间几乎都不信任,但防不胜防的是,亚马逊官网"我的账户"页面被骗子篡改,最终由该页面点击进入了钓鱼网站,导致钱款被骗。

亚马逊透露,目前除了进行安全提醒,针对现有的诈骗形式,亚马逊采取的应对行动包括:关闭了亚马逊网站用户个人主页编辑和"隐藏订单"功能,以阻止诈骗分子植入钓鱼链接;隐藏订单中客户联络信息;系统自动识别和删除地址簿超链接,阻止诈骗分子植入钓鱼链接。

(资料来源:臧鸣.42 名消费者起诉亚马逊:骗子利用网站漏洞实施诈骗[EB/OL][2017-11-13].https://www.thepaper.cn/newsDetail_forward_1860186. 内容有整理)

通过此案例大家思考下,在网络购物过程中有没有被泄露自己隐私的风险?应该如何避免?

万豪酒店 5 亿名用户开房信息泄露

万豪国际集团 2018 年 11 月 30 日发布公告称,旗下喜达屋酒店客房预订数据库遭黑客入侵,最多约5亿名客人的信息可能被泄露。万豪酒店在随后的调查中发现,有第三方对喜达屋的网络进行未经授权的访问。目前,未经授权的第三方已复制并加密了某些信息,且采取措施试图将该信息移出。

后经团队缜密调查、取证、分析后发现,因其大数据泄露事件影响到的客户数量从5亿名减少到了3.83亿名,其中有超过500万个未加密的护照号码和大约860万个加密信用卡号码被盗。尽管万豪酒店最新披露的这些数据较之前有所降低,但该事件仍是有史以来最大的个人数据泄露事件之一。

消息公布后,万豪国际集团的股价在当天的盘前下跌5.6%,报115.02美元。喜达屋集团自2014年以来一直受到黑客攻击。万豪集团已提出:如果受影响的客人能够证明自己是数据泄露事件的受害者,他们将支付办理新护照的费用,这可能会让万豪公司损失5.77亿美元。

(资料来源:万豪酒店数据库被黑5亿用户开房信息或外泄[N].新民晚报.2018-11-30内容有整理)

通过此案例大家思考下,目前酒店泄露用户信息的事件屡屡发生,从技术角度讲,酒店系统不联网可以减少这种风险,但这样又会带来哪些问题呢?

 思考与讨论

1. 大数据、云计算的物理架构和管控模式是否会进一步集中信息安全风险,进而变成高度集中的社会风险?

2. 线上交易的扩展和渗透是否会将"信息贫困者"打入更加贫困的境地而严重危害社会公平正义?

第9章 化学工程的伦理问题

　　通过本章的学习,深入理解化学工程的概念,化学工程伦理的教育意义,掌握化学工程伦理规范的教学目标,适合于高等学校新工科领域各专业教科书、相关工科领域教学、科研人员,也可以作为工程技术人员的培训教材。

引导案例

江苏盐城化工厂爆炸

　　2019年3月21日下午14时48分左右,位于江苏省盐城市响水县陈家港镇的江苏天嘉宜化工有限公司发生爆炸事故。截至22日上午7时,本次爆炸事故已造成死亡47人,危重32人,重伤58人,还有部分群众轻伤。

　　事故发生后,江苏已先后调派12个市消防救援支队,共73个中队、930名指战员、192辆消防车,9台重型工程机械赶赴现场救火。截至22日7时,3处着火的储罐和5处着火点已全部扑灭。

　　这次发生事故的江苏天嘉宜化工有限公司于2007年4月成立,占地面积约220亩(约0.15平方千米),现有职工195人,其中各类工程技术人员45人。主要生产化学原料和化学制品,经营范围包括间羟基苯甲酸、苯甲醚等。现场环境监测情况显示,事故产生的浓烟对空气质量产生较大影响。现场风速较大,扩散条件较好,所幸周边群众已基本疏散。事故地点下游群众饮水安全不受影响。爆炸区域附近有多处住宅区,爆炸区域附近至少有7所学校。其中一所幼儿园离事发现场直线距离仅1.1公里,爆炸导致部分孩子受伤。

　　(资料来源:佚名.盐城化工厂爆炸已造成47人死亡[N].新民晚报,2019-03-22.内容有整理)

　　此次事件引起全国对于化工厂安全的高度关注,短时间内,江苏省1000多家化工企业将被关闭。可是,化工厂的安全治理一定要以如此惨重的代价换取吗? 如何在保证安全的前提下,让化工厂可以放心地正常运行呢?

9.1　化学工程的类型与特点

化学在现代社会中起着不可替代的作用。诺贝尔化学奖得主西博格教授就认为"化学——人类进步的阶梯"。享受化学为现代生活带来便捷的同时，随之而来的化学负效应也越来越明显。臭氧空洞、水俣病、伦敦光化学烟雾等重大的环境事件无不跟化学工程有着密切的联系。1962年美国海洋生物学家蕾切尔·卡逊的著作——《寂静的春天》吹响了反思化学工程的号角，拉开了思考化学工程合理性的大幕。

现实生活中，相当一部分工程与化学有关，存在伦理问题的工程中化学工程也占了相当的比例。化学本身又有其区别于土木、水电等工程的特点，单纯用一般的工程伦理要求来规范化学工程伦理显然不科学、不适合。因此应该从化学的学科特点出发，结合工程伦理学的原理来定义化学工程伦理。

9.1.1　化学工程的概念

在工程伦理学的研究视域下，工程可看作是"服务于某个特定目的的各种技术工作的总和"。化学工程是以一系列的化学理论为背景知识，应用这些科学知识，并结合经验的判断，经济地利用自然资源为人类服务的技术总和。国内学术界也有人将工程的范畴外延扩大，提出大工程的概念，认为工程是一个受多种因素制约的复杂的运作体系。"工程活动是以一种既包括科学技术要素，又包括非技术要素的系统集成为基础的物质性实践活动。"从这个意义上讲，化学工程是一个系统，既包括了化学科学、化学工程原理，又包括了对化学技术的人文考量。

化学工程是根据工程主要依托的学科技术提出的范围认定的，是工程概念的一个细化。依据不同的学科角度，对化学工程的定义有所不同。在化学学科内，化学工程学是"研究大规模地改变物料的化学组成和物理性质的工程技术学科，它研究的对象不但包括在化工生产装置中进行的化学变化，而且还包括把混合物分离为纯净组分的过程，以及改变物料物理状态和性质的各种过程"。在化学学科视域下的化学工程学是工程技术中的基础理论。研究任务不是制作某一个具体的设备或是生产某一种产品，而是从理论上阐明和分析化工生产过程中的各个环节，找到其中具有规律性的问题，以求得在化工技术开发和化学工程生产中减少麻木性，增加自觉性。

综合不同的学科视域，化学工程是指以化学知识为依托，以化学品的生产获利为目的，以化学反应为主要生产过程的物质再造过程。从广义上界定，一切依托于化学原理和化学技术手段的造物活动都可以称为化学工程。化学工程可以看作是生产过程中，利用化学原理和化学技术手段，对已有的物质进行整合、加工、生产和开发，使之变成目的物的实践活动的总称。其研究范畴特指研究化学工业和其他工业生产过程中，所进行的化学过程和物理过程共同规律的一门工程学科。例如，药品化学、食品化学、环境化学等涉及化学的工艺工程都属于化学工程的范畴。从狭义上界定，化学工程则特指以化学工艺作为主要技术支持的、以生产和处理特定化学品为目标的生产活动和生产企业。如污水处理厂、化学品生产企业、矿产开采和冶炼企业等。

9.1.2　化学工程在国民经济中的作用

如果没有化学工业,我们将无法生产化肥,粮食会减少30%的产量,如果雨水等自然条件差的话,减产甚至高达50%,那么整个国家就会立即陷入粮食危机;如果没有化学工业,我们将无法生产足够的化学纤维材料用以制造衣服,不仅纺织工业的产量将下降约70%,而且将会有众多的百姓又回到衣不蔽体的年代;如果没有化学工业,我们将无法生产大量的汽油、柴油和航空煤油,汽车将停止奔驰,飞机将无法飞行。可以说,当代人类社会正在享受着化学工业、石油天然气工业带来的巨大福利,我们的衣食住行每一刻都离不开合成纤维、化肥、染料、涂料、洗涤剂、高性能材料、汽油、柴油、医药等化学品。

在化学工业诞生的200多年时间里,以石油化工为代表的现代化学工业迅猛发展,使得50%的世界财富都来自化工行业。在我国,化工行业已经成为国民经济的支柱性行业。截至2017年10月末,我国石油和化工行业规模以上企业29161家,累计增加值增长3.8%,比1—9月提高0.1个百分点,行业主营业务收入为14.06万亿元,利润总额为7911.1亿元,占全国规模工业利润总额的12.2%;上缴税金9849.5亿元,占全国规模工业税金总额的20.3%,为我国的现代化建设和社会繁荣做出了巨大的贡献。

随着化石能源的枯竭,开发各种清洁的可持续利用的能源已经成为能源发展的大趋势。但是,目前所开发出来的包括太阳能、风能和生物质能源等在内的新能源工业,仍然离不开化学工业,用于制造太阳能发电的多晶硅电池板的材料、用于制造风力发电的叶片材料、生物质燃料等都是化工制造过程的产物。为此,"美国2020展望"指出:以化工为代表的过程工业仍将是经济社会可持续发展的基石。

9.1.3　化学工程的特点

1.具有广泛性

化学工程属于工程的范畴,和其他工程一样,具有工程的普遍特点。工程是科学理论在现实生活中的具体体现,任何一项工程的建设和实施都是根据工程科学的理论、原理来设计建造的。工程在其设计建造的过程中应严格按照工程建设的科学标准来实施,与社会紧密联系在一起,是功利的。工程是在破坏物质原有性质的基础上重新建立具有新性质的物质,是一个独立统一的系统。工程独立的过程反映的是人的主观意愿和价值要求,服从人类目标的制约。因此,工程是功利的,它必然是利益权衡的产物,体现了工程主体对利益的追求。

2.具有独特性

化学工程中的原料、产物、废弃物等对人体的影响很直接。化学工程产生的废气、废水、废渣都会对人造成不同程度的影响。而这些化学品的作用机理或是刺激人的中枢神经或是影响细胞的正常功能或是对血液的载氧量产生影响,作用的是人体本身。如酸雨的主要形成物质硫氧化物和氮氧化物所造成的伤害主要是刺激上呼吸道,浓度较高时会引起深部组织障碍,浓度更高的时候会引起呼吸困难和死亡。汽油抗爆剂四乙基铅,就是典型的作用于人神经,引起急性精神病症的剧毒物质。这与土木工程等首先影响人的生存环境进而影响人的生存方式显然不同,化学品对人体的危害明显更大。

3.具有动态静止

所谓动态静止是指化学工程在生产流水线、厂房等建成后,从表面看来类似于一个土木工程,是静止不变的,然而工程内部不断在发生由反应原料到生产产品的变化,不断与周围环境发生物质交换。因此化学工程对周围系统的影响是不断进行的,也就是说化学工程的影响并不能在工程设计阶段就完全科学预计。化学工程动态静止的另一表现是化学工程实际生产的过程中,不可能保证每次反应都完全等同于理论设计的状态,反应原料的细微变化,同种原料批次不同,每次生产的温度、压力、湿度的差异,都可能导致生产中的副产品和废弃物成分不同。例如硫酸工业中用 S(硫)作为主要原料和以 FeS(硫化亚铁)作为原料,其主要流程虽然相似,但以 FeS 作为原料会产生更多废弃物,不仅会使催化剂中毒,而且会带来更多的如 As(砷)等环境污染物。而在以乙醇为原料生产乙烯的工业过程中,温度必须控制在 170℃,一旦反应温度为 140℃,则会产生性质完全不同的乙醚。因此,化学工程区别于其他工程的一个重要特点是化学工程是一个动态静止的工程。

4.具有潜在性

潜在性风险是指化学工程的危害在工程初期一般不能表现出来,而成为工程的隐患。化学品的危害与其浓度有非常密切的关系。很多化学品在低浓度时,对人体几乎无害甚至是有益的。一旦浓度超过人体承受的阈值时,对人体的伤害就是致命的。空气中微量的臭氧能刺激人的中枢神经,加速血液循环,令人产生爽快和振奋的感觉。一旦空气中臭氧的含量超过一定体积分数时,就会对人体、动植物造成危害。化学品中的有毒无机污染物如重金属汞、镉、铅和砷等的化合物离子无法通过自然排泄而排出体外,因此即使一直保持在对人体无害的低浓度范围,也会在人体中不断累积,最终爆发,引发人体的重大疾病,这也就是化学上的累积效应。化学工程风险的潜在性还表现在化学废弃物在空气中的氧气、二氧化碳的作用和阳光照射的作用下,会发生一系列的化学反应,其化学性质、毒性亦能发生相应的变化。另外正如 DDT 对生态的破坏的发现滞后于其大量使用许多年,一些化学品危害性的发现相对于其发明并大量使用是滞后的。在化学品发明的初期,由于知识的片面和认识的缺陷,不能全面把握化学品的性质,人们的视线和兴奋点也容易集中在该化学品带来的新功效上而忽视其负效应。

5.具有难逆转性

化学工程的负面影响并不是通过将工程停产就能消弭的。或许三门峡水利工程的影响会因为三门峡大坝的炸毁而逐渐消弭,但化学工程的影响作用周期长、可逆转性差,需要自然界长时间的自净作用。云南阳宗海的砷污染治理,大约需要 40 亿元和 20 年时间才能恢复到安全水平。但理论的分析并不代表事实如此。

最后,化学工程的监控难度较大。主要有以下几个原因:①对象复杂。一般工程的监控针对的是工程本身,而化学工程不同,不单单要监控化学工程和工程产生的化学品,还必须要针对化学品的不同来源和环境因素,如大气、水体等进行定量和定性分析。②样品组成复杂,技术要求高。化学工程产生的相关化学品不是单一的纯净物,而是复合组成的混合物。它既包括含量较高的主要物质也包括含量较低甚至是痕量的杂质和混杂物,要对化学品进行科学分析,需要特殊的科学技术手段。

9.2 化学工程伦理的确立

9.2.1 化学工程伦理的确立

工程伦理是"工程技术人员包括技术员、助理工程师、工程师、高级工程师在工程活动中,对包括工程设计和建设以及工程运转和维护中的道德原则和行为规范进行的研究"。事实上,任何工程都负载了工程主体的伦理价值。如果把化学工程伦理简单化为化学工程师的职业伦理,对规范化学工程的有序运作不太合理。伦理规范不光是作为公共关系的文件或作为专业人员之间的誓约,还应该是作为鼓励专业人员以公众利益为决策基础的一种手段,同时也应该是政府和公众的一种共识和自觉意识。从而用伦理的道义论方法能证明其正当性。也就是工程伦理的责任与在工程规范中作为道德手段所包含的伦理原理相一致。化学工程伦理的确立是针对化学学科特点提出适合化学工程的伦理规范,是对原有工程伦理的学科补充。

化学工程的特点和国内工程运行体制的现状,决定了化学工程的伦理判断既不等同于化学工程师的伦理判断,又不等同于利益博弈的分析。化学工程的伦理既有工程与人关系的权衡,又有工程与环境、生态的伦理权衡。化学工程伦理是工程伦理学下的一个分支,是从社会而非技术的角度看化学工程,是将化学工程活动中涉及的工程与生态、工程与环境、工程与人的关系置于伦理学的角度下进行判断,以及考量工程主体在工程的决策和设计、工程的操作和运行等环节的价值判断标准和行为规范准则。

9.2.2 化学工程伦理的研究范围

以化学技术为学科支撑背景的化学工程伦理到底应包括哪些内容呢?马克思在《在〈人民报〉创刊纪念会上的演说》中曾表示"技术的胜利,似乎是以道德的败坏为代价换来的。随着人类愈益控制自然,个人却似乎愈益成为别人的奴隶和自身的卑微行为的奴隶。甚至科学的纯洁光辉仿佛也只能在愚昧无知的黑暗背景上闪耀。"工程伦理是在工程的利益诉求和工程的伦理之间寻求一个平衡点,是寻求一种科技的理性。这种理性正如休谟在《人性论》中所说"科学理性是,并且也应该是情感的奴隶,除了服务和服从情感之外,再不能有其他的职务"。显然,这里的情感不仅包括了对经济利益的要求,还包括了更深层次的对人类的负责,尤其是对落后人群的关爱、对后世子孙发展需要的满足甚至应该是将关注扩展到有感知力的动物,以及对生存环境和自然生态的保护。化学工程伦理的标准应该对一个由受工程影响人群、受影响动物、受影响环境和受影响生态共同组成的道德共同体负有道德关怀的责任。

化学工程伦理总体来讲,在工程的伦理考虑上,仅出于对最后净效果的考虑是不合适的,而应该遵循更理性的要求。即对化学工程善的选择。正如亚里士多德所说:"一切技术、一切规划以及一切实践和选择,都应以某种善为目标。"而化学工程中"善"的伦理学标准,应该是满足人类社会的要求,这里并不是说要以人类中心主义作为化学工程伦理的标准。正如马克思在《资本论》第三卷中指出,人在与自然打交道时应"合理地调节他们和自然之间的物质交换"并"靠消耗最小的力量,在最无愧于和最适合他们的人类本性的条件下来进行这种物质交换"。化学工程伦理真正要满足的是"人的全面发展",包括人对经济、环境、资源等多方面的要求。化学工程伦理不能简单地用化学工程师的职业伦理来代替,它应该包括两个路径:一是从化学学科和化工技术的角度看化学工程,二是从化学工程师的职业和职业活动的角度看化学工程。正如辛津格和马丁在《工程伦理导论》一书中所认为的"工程伦理是对在工程实践中涉及的道德价值、问题和决策的研究"。化学工程伦理应该是化学工程师的职业伦理、工程决策的实质伦理和程序伦理、环境伦理以及所涉及利益主体的生命伦理等的全新整合。

9.2.3 江苏盐城化工厂爆炸的案例分析

2016—2018年我国共发生620起化工事故,造成728人死亡。其中,连续三年发生较大及以上事故的有山东和四川,连续两年发生较大及以上事故的有辽宁、吉林、江苏、河南和新疆。从各类事故死亡人数分布情况来看,爆炸是死亡人数最多的事故。数据显示,2018年我国因爆炸死亡的人数达82人。

2019年3月21日下午14时48分左右,位于响水县生态化工园区的天嘉宜化工有限公司发生爆炸。天嘉宜化工有限公司生产"间苯二胺、对苯二胺"两种精细化工产品,年生产能力2万吨,产品主要用作制造医药、农药和染料的中间体,此次发生爆炸的是该厂内一处生产装置,爆炸物质为苯。根据化工和危险化学品生产经营单位重大生产安全事故隐患判定标准,对天嘉宜公司进行重大生产安全事故隐患分析:

(1)危险化学品生产、经营单位主要负责人和安全生产管理人员未经依法合格考核。危险化学品安全生产是一项科学性、专业性很强的工作,企业的主要负责人和安全生产管理人员只有牢固树立安全红线意识、风险意识,掌握危险化学品安全生产的基础知识,具备安全生产管理的基本技能,才能真正落实企业的安全生产主体责任。违反了《安全生产法》第二十四条"生产经营单位的主要负责人和安全生产管理员必须具备与本单位所从事的生产经营活动相应的安全生产知识和管理能力"。

(2)仪表特殊作业人员仅有1人取证,无法满足安全生产工作实际需要。违反《安全生产法》第二十七条,部分特种作业人员未持证上岗。

(3)生产装置操作规程不完善,缺少苯罐区操作规程和工艺技术指标;无巡回检查制度,对巡检没有具体要求。

（4）硝化装置设置联锁后未及时修订、变更操作规程。违反《安全生产法》第十七条，未制定操作规程和工艺控制指标。

（5）部分二硝化釜补充氢管线切断阀走副线，联锁未投用。违反安全生产法第四条，涉及重点监管危险化工工艺的装置未实现自动化控制，系统未实现紧急停车功能，装备的自动化控制系统、紧急停车系统未投入使用。

（6）动火作业管理不规范，如部分安全措施无确认人、可燃气体分析结果填写"不存在、无可燃气体"等。违反《安全生产法》第十八条，未按照国家标准制定动火、进入受限空间等特殊作业管理制度，或者制度未有效执行。

以上只是部分安全隐患，总体评价可以看出天嘉宜不仅仅是管理存在不合理、不规范，部分从业人员安全意识淡薄，监管部门并未履行到监管的职责，整个事件是各主体工程伦理意识整体薄弱，责任缺失的共同产物。

9.3 化学工程所涉及的伦理问题

9.3.1 化学工程伦理中的安全伦理

化工安全是企业的重中之重。在巴斯夫公司实习的研究生通过学习工程伦理知识，体会到安全重在防范，许多事故的发生均是由于安全防范措施不完善导致的。研究生在实践期间参与了公司定期的安全会议和消防逃生演练，看到了公司对环境保护的重视。厂区内的每一套装置都有完备的应急响应预案，公司每季度进行一次消防演练，雨水都被收集到工业废水系统而非生活废水系统，以更好地保护环境。而在中石化上海工程公司，研究生实习的第一天就要接受安全管理部老师做的安全教育培训。在公司的安排下，研究生系统学习了HSE（健康、安全、环境管理体系）、治安保卫工作、安全生产等内容及与安全相关的一些法律知识，如《安全生产法》《消防法》《企事业单位内部治安保护条例》等。此外，公司有三级安全教育，从公司到部门，再到班组。实践期间，学生深刻感受到了公司领导和每位工程师对环保事业的重视。公司官网设有"安全文化建设"版块，会定期对每个月的安全人工时、HSE绩效等进行通报。

学生所在科室的门口张贴着一张"年度HSE暨安全生产责任书"，上面对各项安全生产指标都做了规定，部门领导担任安全生产责任人。学生还认识到工程设计中应遵循环境无害原则、尊重原则及公正原则，要树立"以人为本"的价值理念，建设人性化工程，增强生态意识，要从建设生态化工程及完善工程决策的民主法制程序上摆脱工程伦理困境。例如，江苏盐城化工厂爆炸事故案例，学生通过讨论分析事故的原因，提高了工程伦理意识。同学们体会到：企业承担着社会责任，在创造利润、对股东承担法律责任的同时，亦要考虑到对各相关利益者造成的影响；化工工程师设计的工厂不能仅取得经济上的成功，也要对周边社区负责，不污染环境；运行的装置要安全稳定，员工的职业安全也需要得到保证；企业生产的产品不仅要满足客户的需求，也要满足可持续发展的要求。工程师必须具有"责任关怀"意识，要做到不对安全隐患妥协、合法合规、严格控制风险、保持零事故。

9.3.2 化学工程伦理中的环境伦理

化学工程中环境伦理关注的焦点并不是工程受益与环境消耗的利益权衡,也不是化学工程建设和运营过程中化学工程对自然资源的依赖性,与环境物质交换的过程中对环境的破坏性等技术问题,而是自然环境与工程主体的伦理关系问题,以及对自然资源的开发和利用等引发的社会不同群体之间的矛盾与冲突问题。其关键问题是当代人之间以及当代人与后代人在自然资源上的公平分配问题,也就是环境正义和代际公正问题。

化学工程不能同其他工程一样,通过科学的设计、严密的论证和决策、规范的施工就能完全规避工程可能对环境的破坏。化学工程对环境的影响不可避免,只能控制在无害范围。根据其来源和对环境的作用机理不同,可将化学工程对环境的影响分为两种——显性影响和隐性影响。显性影响是指在化学工程中化学品对环境的可见性影响。显性影响有两种情况:一是化学工程的影响是可预见的,是已知的影响。比如即使采用最先进的工艺,最严密的操作,硫酸工厂必然会产生含 SO_2 的尾气,SO_2 通过一系列的氧化反应会引起硫酸型酸雨。这个结果是明显可见、无法避免的。二是不可预见的影响,但影响结果是明显存在的。比如 2004 年 4 月重庆天原化工、2010 年 7 月四川广元、2010 年 7 月云南镇雄分别发生氯气泄漏事故。高浓度的氯气会造成环境的酸度上升,对人的呼吸道黏膜有明显的刺激作用,短时间内对环境的影响即明显可见。事故的发生是不可预见的,但对环境的影响作用明显。这种影响,由于作用明显,往往受到公众、媒体甚至政府和工程执行者本身的重视,而能有很好的应对措施,从而减低后果的破坏力,且这种影响完全可以由工程师在设计和操作过程中通过严谨的设计和规范的操作来降低风险度。

化学工程的另一影响是对环境的隐性影响。隐性影响即化学工程的隐性风险。这种风险取决于化学工程废弃于环境中化学品的性质。化学品的有害性与化学品的存在形式和浓度紧密相关。同样是磷的单质,红磷和白磷两种同素异形体的性质迥异。红磷是无毒物质,不易自燃,而白磷是剧毒物质,极易自燃。即使对于同一物质而言,浓度不同影响亦不同。因此有相当一部分化学工程在工程初期是显示不出风险的,其危害的表现需要一段时间的累积和外界环境的辅助作用。这种影响,作用周期长,单纯靠工程师的专业知识和职业技巧不能消除,必须靠工程师的职业伦理来规范和约束。在实践层面,很多化学工程的伦理困境大多发生在经济效益和环境利益的权衡中。环境正义和代际公正是环境利益的主要出发点。"环境正义"发端于美国,其基本内涵在于:在强调人们应该消除对环境造成破坏行为的同时,肯定保障所有人的基本生存权及自决权也同样是环境保护的一个重要维度。化学工程中的环境正义一方面是要关怀被人类破坏的自然环境,另一方面应该强调环境保护的统一标准,克服强势族群对弱势群体肆无忌惮进行环境保护的双重评判标准而造成对自然环境的破坏。代际公正是化学工程需要考虑的另一伦理维度。也就是即使一个化学工程在当代是暂时安全的,如果通过长时间的过度消耗和污染,对后世子孙的生存和安全存在威胁,我们也认为该工程是不合伦理的。我们可以借助一个假想案例来表述这个观点：设想恐怖分子在小学中埋藏了一个炸弹,这种行为的不道德显而易见,与不给民众带来伤害这个伦理常识背道而驰。即使埋藏这颗炸弹时孩子还没有出生,对于这些孩子来说,这种行为仍然是罪恶的。同样道理,工程师对现有资源无度开采,将有毒废弃物深埋地下等行为,无疑是侵害了后世子孙的生存利益,对未来人们造成了生存伤害。很多年后,未来人们会因无可挽回的工程师行为而受到伤害。

9.3.3　化学工程伦理中的生态伦理

如果说环境伦理是以自然物生存所依托的自然环境系统和地表空间为关怀对象,那么生态伦理中的生态则是将自然空间内的所有自然物作为一个完整的系统,这个系统包括了动植物、微生物以及这些生物赖以生存的大气、土壤、水等各种存在物。人类只是自然系统的一部分,是等同于其他生物的。生态是构成生态系统的各要素之间和生态内不同的物种间通过物质、能量的转移和流动联系起来的一个食物网链,是循环的。生态系统中,每一个物种都有其确定的生态坐标点,有其所以存在的内在价值,任何一个物种都不可以成为该网络的中心。在自然生态系统中,每一个具体的种群都必须和其他种群循环往复地进行物质和能量的交换活动,才能保证物种自身群落和整个生态系统的稳态,否则物种本身会灭绝,也会造成生态系统的紊乱。

化学工程对生态系统的影响主要是两方面,从生态环境来看,化学品的大量投入导致生态环境的变化,比如二氧化碳的过度排放导致温度升高,氮磷的过量排放导致水体含氧量降低等自然生存环境的大波动,从而导致局部的生物习性发生变化,生态结构发生转化,导致一些生物被自然所淘汰,破坏原有的生态平衡。另一方面,化学工程的产物通过水体、土壤等被低等生物吸收,并在生物体内累积,低等生物被高等生物以食物的形式摄取,一些难分解的化学品进入生态系统的循环中去,在食物链中不断累积,从而引起整个地区生物体的灾难性恶果。

化学工程活动对生态系统造成的影响决定了化学工程师对整个生态环境所承担的责任,担负着对自然生态中其他生物同样的伦理关注。自然界中除人类之外,还存在着多种其他生物。化学工程不仅影响人类,而且影响着人类以外的其他生物。化学工程的生态伦理是对整个生态系统的关怀,也是对生态链中的每个具体物种的关怀。自然物种及其群落通过与所在地的环境条件长期适应,在漫长的进化过程中形成了与环境吻合的生理结构和生活习性。工程活动所造成周围环境的改变迫使许多动物和植物失去了生存的自然条件,使之处于濒危乃至灭绝境地,从而引起生态系统中的生物多样性减少。再者,任何生物的存在都是具有内在目的性的,且这些生物从物种层次、生态系统层次到生物圈层次都相互联系。"有机体巨大的多样性,以及其形态学、生理学和行为的变异的丰富性,全都是亿万年进化的结果,这个进化历史对于每一个个体都留下了不能去除的影响。我们今天发现的种种模式,只有按照进化论的观点才可能有意义。"生物在自然进化中遵循体质优化的自然法则,使生物有足够的生存能力,通过生态系统的自然选择,生态系统赋予所有生物生命,作为一种与环境高度统一的存在。美籍德裔学者汉斯·尤那斯据此把责任的范围扩大到全体人类特别是我们的子孙后代,以及包括物种在内的整个自然界。他指出:"这是一种新的义务种类,它不是作为个体而是作为我们社会政治整体的责任"。

9.3.4 化学工程伦理中的生命伦理

所有工程活动,包括化学工程,都是人的造物过程,是一个对立统一的过程。评价某一工程的合理性,确立工程人员的职业规范和伦理道德,是一个群体的人共同认定的结果。人的因素是工程伦理中的终极因素,对人的关注也是工程伦理中的终极关注。

土木工程、水电工程等是通过改变人类居住环境来影响人的生活方式和生活习性,从而间接影响人。化学工程相对于其他工程而言,除了对人类的生存环境造成影响外,还会通过人的呼吸、食物摄取、皮肤接触等方式直接进入人体,造成人体内生理指标发生异常或对人的组织黏膜、神经等造成损伤,引起人体器官的病变,诱发癌变。不仅如此,类似于酒精、甲醛等化学品会使男性精子异常导致胎儿畸形,而铅含量过高会导致幼儿发育迟缓和多动,对人的种群发展造成消极影响。因此、化学工程中的生命伦理研究与生命伦理学的研究着眼点不同,不是思考生命过程中的合伦理性,而是研究化学工程在利益获取和生命尊严发生利益冲突时的伦理选择。基于如此特点,我们有必要将生命伦理中的基本原则在化学工程中赋予更广泛、更严格的要求。

(1)不伤害有利原则。化学工程中的伤害不仅包括疼痛和痛苦、残疾和死亡等身体和精神上的伤害,还包括经济的损失、生存环境的破坏等在内的其他损害。不伤害包含了避免有意的伤害、降低伤害的风险和减少伤害的程度。化学工程中的"不伤害"更深层次的是将对化学品认知的滞后性和化学品的转化和累积效应考虑在内,在不伤害的同时存有对生命的敬畏,是在工程中的"敬小慎微"。

(2)尊重原则。掌握化学工程的技术需要一定的专业培养,因此化学工程的潜在风险并不能被工程师以外的其他人群全面地掌握。而每个人都有对自己的生命安全和生存环境自由选择的权利,此时生命伦理中的尊重原则就显得必不可少。化学工程伦理中的尊重原则主要包括两个子原则。一是知情同意,包括:同意的能力、信息的告知、信息的理解、自由的同意。通过将信息准确完整地告知相关利益主体,保证给除工程师以外的人群按照个体的价值和计划科学选择的基础。二是自主性尊重被研究对象的自主权、知情同意权、保密权和隐私权等。保证人在无外加压力的情况下决定自身的行动方针。

化学工程伦理探讨生命伦理不仅仅局限于工程与人、人与人之间的关系,还应包括一切和人一样具有生命体征的动植物。诺贝尔和平奖得主、德国哲学家、人道主义者阿尔贝特·施韦泽认为,一个有道德的人不会恶意地伤害任何生长的生命,只会与自然和谐相处。工程师的伦理道德应该是"尊重动物和植物,就像尊重他的同伴一样"。生物中心主义的代表、美国学者保尔·泰勒认为,所有活的生物体都有与生俱来的价值,因而都是道德共同体的一部分。否定它们的成员资格就是对它们不公平。他称为"生命中心说"的观点依赖于承认所有活体生命在这个地区共同体中的普遍性成员资格。每一个生物体都是生命的一个中心,而且所有生物体都相互关联。

(3)公正原则。公正原则包括"分配公正""回报公正"和"程序公正"。"分配公正"指根据实际情况的不同,责任和义务应合理分配。"回报公正"就是收益和负担应当成正比。"程序公正"要求建立的有关程序适合于所有人。化学工程在选址和论证时,不应依据外部条件不同而采取双重标准,应该公正地对待不同经济环境、生活环境、认知水平下的自然环境和人。随着化学品的危险性逐步被认识,发达国家和地区正开始逐步淘汰高污染、高能耗、高危害的化学工程并禁止新的化学工程立项。但市场对印染、冶金等高污染的化工品需求量仍然相当大,因此一部分地区和企业开始实施产业转移,将此类危害周期长、危害性能大、高污染、受禁止的产业转移到欠发达地区。欠发达地区受经济落后的压力和发展的迫切需要,往往会降低准入门槛。在这个转移过程中,实际上是以欠发达地区的生存环境和人的健康为代价的,显然违背公正原则。

9.4 化学工程的伦理规范

很多化工安全事故都在现实中演变为灾难,不仅极大地影响到公众的安全、健康和福祉,也给社会发展和公众生活的生态环境造成难以估量的损害。工程是社会试验,它意味着人类通过科技手段在与自然力做斗争,但是我们并不能保证每次试验都能取得满意的成果。如何主动掌握和控制潜在风险?如何规避可能存在的风险而不致演化为事故?这就需要在化工生产过程的各环节中将公众的安全、健康和福祉放在首位,坚持环境与生态的可持续发展,以综合全面的视角积极掌控已知的与潜在的风险,作好相关的各项评估,减少风险引发的各种不确定性因素,缓解公众的邻避情绪,实现化工工程项目与人、自然、社会的和谐良序发展。

化学工程伦理是工程伦理学下的一个分支。是从社会而非技术的角度看化学工程,是将化学工程活动中涉及的工程与生态、工程与环境、工程与人的关系置于伦理学的角度下进行判断,以及考量工程主体在工程的决策和设计、工程的操作和运行等环节的价值判断标准和行为规范准则。

9.4.1 化工安全事故的人为因素

化学品的生命周期包括研发、规划、设计、建造、生产、运输、存储、使用和废弃处理,每个环节都可能由于人为失误而导致发生重大事故。据各类文献统计,50%～90%的化工事故是由于人的失误引起的,引起人为失误的因素很多,既有内因也有外因。内因包括操作者技术的熟练程度、情绪控制力、精力集中度、风险偏好、职业伦理敏感度等;外因包括工作场所的卫生环境、操作培训和应急演练质量、操作规程清晰度、个人防护设备配备情况、设备标识情况、企业安全文化、安全管理系统的健全程度等。如果在整个生产过程中研发、规划、设计等阶段充分考虑后续各阶段的风险,考虑到厂内的员工、厂外的社区公众产品的终端用户的安全和健康,避免人为失误或过失,做好事故预防工作,那么就能起到事半功倍的效果。

2008 年中国奶制品污染事件是一起食品安全事故,事故起因是很多食用三鹿集团生产的奶粉的婴儿被发现患有肾结石,随后在其奶粉中发现有化工原料三聚氰胺。截至2008 年 9 月 21 日,中国国家质检总局公布对国内的乳制品厂家生产的婴幼儿奶粉的三聚氰胺检验报告后,事件迅速恶化,包括伊利、蒙牛、光明、圣元及雅士利在内的多个厂家的奶粉都检出三聚氰胺。该事件亦重创中国制造商品的信誉,多个国家禁止了中国乳制品进口。三聚氰胺是一种三嗪类含氮杂环有机化合物,被用作化工原料,对身体有害,不可用于食品加工或食品添加物。2017 年 10 月 27 日,世界卫生组织国际癌症研究机构公布的致癌物清单初步整理参考,三聚氰胺在 2B 类致癌物清单中。三鹿集团作为当时集奶牛饲养、乳品加工、科研开发为一体的大型企业集团,在研制、开发、销售过程中先后得到了很高的荣誉和巨大的经济利益,虽然明知三聚氰胺的危害,但是在其生产过程中仍将致癌的物质加入奶粉中,见利忘义,忽视了公众的安全和健康。

9.4.2 事故预防中的防范

事故预防的关键在于事前的安全隐患排查。化工建设项目在建设前、建设完成后和生产过程中都要进行安全评价,目的就是要消除可能导致重大事故的高风险隐患。根据《中华人民共和国安全生产法》第 29 条规定:矿山、金属冶炼建设项目和用于生产、储存、装卸危险物品的建设项目,应当按照国家有关规定进行安全评价。

一个大型化工厂,在建厂和投产之前,要先通过专业的安全评价行政程序。在安全评价过程中,经过"定性分析",分析含有几个危险源。再经过"定量分析",计算几个危险源可以综合为一个"重大危险源"。"重大危险源"一旦发生安全事故,会给本厂乃至周边地理区域带来巨大的人员伤亡和经济损失,还可能对环境造成严重的长期影响。在 2019 年 3月 21 日发生的江苏省盐城市响水县化工厂爆炸事件中,在天嘉宜化工厂 2 公里范围内有三所小学,工业园区内附近居住人口较多,有小区、多所幼儿园和小学,此次爆炸所在地居民的门窗破损严重,甚至"一条街所有房子玻璃都碎了"。事实上,根据我国现行法律法规,要求石油化工类企业,在新建项目时,将不少于 5% 总投资的费用,用于安全设施的设置。企业投产以后,每年仍需投入一定量的经费用作安全设施的维护。例如在氢气和一氧化碳易泄漏的区域,设置可燃气体和有毒气体探测报警仪。我们通常要求可燃气体在环境空气中的浓度达到爆炸下限的 1/4 时,第一次发出警报;可燃气体在环境空气中的浓度达到爆炸下限的 1/2 时,再次发出警报。这样,相关工作人员能及时发现险情,合理处置。但是在盐城市响水县化工厂爆炸事件中现场询问的操作员工不清楚装置可燃气体报警设置情况和报警后的应急处置措施,硝化车间可燃气体报警仪无现场声光报警功能。员工不清楚相关应急处置措施,报警仪功能也不全,那要如何在险情刚刚发生、还未酿成大祸时,就及时有效地处理呢?

9.4.3　事故应急中的防范

事故应急工作包括事前的应急准备、事后的事故报告和应急处置等环节。

事前的应急准备主要包括应急预案的铺垫、应急设备和物质的准备、应急演练等环节。危险化学品火灾、爆炸或泄漏事故发生后,往往会在很短的时间内对公众和环境造成较大的影响,需要事故应急人员事前做好风险分析工作,将危险化学品的风险信息告知利益相关方,这样才能有针对性地制定比较完善的综合应急预案,使有关各方做好应急准备。否则,如果事前没有做好风险辨识工作,或者虽然做了风险分析,却没有把分析出来的风险信息告知利益相关方,那么各利益相关方就不清楚事故现场有什么化学品,更不清楚这些化学品会引发哪些危险事故。这样一旦发生事故,往往会对事故现场的应急人员自身和公众产生不利后果。

《中华人民共和国突发事件应对法》第二十条规定:“县级人民政府应当对本行政区域内容易引发自然灾害、事故灾难和公共卫生事件的危险源、危险区域进行调查、登记、风险评估,定期进行检查、监控,并责令有关单位采取安全防范措施。省级和设区的市级人民政府应当对本行政区域内容易引发特别重大、重大突发事件的危险源、危险区域进行调查、登记、风险评估,组织进行检查、监控,并责令有关单位采取安全防范措施。县级以上地方各级人民政府按照本法规定登记的危险源、危险区域,应当按照国家规定及时向社会公布。”令人遗憾的是,在盐城化工爆炸事件前,各级政府部门虽查出了安全隐患,但并没有进行监督和整改,没有及时向社会公布相关危险源和危险区域的信息。

9.4.4　公众在化学工程中的伦理规范

公众在化学工程中的角色决定了一个化学工程的立项、建设、投产理应受到公众的密切关注。公众在化学工程中承担起其应有的责任,对化学工程的合理运行有不可替代的作用。公众对化学工程的认定有别于工程其他主体,公众的利益出发点不同于企业和政府,能对化学工程的立项、运营提供不同利益诉求的判断标准。但由于知识背景等诸多因素的限制,公众在化学工程中不可能承担外化的具体的责任。化学工程伦理中公众的伦理责任不是一种主动的承担型责任,而是一种被动的保护型责任。在化学工程中,公众的责任是对自身权利的关注、负责和对自身利益的积极响应,从而转化为对化学工程和伦理性的外部促成因素。即通过对自身健康和生存权的关注,客观上对化学工程投产、运行起监管的作用。

公众的关注会产生外在的影响效应。一是能对化学工程实施实质监督,这种有别于监管部门的定时定点监督,是全天候、立体式的监督,以防止企业在利益驱动下“钻空子”,减少企业投机取巧。二是公众主动积极地参与工程决策,是工程决策合理化和程序化的催化剂。公众的关注有助于工程立项的最终决议纳入公众意见,有利于推动工程认证和监督的合理机制实行。公众的关注是工程合理决策的外因力,通过诸如公众参加工程立项的听证会等方式,保障了公众在工程决策时的知情同意,形成畅通的公众申述途径,对工程的多层次决策必不可少。三是公众对自身关注和保护意识的增强,强化了对企业的监督和对不合理工程的抵制,对企业亦起到一种威慑作用,促使企业采取更合伦理、而非更经济的方法来处理实际生产中的问题。

 参考案例

浙江台州华邦医药"1·3"爆炸事故

2017年1月3日,上一班员工由于连续24小时上班,身体疲劳,在岗位上打瞌睡,错过了投料时间,本应在晚上11时左右投料(平时都是晚上11时左右投料),而1月3日却在凌晨4时左右投料,在滴加浓硫酸20~25℃保温2小时后,交接给下一班(白天班)。下一班未进行升温至60~68℃并保温5小时操作,就直接开始减压蒸馏,蒸了20多分钟,发现没有甲苯蒸出,操作工继续加大蒸汽量(使用蒸汽旁路通道,主通道自动切断装置失去作用),约半小时后(即8:50左右),发生爆燃,造成3人死亡。

调查发现设计院在设计华邦公司DDH技改项目环合反应加热方式时,未对所设计项目进行必要的安全认证,也未开展项目风险研究或要求提供第三方风险研究结论,设计采用蒸汽加热方式,导致项目设计存在本质安全隐患。华邦公司对蒸汽旁通阀管控不到位,既未采取加锁等杜绝使用措施,也未在旁通阀上设置警示标志,在作业工人违规使用蒸汽旁路通道时,未能发现并纠正,致使反应釜温度和蒸汽联锁切断装置失去作用。华邦公司未有效落实安全生产责任制、岗位责任制和领导干部带班(值班)制度,对生产工艺流程缺乏有效监管,对夜班工人睡岗现象失察失管,致使错过投料时间;对从业人员安全意识、责任风险意识教育培训不到位,致使车间操作工人习惯性违反操作规程、变更生产工艺流程。

(资料来源:中国化学品安全协会.浙江华邦医药"1·3"较大爆炸火灾事故:工艺随意变事故马上来[EB/OL][2018-12-19].http://www.ccin.com.cn/detail/b7c03a80778057f6a9eaad323f3949ad/news.内容有整理)

连云港聚鑫生物科技有限公司"12·9"爆炸事故

2017年12月9日凌晨2时20分左右,连云港市灌南县堆沟港镇化工园区聚鑫生物科技有限公司四号车间内发生爆炸,爆炸引发临近六号车间局部坍塌,事故造成10人死亡。调查发现,将设计用氮气(0.15Mpa)将间二硝基苯压到高位槽的方式,改用压缩空气(0.58Mpa)压料,造成高位槽内沉淀的酚钠盐扰动,与空气形成爆炸空间,引燃物料。生产涉及的氯化、硝化等工艺都属于国家明确的重点监管危险工艺,但公司大多数员工都是初中及以下文化程度,技术和生产副总虽是大学学历但也不是化工专业,发生事故的四车间23名倒班工人有20人初中及以下文化程度,严重违反国家法规规定的重点监管危险工艺人员至少是高中学历的相关要求。

(图片来源:搜狐网)

既涉及重点监管的危险化学品,又涉及重点危险化工工艺,且氯化、硝化反应生产过程基本没有实现自动化控制,现场作业人员较多,每个楼层都长期有操作人员,这次事故造成的严重后果与自动化程度低密切相关。控制室、休息室都跟装置连在一起,设计上存在布局严重不合理的问题。二楼3名操作人员发现险情后全部逃生幸存,但没有联动机制通知楼内其他人员。此外,管理过程中也存在问题,辅助装置自控缺乏,精馏装置仅有单一温度显示,没有报警、调节控制等工程技术措施。

(资料来源:佚名.连云港聚鑫生物科技有限公司"12.9"间二氯苯装置爆炸事故情况通报![EB/OL][2017-12-13].https://www.sohu.com/a/210171583_100012850.内容有整理)

由此可见,此类事故过程中风险识别不到位,如何变更无风险识别及新增风险识别的对策措施是至关重要的。

北京交通大学实验室爆炸

2018年12月26日,北京交通大学环境工程系学生在校区2号楼环境工程实验室做实验,在做垃圾渗透液污水处理实验期间发生现场爆炸,事故当场造成3名学生死亡。经调查,这起事故被明确认定为一起责任事故。事故发生的直接原因,是在学生使用搅拌机对镁粉和磷酸进行搅拌、使之反应的过程中,料斗内产生的氢气被搅拌机转轴处金属摩擦、碰撞产生的火花点燃爆炸,继而引发镁粉粉尘云爆炸,爆炸引起周边镁粉和其他可燃物燃烧,造成现场3名学生被烧死。

（图片来源：新京报）

这一调查结果，意味着之前媒体报道的"实验室内存储镁粉"一事属实。在调查结果出炉之前，很多人根本不敢相信，一所正规的实验室，其负责人怎么可能犯下如此低级而危险的错误。最终，事故调查组认定，北京交通大学有关人员违规开展试验、冒险作业；违规购买、违法储存危险化学品；对实验室和科研项目安全管理不到位。

（资料来源：佚名.12·26北京交通大学实验室爆炸事故［EB/OL］［2018-12-26］.https：//baike.baidu.com/item/12%C2%B726%E5%8C%97%E4%BA%AC%E4%BA%A4%E5%A4%A7%E5%AD%A6%E5%AE%9E%E9%AA%8C%E5%AE%A4%E7%88%86%E7%82%B8%E4%BA%8B%E6%95%85.内容有整理）

 思考与讨论

1. 化学工程伦理和其他工程伦理的异同。
2. 简述化学工程中所涉及的其他伦理。
3. 化学工程中的伦理规范应注意哪些方面？

第10章　机械、电子信息工程伦理

通过本章的学习,深入理解机械、电子信息工程的概念,机械、电子信息工程伦理的教育意义,掌握机械、电子信息工程伦理问题。

引导案例

机器人身陷伦理困局

在1942年的短篇小说中,科幻作家 Isaac Asimov 提出了机器人的3条准则——工程安全措施和内置的道德准则,以保证机器人会友善对待人类并使人们免于机器末日。其中准则一是机器人不能伤害人类或无所作为而导致人类受伤害;二是机器人必须听从命令,除非这些命令违背第一条准则;三是机器人必须保护自身,但这些保护不能与第一和第二条准则相违背。

不过,2015年5月,在美国布鲁金斯学会的一个无人驾驶汽车研讨会上,专家讨论了在危急时刻无人驾驶汽车应当怎样做。如果汽车为了保护自己的乘客而急刹车,但造成后方车辆追尾应如何? 或当车辆为了躲避儿童进行急转,但撞到旁边其他人怎么办?

"在日常生活中,我们能看到越来越多的自动化系统。"研讨会参加者、德国西门子公司工程师 Karl-Josef Kuhn 说。但他问道,研究人员如何能装配一个可以在"两个坏主意之间作决定的"机器人?

随着机器人不断发展,这些困境将很快影响到卫生保健机器人、军事无人机和其他有能力决定帮助或伤害人类的自动设备。研究人员越来越意识到,社会对此类机器的接受程度将取决于它们是否安全,能否遵守社会准则和鼓励彼此间的信任。"我们需要取得人工智能在伦理方面的成功。"加拿大温莎大学哲学家 Marcello Guarini 说。

目前,几个项目正在应对这些挑战,其中包括美国海军研究办公室和英国政府工程资金委员会资助的一些创新项目。他们必须处理一系列难题,例如机器人要进行伦理决策需要哪些智能、程度如何以及如何将这些转化成机器指令。计算机学家、机器人学家和哲学家都要投身其中。

"如果你 5 年前问我,我们能否制作出有道德的机器人,我将会说不能。但现在,我不再认为这是一个疯狂的主意。"英国布里斯托机器人实验室机器人专家 Alan Winfield 说。

· 学习型机器

一个被频繁提及的实验是一个名为 Nao 的商业机器人,它会提醒人们按时服药。

"听上去十分简单。"康涅狄格大学哲学家 Susan Leigh Anderson 说。她与丈夫、哈特福德大学计算机学家 Michael Anderson 一起致力于机器人研究。"但即便在这种有限的任务中,也涉及许多伦理问题。"例如,如果患者拒绝接受药物,Nao 应该如何做?

为了教 Nao 处理此类问题,Anderson 夫妇给予它许多生物伦理学家解决自治、伤害和患者利益间冲突的案例。然后,学习算法会将这些案例分类,直到找到指导机器人应对新情况的模式。

通过此类"机器学习",机器人甚至能从模糊不清的输入信息中提取有用的知识。该方法理论上将帮助机器人在遇到更多情况时,在伦理决策方面做得更好。但很多人担忧,这种进步是有代价的。斯坦福大学人工智能和伦理学讲师 Jerry Kaplan 表示,这些原则不会被写进计算机代码,因此"你没办法了解为何一个特殊程序能告诉它某件事在伦理上是对或错"。

许多工程师表示,解决这一问题需要不同的策略,大部分人尝试生成具有明确规则的程序,而非要求机器人自行判断。Winfield 去年出版的实验结论显示:什么是能让机器人营救掉入洞中的人的最简单规则? Winfield 认为,显然机器人需要能察觉周围环境,识别出洞和人的位置以及它相对于两者的位置。而且,机器人也需要规则以预期自身行动可能产生的影响。

Winfield 的实验使用了冰球大小的机器人,他让其中一些"H 机器人"代表人类,另一些"A 机器人"代表以 Asimov 命名的伦理机器。Winfield 利用类似 Asimov 第一条法则的规则编成了"A 机器人":如果它认为"H 机器人"掉入洞中,它必须前往拯救"H 机器人"。

结果显示,即便最低限度的伦理机器人也将是有用的。Winfield 表示,"A 机器人"通常会设法拯救"人类",并会首先前往离自己近的那一个。有时,通过快速移动,它甚至能两个都救出。但实验也显示出保守行动的限制。在几乎一半的试验中,"A 机器人"会陷入两难境地,并使得两个"H 机器人"都"死亡"。

为了解决该问题,就需要额外的规则,以确定如何选择。如果一个"H 机器人"是成人,而另一个"H 机器人"是儿童,"A 机器人"应该先救谁?诸如此类的判断,即便是人类也不能总是达成一致。就像 Kaplan 提到的那样,通常"我们不知道如何编纂何种显性规则"。

· 杀人机器争论

支持者认为,基于规则的方法有一大优点:它通常能明确机器人为何做出这个选择,因为是它的设计者编纂了这些规则。对于美国军队而言,还有一个重要关注点:哪些自动系统是重要的战略目标。佐治亚理工学院机器人伦理软件学家 Ronald Arkin 指出,对于机器人能否协助士兵或执行致死任务,"你最不想做的事就是把一个自动机器人送到军队,并找出它应遵循哪些规则"。如果一个机器人要选择拯救士兵还是追逐敌军,它必须预先知道自己要做什么。

在美国国防部的支持下,Arkin正在设计一个程序,以确保军事机器人能按照国际战争条约执行任务。一套名为"伦理管理"的算法将评估射击导弹等任务是否可行,如果允许机器人行动,答案会是"是"。

在伦理管理的虚拟测试中,一个无人驾驶飞行模拟器被要求打击敌方目标,但如果附近有平民设施则不能进行该任务。在各种给定的场景中,该算法会决定何时将允许无人机完成它的使命。

目前,美、日、韩、英等国大幅增加了军事机器人研发的经费,有英国专家称,20年内"自动杀人机器"技术将可能被广泛应用。对此,不少人感到忧虑:对于这些军事机器,人类真的能完全掌控它们吗?Arkin认为,这些机器在一些情况下能做得比人类士兵更好。

无论如何,联合国《特定常规武器公约》近日正再次就杀手机器人主题听取技术和法律专家的意见。国际机器人武器控制委员会成员、斯坦福大学网络与社会研究中心的Peter Asaro表示,越来越多的人赞同,没有人类监督情形下的机器人杀人是不可接受的。

• 人类、道德和机器

自从1818年玛丽·雪莱创作出世界上第一部科幻小说《科学怪人》,到1927年美国西屋公司制造出第一个机器人"电报箱",再到现在,幻想正在一步步变为现实。机器人在拥有"十八般武艺"的同时,甚至开始有了自己的"情感"。

2015年,日本电信企业软银集团宣布,将在日本推出能识别人的情感并与人交流的机器人Pepper。据介绍,第一代Pepper机器人于去年6月公开亮相,经过1年的研发,新款机器人的智力和情感交流能力都有显著提升。新款机器人Pepper时而歌唱、时而舞蹈,并且轻松自如地与人们互动交流。当受到人们表扬时,Pepper会流露出喜悦之情。当被"戏弄"时,则会委屈地放声哭泣。随着科技的发展,情感机器人总有一天会变为现实。这不禁引发了人类新的思考:人应该怎样对待机器人?

研究人员表示,如何建造伦理机器人将对机器人的未来发展产生重要影响。英国利物浦大学计算机学家Michael Fisher认为,规则约束系统将让大众安心。"如果他们不确定机器人会做什么,他们会害怕机器人,"他说,"但如果我们能分析和证明他们的行为的原因,我们就可能克服这种信任问题。"在一个政府资助项目中,他与Winfield等人合作,以证实伦理机器项目的产出。

相比之下,机器学习方法让机器人能从经验中提取信息。这将使得它们更灵活和有用。许多机器人专家表示,最好的前进道路是多种方法结合。"这有点类似精神疗法,"Pereira说,"你可能不会只用一个理论。"一个尚未解决的挑战是,如何将这些方法结合成一个可行的方法。

(资料来源:张章.机器人身陷伦理困局——道德建设成人工智能最艰巨挑战[N].中国科学报,2015-07-7.内容有整理)

通过此案例分析:人工智能是否会冲击法律规范道德伦理?面对人工智能可能带来的伦理问题,应该如何完善人工智能技术规范和法律约束?

10.1　机械工程

10.1.1　机械工程的概念

机械工程是一门涉及利用物理定律为机械系统作分析、设计、制造及维修的工程学科。机械工程是以有关的自然科学和技术科学为理论基础,结合生产实践中的技术经验,研究和解决在开发、设计、制造、安装、运用和维修各种机械过程中的全部理论和实际问题的应用学科。

10.1.2　机械工程的发展

19世纪以后,科学技术工作由以个人活动为主的时代开始进入社会化发展阶段,科学技术进入全面发展的时代。机械科学开始和航空航天科学、核科学、电工电子科学等其他领域的科学技术相结合,促使机械工程开始走向现代化,20世纪是机械工程发展最为迅速的时代。

第二次世界大战以前的40年,机械工程发展的特点主要表现为继承、改进、提高19世纪延续下来的传统机械工业,并致力于扩大应用范围。蒸汽机的效率不断提高,功率在加大。内燃机开始应用于几乎所有的移动车辆和船舶之中,交通运输事业空前发展,国防力量迅速增长。机械生产自动化的规模开始形成。电动机的推广应用加速了机械制造业的发展,同时,机械工程领域的科学管理制度开始建立,机械设计理论不断完善,对该阶段的机械工程发展起了很大的推动作用。

第二次世界大战是人类现代史中最大的劫难。但是,战争对武器杀伤力的需求、对武器维修的需求、对运载工具的需求,极大地刺激了兵器制造业和设计业的发展。机械零件的互换性就产生于第二次世界大战期间,以后诞生了互换性与技术测量学科。导弹也是诞生在第二次世界大战期间。第二次世界大战促进了机械工业的高速发展。

第二次世界大战以后的40年,是机械工程发展最快的时代。这主要是因为战争期间积累的技术开始转为民用及战后和平年代的经济复苏。该阶段机械工程发展的特点主要表现为机械设计的新理论和新方法用于产品设计,可靠性设计、有限元设计、优化设计、反求设计、计算机辅助设计、空间机构理论、机械动力学等现代设计理论的应用,提高了产品质量。机械技术和电子技术、自动控制技术、传感技术等渗透结合,智能化的机电一体化产品开始问世,数控机床、机械手、机器人的出现,提高了机械制造业的自动化程度,与机械有关的其他领域,如纺织、印刷、矿山冶金、交通运输、航空航天等也开始迅速发展。机械的应用几乎遍及国民经济的所有部门和科研部门,机械也开始进入了人类的生活领域和服务领域。

20世纪70年代以后,机械工程与电工电子、物理化学、材料科学、计算机科学相结合,出现了激光、电解等许多新工艺、新材料和新产品,机械加工向精密化、高效化和制造过程的全自动化发展,制造业达到了前所未有的水平,设计与制造一体化,使得产品质量空前提高。并行设计、绿色设计与制造、稳健设计、模糊设计、虚拟设计等现代设计方法使设计理论与方法趋于合理和完善。

10.1.3 现代机械工程的特点

现代机械制造有哪些特点？随着科学技术发展，传统的机械制造技术已经无法满足当前产品需求，因此机械制造技术不断改进和提高，机械制造效率也不断提高，迎合了工业发展的新要求。当前机械制造技术不断加深与先进科学技术的融合，例如计算机技术等，与传统机械制造相比，采用新技术的机械制造工程在工作效率上大大提高，技术不断革新，满足了产品需求，市场也有所扩展。

当前机械制造技术不再是孤立的个体，各种技术之间相互融合、相互渗透，这样扩大了技术操作范畴，每个环节之间都紧密联系，机械制造技术也不断与机械设计、产品生产、加工以后开发等环节紧密相连，这些环节都以机械制造技术为重要载体，几个环节之间与机械制造技术不断综合。其主要特点是：

1.具有系统性的特点

系统性这个显著的特点是机械制造工艺本身具有的，这一特点直接突破传统制造工艺单一性和局限性的缺点，可以将机械制造中的各个环节如机械设计、产品生产包装以及物流等相关流程，有效地融入机械制造工艺的系统化、整体性的特点中。观察现代化的机械制造工艺，发现系统化的机械制造工艺有效结合和优化了传感技术和信息网络技术等。传统的机械制造工艺中各个环节都是分离的、独立的，每个环节都有专人负责，不存在合作的关系，但是现代的制造工艺中的各个环节存在一定直接的关系和呈现环环相扣的明显特征，使得机械制造变成了一个系统化的工程。

2.具有可持续发展的特点

随着经济的不断增长，国家和人民对可持续化越来越重视，要实现可持续发展，主要应该解决的是环境发展、资源短缺和社会不断发展等的矛盾。虽然我国的机械制造工艺无法达到发达国家那样先进的水平，并且无法对生态环境实施很好的保护。但是，我国也充分认识到了可持续发展和环保的重要性，我国现代的机械生产工艺符合可持续发展的各项要求，在具体的机械生产制造过程中，一直坚持绿色环保的生产原则，对每一个生产环节的灵活机动性和耗能性进行评估，尽可能地节约能源，与此同时也要保证生产出的产品最佳，同时生态、环保的机械制造工艺是时代发展的需要。

3.具有多个领域相互配合的特点

对于机械制造企业来说，它所涉及的并不仅仅是单一的学科，而是由多个学科领域融合在一起的。在制造企业中，不仅要用到制造的知识还会有自动化、计算机和电机技术等相关知识的相互融合，在这个过程中，也使得现代机械制造工艺摆脱了单一化的发展。同时引进的人才，也由传统的仅仅懂得制造的人才，转变为既熟悉机械制造还可以合理利用计算机信息化技术的人才，从而真正实现机械制造企业的巨大转变。

4.具有稳定性的特点

传统的制造工艺不能满足市场经济的大规模需求,所以需要引进先进的现代化机械制造工艺来生产统一标准的机械产品,最好这个机械产品能够大批量、稳定地生产,来达到客户期望的质量要求。

5.具有人才、管理、工艺技术相互结合的特点

在利用先进的机械制造工艺的同时,也需要引进相应的制造工艺人才和管理人才,这样才能最大限度地促进机械制造企业良好发展,并且在生产制造的过程中,要有效融合设计者、工艺人员和管理者,才可以生产出高品质、高水平的机械制造产品。并且随着生产规模扩大和经济效益的提高,首先要对技术人员进行有效的培养和优化,这也是制造工艺不断创新的关键所在。

总的来说,在机械制造管理方面,未来机械制造管理将更加趋于电子化和智能化。以计算机为重要依托,我国当前在智能化管理方面资源以及技术相对匮乏,因此要加强国外先进技术的引进和学习、借鉴,做到为我所用,加强机械制造管理。在机械制造设计方面,设计是制造的基础,应该加强对机械制造的设计规划,在这一方面我国也应该加强对西方先进工业国的学习,充分利用电子信息技术,对数据不断分析和处理,并且更新。在设计方面应特别注重计算机辅助软件的应用,加强对相关人才的培养,当前已经有部分企业实现了无纸化办公,即无纸化图纸,这种做法更加便于管理和图纸保存,应该扩大无纸化办公领域。机械制造工艺更加精准、高效,在机械制造工艺方面,未来机械制造的发展趋势必然是更加精确、更加高效,因此与机械制造技术相关的激光、纳米、电磁等新型加工技术发挥着越来越重要的作用,我国机械制造行业应该在这一方面更加重视,以提高机械制造技术和生产效率。

10.1.4　现代机械制造工艺技术发展态势

根据现代机械制造工艺的特点,我国现代机械制造工艺可以向着环保化、精细化、网络化和虚拟化等方向发展,具体的内容如下所示。

1.环保化发展态势

我国一直坚持走可持续化发展道路,任何行业都在追求生态环保,机械制造行业也不例外。现代机械制造工艺应该将资源节约和环境保护放在首位,机械制造的发展态势是在尽可能不破坏环境的情况下,进行高效的机械生产制造。我国的机械制造企业也开始重视低能耗、绿色环保的制造工艺的研发,并且在生产制造的各个环节有效地实现绿色化生产,同时应该使用环保性的材料,设计和包装等过程也要积极倡导环保的意识。在产品使用完之后也要进行相应节能的处理回收,真正保证生产和使用的全过程的环保。对于现代化的制造企业而言,生产制造过程中的污染是不可避免的,对于制造过程中产生的污染物的处理、装置的研究以及噪声减除的装置等的研究都是相当有必要的,未来机械制造的重点是持续坚持能源节约、环境保护的追求。

2.精细化和智能化发展态势

随着激烈的市场竞争和科技的不断发展,机械制造企业面临巨大的挑战,制造型企业只有对粗放型的传统的生产模式进行转变,使其向精细化发展,才可以使制造型企业在竞争中保持优势。相比而言,我国的自动化、数字化和智能化的发展比较缓慢,机械制造企业应该不断引入先进的技术,将专家系统、人工神经网络等人工智能技术应用到制造过程中,机械制造企业在未来的发展中会越来越趋向于精细化、智能化的发展态势。因此,在我国机械制造工艺发展中应该重视数字化、智能化的发展。

3.网络化发展态势

计算机信息技术的迅速发展,促使机械制造企业的生产和经营管理的各个环节普遍应用网络技术,这种变革也是一种历史性的进步,通过网络通信技术可以实现异地或者跨国的经营活动,提高了企业的工作效率,有效地记录制造工艺的过程。因为传统粗放的评估质量的方式无法满足现代化生产的要求,在新时代的质量评估中引入了计算机信息技术,这样可以在进行精密生产之前,建立相应的质量评估系统,在计算机上对不同的评估重点进行不同的评估算法,在具体的生产过程中,根据具体的要求对质量进行评价,这些都是基于计算机信息系统进行的。除此之外,还可以利用网络对机械工艺研发的产品进行销售,并且运用计算机软件将自动化技术、信息技术和制造技术有机地结合在一起,形成高效率、高柔性的自动化制造系统,未来机械制造的发展模式也就是网络化的发展模式。

4.虚拟化发展态势

我国机械制造发展的核心是虚拟化技术,虚拟化的发展和计算机网络密切相关,主要是运用计算机仿真软件对机械制造工艺进行模拟,这样才可以保证在具体的操作生产过程中不出现失误。虚拟化也充分地了解了现代制造工艺的各种特点并且保证了制造的合理性。虚拟化可以检验出产品生产加工过程中所需要的方法,这样可以避免产品在设计和生产过程中的一些错误。虚拟化的发展也是一种环保的手段,这样可以避免不合理的产品的生产,避免了生产材料的浪费。

10.2 机械工程伦理

近年来,信息技术与工业领域发生了重大变革,如大数据、云计算、3D打印、工业机器人等,其中智能制造作为信息化与工业化深度融合的产物,更是得到了各国政府的广泛关注和普遍重视,如美国先进制造业国家战略、法国"新工业法"、德国"工业4.0"等。与此同时,我国经济发展进入新常态,制造业面临的资源和环境约束不断加大。在此背景下,我国提出《中国制造2025》规划,把发展智能制造作为主攻方向,坚持创新驱动、智能转型,加快从制造大国转向制造强国。

通常情况下,人们认为智能制造相关的机械设备已经达到本质安全,不需要考虑安全问题。但是,2015年6月29日,德国大众汽车制造厂中的21岁工人在安装调试机器人时,后者突然出手击中工人的胸部并将其压在金属板上,造成这名工人当场死亡。同年7月,美国密歇根州爱奥尼亚的一家汽车零部件制造商的一条装配线上,工业机器人意外启动将零部件组装到了维护技师 Wanda Holbrook 的头上,导致其头骨被压碎当场死亡。这些事件无不警示着我们,智能制造需要更加严格的安全要求与之相匹配,才能够保证其健康发展。

10.2.1　机械工程伦理的确立

工程伦理是"工程技术人员包括技术员、助理工程师、工程师、高级工程师在工程活动中,对包括工程设计和建设以及工程运转和维护中的道德原则和行为规范进行的研究"。事实上,任何工程都负载了工程主体的伦理价值。

美国工程师协会联合会于1994年8月发表的一份政策声明的主题是可持续发展工程教育。其意义是站在工程的立场,在加速人类工业文明繁荣昌盛的同时,正视世界人口剧增粮食短缺、资源枯竭、能源缺乏、污染加剧、生态失衡等问题,致力于开发旨在资源节约化、能源与生产过程清洁化、废物再生化、环境无害化、农业生态化、社会公平协调等的可持续发展理论和技术,从工程伦理角度协调全社会创造新的价值观念、行为方式和工业规范。在工程教育方面则是造就新一代具有环境文明意识,并拥有相应科技知识的现代工程技术人员。

10.2.2　机械工程伦理的研究范围

机械工程安全的发展:机械安全是指机械在全生命周期内,风险被充分减小的情况下执行其预定功能而对人体不产生损伤或危害健康的能力。也即机械安全是从人的需求出发,在使用机械全过程的各种状态下(包括运轴、安装、调试、维护等),达到人体免受外界因素危害的状态和条件。为确保机械安全,需从设计(制造)和使用方面采取安全措施。凡是能由设计阶段解决的安全措施,决不能留给用户去解决,同时要考虑合理的、可预见的各种误用的安全性,采取的各种安全措施不能妨碍机械执行其正常使用功能。提高机械的安全性,防止或减少机械伤害事故,是当今人们共同关心的问题。

机械安全的基本特征主要包括六个方面:一是系统性。机械安全自始至终运用了系统工程的思想和理念,将机械作为一个系统来考虑。二是综合性。机械安全综合运用了心理学、控制论、可靠性工程、环境科学、工业工程、计算机及信息科学等方面的知识。三是整体性。机械安全全面、系统地对导致危险的因素进行定性、定量分析和评价,整体寻求降低风险的最优方案。四是科学性。机械安全全面、综合地考虑了诸多影响因素,通过定性、定量分析和评价,最大限度地降低机械在安全方面的风险。五是防护性。机械安全使机械在全寿命周期内发挥一定功能,其防护效果要求人员、机械和环境等都是安全的。六是和谐性。机械安全要求人与机械之间能满足人的生理、心理特性,充分发挥人的能动性,提高人机系统效率,改善机械操作性能,提高机械的安全性。

第三次工业革命后,机械化、自动化及信息化已成为工业领域主要生产方式,对于减轻劳动强度、提高劳动生产率、改善劳动环境、降低生产成本等具有非常重要的意义。然而,伴随着机械的大量使用,由于人的不安全行为、机械的不安全状态或恶劣的工作环境,人们在与机械打交道的过程中时常会发生各种事故,直接影响着人体健康或造成人身伤亡和财产损失,机械安全问题日趋凸显,我国一直致力于机械设备本质安全设计、安全防护技术以及安全控制系统的研究,机械安全风险评估的广泛应用对提升机械设备的安全水平起到了重要的作用。

近年来,装备自动化水平不断提升,工业机器人在生产中得到了广泛应用,如何正确并恰当地处理人机协作的安全性,成为未来一段时间内的难题。大数据、云计算等信息技术在制造业中逐步得到应用,这使我国机械设备控制系统的信息安全形势日趋严峻。据不完全统计,约80%的企业从来不对机械设备的工控系统进行升级和漏洞修补,有52%的工控系统与企业的管理系统采用内网或互联网连接。随着工业4.0的发展,物联网、智能工厂等新兴技术兴起,生产网络与管理网络的界限被打破,企业生产安全的信息防护问题也逐渐暴露出来。由智能制造发展引出的这些新安全问题有待解决。

10.2.3　案例分析——价值定位和伦理问题,成为智能汽车发展亟待解决的两大难题

"智能汽车是不可逆转的趋势,也会带动交叉学科和相关行业快速发展。但是,这一新兴产业正面临着商业模式和伦理问题两个巨大难题。"中国科学院大学教授吕本富2019年1月13日在中国电动汽车百人会论坛上抛出上述观点。

随着人工智能的普及,伦理问题已经成为整个学界关注的焦点。吕本富介绍说:"前段时间人工改写基因造小孩的问题,让伦理问题备受关注。智能汽车同样面临这个问题,比如电动车失控了,左边一个小孩,右边一个老人,你让它撞谁? 你把程序设计成让车辆自己撞毁,消费者肯定不买车了。事实上,智能驾驶面对的伦理难题远不止这一个。比如识别出车里坐着犯罪嫌疑人,是不是要把他直接送到公安局? 车里的人突然发病,车辆能否超速行驶把人直接送到医院? 超速行驶出现交通事故,需要追究谁的责任等。当前,自主无人系统的公平性问题已经上升到突出位置,世界上著名的大学都在设计人工智能的伦理课程。中国科学院大学也开设了此类课程,目的是解决人工智能带来的伦理问题。"显然,从有人驾驶,到无人驾驶问题不是越来越少了,而是更加复杂了。

作为社会科学学者,吕本富并不赞同过度炒作智能驾驶。在他看来,自动驾驶汽车上路还有很多问题需要解决,即使技术水平完全达到了,后面还会牵扯到社会、经济和法律问题,现在远远没有做好。

10.3　电子信息工程

目前,随着我国经济的发展,国家经济整体实力不断提高,加大了对电子信息工程相关技术的研发力度,使得我国电子信息工程得以跨越式发展。我们社会生产、生活中所使用的电子产品,如手机、电脑、自动控制生产设备等都同电子信息工程技术有着密切的联系。可以这样说,在社会各个领域中都能看到电子信息工程的影子,其在社会生产和生活

中发挥着重要作用。当前,随着信息技术的进一步发展,电子信息产品质量得到了极大提升,为电子信息制造行业的可持续发展提供了重要的技术支持。随着全球经济一体化进程的不断加快,电子信息工程将会在国际市场中扮演越来越重要的角色,任何国家只有掌握电子信息工程核心技术,才有可能在激烈的国际市场中站得住脚。所以,针对我国当前电子信息工程常规技术发展成熟而核心技术却没有掌握的情形,国家应加大对电子信息工程技术,尤其是核心技术的自主研发力度,在政策上、资金上和人力上给予支持,通过不断创新发展,促使我国早日迈入世界电子信息工程技术强国之列。

10.3.1 电子信息工程的概念

电子信息工程是一门专业性很强的学科,该学科集电子技术、信息技术、网络技术以及微电子技术于一体,在社会生产、生活、军事等领域中发挥着重要的作用。电子信息工程研究的主要内容是各类电子设备和信息系统的设计、开发和应用。研究的主要目的是对各种信息的获取和优化处理,得到社会生产、生活等领域所需要的信息资源。

10.3.2 电子信息工程的发展现状

电子信息工程作为新兴学科,主要应用于处理电子信息、设计电子设备、开发信息系统以及对信息内容进行控制。随着新时代的来临,电子信息工程涵盖着更加丰富且广泛的内容,与数据传输、图像处理等现代化技术有着密切的联系。开发新的产品可以更快地掌握信息内容,在我国经济发展的影响下,更多的行业开始涉及电子信息工程,我国政府的相关部门应针对现代化电子信息工程的发展,对其进行经济上的扶持,制定相关政策,为其提供有力的发展条件。现代化电子信息工程技术在各个领域中的应用情况如下所述。

1.在日常生活中现代化电子信息工程技术的应用情况

现阶段,电子信息工程已经成为人们日常生活中必不可少的一部分,很多常用的电子产品都可以联系到电子信息工程。人们在办公时会通过电脑使用办公软件,在工作中利用手机交流,通过利用电子信息工程,不仅保证了工作内容的准确率,更提升了人们的工作效率。与此同时,也提高了人们的生活质量。

2.在工业生产中现代化电子信息工程技术的应用情况

现代化电子信息工程技术在工业生产中也有着广泛的应用,并处于长远发展的趋势。射频识别技术进行识别的前提条件是现代化电子信息工程技术,在工业生产中占据着重要地位。射频识别技术经常运用于汽车生产中,可以追踪到汽车指定的相关部件,识别汽车标志。射频识别技术作为自动识别技术中重要的组成部分,可以储存大量的信息内容,为工业领域带来良好的效益。

3.在工程造价中现代化电子信息工程技术的应用情况

利用现代化电子信息工程技术计算工程造价,可以有效整合相关数据,并对其进行分析,为计算工程费用提供了便利。就当前而言,电子信息工程在工程造价中应用较为广泛,利用现代化电子信息工程技术替代传统工程造价的计算方式,利用这种计算方式很大程度上提升了工程造价的计算效率,并且也提升了计算的准确性。

4.在航空航天中现代化电子信息工程技术的应用情况

现代化电子信息工程技术在航空航天卫星发射等方面应用比较广泛,在航空航天卫星发射方面所体现的现代化技术包括数据系统、卫星定位等,可以应用在攻击机试飞与导弹试射中。但从目前所应用的情况看存在一些问题,需要不断提升航空航天的技术水准,进一步保障我国的经济发展。

5.在公路工程中现代化电子信息工程技术的应用情况

利用现代化电子信息工程技术管理公路工程时,应在数据库的基础上构建信息系统,并合理分析数据结果。除此之外,公路工程不同对数据信息会提出不同的要求,所需要的支撑点应是统一的标准。在建设公路工程中应用现代化技术,可以分析并合理计算出建设公路工程的时间、进度以及在这期间所使用的材料。同时在处理数据之后,还应做好记录工作。

6.在数据统计中现代化电子信息工程技术的应用情况

目前光伏电网的发展十分迅速,对人们的日常生活有着一定的影响,想要不断优化光伏电厂的性能,需要在合理分析数据信息的基础上进行处理。借助现代化电子信息工程技术进行优化,可以为数据统计制定出符合科学理念的决策系统,实现彻底的优化。比如,在检测孤岛监测盲区时,可以利用AFD法(单位根检验法),以及找出干扰电流的问题,合理解决其中存在的难点。电流过大,会直接影响到光伏电场的运行。需要不断改进电子信息工程,使其进行合理应用。

10.3.3 电子信息工程的现代化技术特点

电子信息工程涵盖的概念极广,包括电子技术、通信技术、信息技术。由于电子信息工程的覆盖面广,所以在当今社会的方方面面都能看到该技术的运用。例如,我们常用的手机通信网络、各种家用电器系统的嵌入、互联网的入网等,这些都是电子信息工程在当今社会的运用。而随着科技不断更新换代,传统的电子信息工程已经不太能跟得上时代进步的脚步,电子信息工程技术现代化的特点主要有:

1.建立电子信息工程产业

智能手机的不断普及使得入网人数不断增加,有效数据显示,我国网民人数在2017年已经突破7亿大关,占全世界网民人数的三分之一。如此庞大的网民数量,需要有更现代化的电子信息工程技术支持才能提供更好的网络服务,使我国信息化工程走在世界的前列。建立完备的电子信息工程产业可以加速这一进程。当今世界电子信息工程的现代化对任何国家而言都是一项前所未有的挑战,我国在这次的电子信息工程现代化探索中,不会因为历史原因站在西方发达国家之后,完全可以和全球国家站在同一起跑线上。所以,要建立我们自己完备的现代化电子信息工程产业链,做到各行业全面的"数字化"和"智能化",使电子信息工程技术先人一步进行现代化的转型。

2.将传统电视网络和互联网联合

电子信息工程的现代化可以从传统电视网络和互联网的结合着手。在传统的电视网络中,模拟信号是常用的手段,然而模拟信号的传输速度、传输精度、传输质量等各个方面相较于数字信号都有不足。如果能将互联网传输的光纤数字信号引入传统电视网络,必然是电子信息工程向更加现代化转型的一大助力。互联网和传统电视网络的结合不仅体现在传输质量的提高上,同时对我国的工业技术的提高也有帮助。例如,现今的大多数工厂虽然使用电子信息工程的手段让加工机床实现了低人力,但是,由于机床在信号的传递上依然是传统的模拟信号,无法进行远程操控或更现代化的自动操控,依然要投入不菲的人力资源。如果换用更现代化的电子信息工程技术,使用数字信号传递机床信息,利用更智能的处理核心对信息进行处理,那么完全可以推行以数控机床设备为主的新手段,利用计算机的辅助设计与制造进行操作,通过这样的现代化技术优化完成对工厂机床的自动化管理和控制,减少人力的支出,使生产活动中需要的人力资源不至于太高。

3.建立新兴产业

在我国,电子信息工程是一项全新的产业,在传统的电子信息工程技术的使用中,最主要的使用方法是通过电子技术、信息技术、通信技术的结合实现各行业的电子化和信息处理数字化。但是,随着当今现代化进程的不断加快,我们完全可以通过我们在电子信息工程上的技术积累,实现电子信息工程技术的创新,提高其在各行业的运用手段,增加生产效率。要建立电子信息工程方面的新兴产业,就必须从电子信息工程的设计阶段开始,对现有的技术进行现代化的改革,以使电子信息工程这一手段能焕发更耀眼的光彩。

4.对电子信息工程技术进行优化

我们当今掌握的电子信息工程技术实际上都是曾经相当成熟的手段。只不过,由于新时代下的技术进步,这一部分曾经成熟的技术无法发挥其应有的效果。所以,要对电子信息工程技术进行现代化的改革,可以通过对原有的电子信息工程技术手段进行优化,从而实现现代化。对电子信息工程技术的优化工作可以在运用的过程中进行。例如在使用电子信息工程技术对信息进行传播的过程中,信息挖掘的原理是相似的,我们只需要能使信息传播更远的手段,就让信息的传播质量得以提高,这就是通过对电子信息工程原有技术进行优化,使其更有效、更现代化。

10.4　电子信息工程伦理

随着我国计算机网络的迅速发展,交通、物流、医学、金融、科技等领域都离不开网络,网络为人们带来了极大的方便,"大数据"也逐渐发展壮大,把人们带入一个信息化的时代,大数据时代下的信息安全与人们的生活是紧密相连的。但是,与此同时,许多信息的安全也受到了不同程度的威胁,最近几年,信息安全受到威胁的问题频频发生,影响着人们的切身利益,让人们不堪忍受。因此,现在正需要对一些大数据时代下信息安全面临的问题做一定的解答。

10.4.1　电子信息工程伦理的确立

大数据时代下信息安全面临着的机遇和挑战。我国现在处于一个飞速发展的阶段，任何一个行业的发展都离不开信息的交流与传递，而信息交流与传递的同时，信息的安全性也受到人们的关注。随着科技的发展，信息的大数据时代也逐渐形成，大数据时代下的信息更加全面、更加具体，我国对大数据的发展给予了很高的重视，全球各个国家都对大数据时代给予了很大期待，大数据时代下的信息技术是人们都期待的。在大数据时代的推动下，我国能够掌握更多有用的信息，能够获得更多的知识，从而能够使得我国更进一步地发展，并且在发展的过程中，使我国信息的安全更能够得到保障，并促进我国信息技术的发展。

任何事物的发展都会遇到一定的挑战与阻碍，大数据时代下的信息安全当然也不例外。主要包括以下几个方面：一是在大数据时代下信息中个人隐私的泄露。随着我国科技的发展，现在许多的事情都可以通过网络来完成，例如登录一些考试的界面需要输入自己的姓名、身份证等，购物需要在网上填写自己的手机号、姓名、住址等，还有在网上登录一些交流的App等，都会有自己的个人信息，甚至是隐私信息，这些信息有的被暴露在网上，侵犯了人们的隐私权，也使大数据时代下信息的安全受到了很大的影响。二是随着信息技术的发展，对网络信息的攻击也逐渐增多，许多人和组织，利用不正当的手段攻击庞大的网络信息系统，造成网页的瘫痪或者是网络病毒的传染。到目前为止，网络病毒的种类已经有几万多种，而且几乎每天都会有不同的、新的病毒出现，大数据时代下信息网络的安全已经受到了严重的影响，并对我国信息技术的发展产生了很大的影响。

10.4.2　电子信息工程伦理的研究范围

1.计算机电子信息安全面临的威胁

（1）自然环境。计算机芯片对自然环境的要求极高，属于高精密度的产品，极寒、极热的天气条件都会对计算机芯片的运行造成干扰，雷电、洪涝等恶劣环境也会对计算机内部硬件造成影响，容易导致内部储存受损、信息丢失等损失。除此之外，网络线路也容易因为天气原因产生故障，影响正常的网络连接或网络通信，进而影响用户的信息安全。

（2）用户安全知识不足。随着电子信息技术的发展越来越快、覆盖面越来越广，人们在生活中使用网络的频率越来越高，然而还有很多人网络安全意识不足，比如为了方便记忆设置过于简短或是简单的密码，或是在不同平台账户上都采用相同的密码，这样容易导致密码被破解，从而导致用户信息处于危险中。还有一些用户，轻信一些不安全平台，或是在钓鱼网站上输入自己的账号密码，疏于防范导致信息泄露被盗取，造成极大的损失。

（3）遭受网络恶意攻击。一些黑客为了窃取相关重要信息，恶意寻找用户系统中的漏洞，潜入系统中获取用户个人信息，甚至对用户信息进行破译、拦截和篡改，给用户带来极大的损失。除此之外，还有一些别有用心的人设计恶意程序，用病毒入侵用户电脑。主要通过邮件、资源、网站等方式感染病毒。一些缺乏见识的用户就容易点击、接受来源未知的文件,导致电脑被感染,系统遭到破坏甚至瘫痪,用户信息遭到泄露或是被恶意篡改,或是使用户在无意之中将病毒传播出去,同时给其他人造成很大的伤害。

2.电子信息安全现状

(1)信息安全的概念。信息安全主要指需要保证信息的保密性、真实性、完整性、未授权拷贝和所寄生系统的安全性。信息安全是防止他人对相关数据进行非授权使用、私自篡改所采取的措施。从20世纪信息安全的概念被提出开始,至今经历了一个漫长的历史阶段,人们对信息安全越来越重视。信息安全就个人而言关系到网络的正常使用、个人信息数据的存储安全,就企业而言关系到各企业机构的信息化建设,就国家而言关系到国家安全与社会的稳定发展。目前,随着信息技术的不断发展,信息安全问题也日益凸显。比如黑客非法攻击网站,蓄意盗取商业信息甚至国防信息等。

(2)现代网络社会需求。互联网发展速度快、覆盖面广,网络技术发展的同时也引来了大量的信息安全问题。比如客户身份信息泄露,个人隐私包括身份证信息、电话号码、家庭住址、家人信息等在不安全环境下填写,或填写后泄露被不法分子利用,网络信息泄露,不法分子可以通过病毒侵入电脑监视电脑操作窃取相关信息。信息安全不仅是各国各界关注热议的焦点,并且也是人才需求量极大的新领域。个人隐私泄露、企业间知识产权遭到窃取等问题,都给科技发展造成干扰,也使信息保护技术面临更多挑战,应对信息保护提出更高要求。

3.规范网络行为的信息伦理

在计算机尤其是互联网技术的帮助下,网络已经成为人类新的生存空间。不仅发达国家网络用户人数多,而且越来越多的发展中国家网络用户也日益增多。众多的网民通过互联网建立起网络社会,这种虚拟的社会已经担负起对现实社会的补充与延伸的重任,其作用与效果越来越显著。通过上网,人们不仅拓宽了空间与视野,而且还解决了许多现实生活中难以解决的问题。诸如网上就医、网上购物、网上求学甚至网上婚配,这些在现实中的难题,通过上网加以解决,有些结果还十分理想。难怪有人说,网络社会是比现实社会更加自由的社会。

同世界上许多事物一样,网络自由也是一把双刃剑,网民在享受了宽松的自由环境的同时,也要承受他人过度自由侵蚀带来的损害。一些道德素质低下的网民,利用网络的方便条件,制造信息垃圾,进行信息污染,传播有害信息,利用网络实施犯罪活动等,使网络大众利益受到侵害。在这样的情况下,信息伦理便应运而生。

20世纪70年代,美国教授W.曼首先发明并使用了"计算机伦理学"这个术语。他认为,应该在计算机应用领域引进伦理学,解决在生产、传递和使用计算机过程中所出现的伦理问题。1985年,J.H.穆尔在《元哲学》上发表论文《什么是计算机伦理学?》,对计算机技术运用中发生的一些"专业性的伦理学问题"进行了探讨。同年,德国的信息科学家拉菲尔·卡普罗教授发表题为《信息科学的道德问题》的论文,提出了"信息科学伦理学""交流伦理学"等概念,从宏观和微观两个角度探讨了信息伦理学的问题,包括信息研究、信息科学教育、信息工作领域中的伦理问题。他将信息伦理学的研究放在科学、技术、经济和社会知识等背景下进行。1986年,美国管理信息科学专家R.O.梅森提出信息时代有4个主要伦理议题:信息隐私权(Privacy)、信息准确性(Accuracy)、信息产权(Property)、信息资源存取权(Accessibility),通常被称为PAPA议题。20世纪90年代,"信息伦理学"术语出现。1996年,英国学者R.西蒙和美国学者W.B.特立尔共同发表《信息伦理学:第二代》的论文,认为计算机伦理学是第一代信息伦理学,其所研究的范围有限,研究的深度不够,只是对计算机现象的解释,缺乏全面的伦理学理论,对于信息技术和信息系统有关伦理问题和社会问题,以及解决这些问题的方法缺乏深层次的研究和认识。1999年,拉菲尔·卡普罗教授发表论文《数字图书馆的伦理学方面》,对信息时代发生巨大变化的图书馆方面产生的伦理问题加以分析和论述。随后,他又发表题为《21世纪信息社会的伦理学挑战》的论文,专门论述信息社会的伦理问题,特别讨论了网络环境提出的信息伦理问题。他将信息伦理学从计算机伦理学中区分出来,强调的是信息伦理学,而不是计算机伦理学。

除了上述学者个人努力外,一些信息组织主动制定信息道德准则,从实践上推动了信息伦理的建立。美国计算机伦理协会推出10条戒律,要求成员:①不应用计算机去伤害别人;②不应干扰别人的计算机工作;③不应窥探别人的文件;④不应用计算机进行偷窃;⑤不应用计算机作伪证;⑥不应使用或拷贝没有付钱的软件;⑦不应未经许可使用别人的计算机资源;⑧不应盗用别人的智力成果;⑨应该考虑你所编的程序的社会后果;⑩应该以深思熟虑的方式来使用计算机。

1996年2月,日本电子网络集团推出《网络服务伦理通用指南》,以此来促进网络服务的健康发展,从而避免毁誉、诽谤及与公共秩序、伦理道德有关的问题的发生。

我国的信息化起步较晚,但这几年来发展很快。随着上网用户不断增多,信息伦理问题凸显,这已经引起国家有关部门和社会各界的广泛关注,除了国家出台信息法律法规外,社会上也在积极进行建立信息伦理的努力。事实证明,信息法律和信息伦理同样担负着调节信息行为的重任,而且在某种条件下,信息伦理的作用更大些。因为,信息伦理除了和信息法律一样具有普遍性外,还具有开放性、自律性特点,如果网民都能把信息伦理重视起来,信息问题就会逐步减少乃至杜绝。

4.电子信息技术行业与环保问题

电子信息工程专业是指以电子科学及信息技术为主的专业。主要就业方向为IT领域、计算机软件、互联网、电子半导体、新能源等。这些行业涵盖了当下多数的热门领域,同时这些行业都出现了不同的环保问题,例如电子半导体、新能源开发等发展潜力巨大的行业,未来有很大发展空间,同时不可忽视的是发展过程中如何减少污染的发生,要从根本上减轻环境污染,应该以更科学的方式,比如说——能源替代,即用清洁能源替代有污染的能源,这才是从根本上杜绝污染的方法。

10.4.3 电子信息技术在企业安全管理中的问题

1.企业安全意识弱

科技发展为企业提供了更加方便先进的科学技术。企业根据社会新形势加大了信息化投入。现有技术逐渐完善,企业在安全管理方面依然存在问题。究其原因在于企业工作人员的安全意识薄弱。工作人员认为信息的安全问题不在自身管理职责范围内,缺乏安全防范意识。员工轻视企业的信息安全管理工作,自身的技术水平难以满足工作需要,在企业发生信息安全事故时难以进行补救,阻碍企业进行良性发展。

2.企业安全管理机制不健全

企业在安全管理方面不具备完善的体系,企业需完善管理机制、制定相关规范。实行安全管理责任制和奖惩制度,针对企业出现的安全管理事故责任到人,提高员工信息安全管理意识,解决潜在危机,保证企业安全管理工作的顺利进行。

3.计算机系统存在安全漏洞

市面上的计算机系统目前正处于发展阶段,计算机系统尚未成熟,该技术存在着弊端。计算机可能会在软硬件方面、系统方面存在一些缺陷,计算机的应用软件和操作系统容易出现安全漏洞。一些不法分子利用计算机缺陷对计算机系统进行攻击,破坏计算机内在程序。一些企业恶性竞争,雇用黑客恶意搞破坏,黑客将木马注入计算机系统中破坏系统,从而盗取企业有用信息和重要资料,给企业带来严重的损失。企业风险增加,对企业发展形势不利。计算机自身的漏洞会降低系统的安全性能和计算机运转速度,影响企业安全管理工作的进行。计算机信息资源会在无形中被转移,有较大的安全隐患。

4.系统重复开发严重,维护困难

许多企业寻求合作伙伴公用计算机系统对系统重复进行开发。企业双方都具备计算机系统的支配权,企业进行工作时利用计算机系统。系统经过多次引用导致其数据发生变化,混乱了系统的运算机制。另外双方企业不重视系统的维修工作,没有专门人员负责系统维修工作,系统矛盾越来越深化,加快了系统崩溃速度。

 参考案例

电子技术创新与全球环保运动

2009年11月2日美国国家半导体公司董事长兼首席执行官Brian Halla出席在日本横滨举行的日经环保技术会议,并在会上发表题为"奔向绿色世界"的重要讲话。Brian Halla在讲话中指出,电子技术在全球环保浪潮中扮演着重要的角色。正是由于电子技术的创新,我们才获得了更加高效节能的电子系统,可以更加充分的利用再生能源,并且取得更加智能的能源储存设备。

Brian Halla举出多项创新技术为世界节能的例子。他进一步表示,许多电子系统因为采用了一些新技术、元件、系统及工艺,其能源效率才得以提高。例如LED灯的能耗远低于白炽灯和荧光灯;同样,全电动和混合动力的汽车也能够节约大量的能源。此外,Brian Halla还谈到了再生能源的技术问题,并以太阳能技术为例,指出"智能型电池板"可以提高太阳能系统的发电量。而美国国家半导体的获奖产品SolarMagic电源优化器可提高太阳能系统的发电量。SolarMagic 的原理是减少实际环境对系统的不利影响,以便尽量提高系统的发电量。Brian Halla 也谈到一些证实有效的技术。例如,主动电池芯平衡技术可以提高电池的储电量,确保电池有较高的效率,令每次充电都可支持更长时间的操作。

Brian Halla 还特别指出,在某些产品及领域方面,日本公司的技术一直领先同业。此外,他也指出世界各地的公司都极为关注能源效率的问题,而且不断推出采用创新节能技术的独特产品。

Brian Halla 表示:"目前的趋势清楚显示,人人都想保护绿色地球,都希望环境更清洁。无论是企业还是国家,推动环保的先锋并非只着眼于经济利益。对他们来说,这是关乎地球生死的大问题。"

(资料来源:佚名.美国国家半导体首席执行官:电子技术创新与全球环保运动[EB/OL][2019-11-04].http://www.ne21.com/news/show-7139.html.内容有整理)

通过此案例分析:电子信息技术创新在设计产品时,与能源环保密切相关,企业不断发挥创新节能技术,可以在产生利润的同时,做到环保节能要求。反思,如果只单纯追求最高利益,技术创新不考虑节能环保,电子信息技术产品能否走的长远?

奔驰车漏油事件

在 2019 年 4 月 13 日西安奔驰女车主维权一事发酵,在当日 4S 店相关负责人向女车主道歉,对于女车主所购的车出现漏油现象将尽快给出合理解释和解决方案。

在 4 月 13 日当天,北京的梅赛德斯-奔驰销售服务有限公司的负责人表示,已经对这次的事情展开深入的调查,而且已经派调查组前往西安,将尽快和车主联系,一并解决她所诉说的问题,力求达到双方合理和满意的解决方案。那么事情具体又是怎样的呢?

发动机漏油事件

据悉,在 2019 年 2 月 25 日,投诉人薛女士曾和西安利之星汽车有限公司签订了分期付款购买奔驰汽车的合同。但在 3 月 27 日提车后,没开出 4S 店大门的新车,出现了漏油现象。了解车的人都知道,很多车开的时间长了都会出现漏机油现象,但是刚买的新车出现这个情况又是怎么回事?投诉方很快联系 4S 店想要其给个解释,并且要求退还车辆,但是经过15天的交涉，4S店只能按照汽车的"三包政策"更换发动机，无法退款。面对4S店的"霸王条款"，奔驰车主在同年4月9日，向陕西的市场监管部门打出投诉电话并申请退款。当日市场监管部门很快转接上级立即处理此事，并督促西安"利之星"尽快和消费者进行妥善协商处理，而且不仅一次地催促，但是利之星4S店约投诉人谈话，并决定接受市场监管的核查后，再按照规定更换发动机或者退款。

这件事引发很大的反响，北京律师所的杨兆全表示，从法律的层面讲，依据《产品质量法》《消费者权益保护法》等法律规定，女车主是有权进行退款或者换车的。而且《产品质量法》法规中有一条明确指出，售出的产品有涉及的情形的，销售者应当负责修理、更换或者退货，给消费者造成的损失，销售者理应负责赔偿。而且这次经销者提供的商品甚至服务没有符合规定的质量要求，消费者有权利依照国家规定进行一定的维权。

金融服务费该不该收？

但事情没有想象的那么简单。这个漏油车事件，并不是事件的根本。女车主在和西安的4S店人员交涉时，对方对"收取的1.5万元奔驰金融服务费"提出争议，但梅赛德斯-奔驰汽车的销售服务有限公司后又发出紧急公告，称从未收取过经销商以及客户的任何金融服务手续费，其公司一直是遵照相关的法律条文来运营的。

真的是一波未平一波又起。这个金融服务费到底该不该收取呢？根据梅赛德斯-奔驰销售服务有限公司的车来看，奔驰汽车选购54.58万元的一款车型时，其首付为30%，分期36个月的情况下，意思说首付16.374万元，其利率有3.99%，月付款就要达到1.1278万元，这一串数据在奔驰的官网上并没有显示奔驰的金融服务费。

实际上，4S店收取的金融服务费已经成为汽车行业的潜规则了，有很多车主受此影响，开始咨询和投诉这件事，但是在厂家层面上是不支持收取任何经销商的金融服务费的，这属于强制消费。杨兆全表示，经营者和消费者应当公平交易、不得强制交易，应诚信经营，来保障消费者的权益。如果变相收取金融服务费，那么应当在向消费者声明的情况下收取才行。

奔驰销售公司的投诉案件

奔驰汽车作为豪车的领军品牌之一，近几年在国内的销量快速增长，在2016年到2018年期间，奔驰在国内销量分别为48.09万辆、61.09万辆和67.41万辆。这个品牌也深受消费者的青睐。也许正因为这么多关注，每年的投诉案件也增多。据爆料，奔驰销售公司的每年投诉案件在2017年达到460件，其中关于质量问题的投诉就有108个，售后问题也有145件。不仅如此，在2018年奔驰销售公司投诉案件又大幅增长，共有550件，甚至在售后服务案件中排行第二。这些数据也都预示着这次的女车主维权事件。很多人表示，难道店做大了，获取消费者的信任后，就能欺骗客户吗？这也是很多人现在想要知道的答案吧！据报道，女车主维权此事，4S店官方已经解决并同意退款了，这件事也算圆满解决了。但是这件事曝出的问题很多，未来的汽车销售市场将如何发展呢？

（资料来源：聚富财经. 奔驰车漏油事件发生，女车主维权事件又曝出了什么问题？[EB／OL]〔2019-04-16〕. https://baijiahao.baidu.com／s？id=1630959829500541238&wfr=

spider&for=pc.内容有整理）

通过此案例分析思考：应该如何看待机械生产故障给品牌带来的负面影响？面对投诉案件，除了提高售后服务以外，如何处理带来的负效应，消费者面临安全问题，如何追溯产品出厂的质量？

无人驾驶与安全的伦理准则冲突

尽管无人驾驶自公布于世以来，受到汽车行业的追捧，宣称安全指数极高，然而事实上，无人驾驶真的能确保人的安全吗？安全即不受到伤害，这是最基本的伦理准则，也是人的基本价值。尽管无人驾驶在理论上要比人为驾驶安全、可靠，但遇到不可控的因素之间的矛盾，二者谁更安全就不言而喻了。无人驾驶所面对的环境是完全开放的，天气、光线、突发路况和有人驾驶汽车的共存等外部问题如何平衡？谷歌无人驾驶车行驶321万公里就撞18次，特斯拉也出现过车祸致死的事故，这些无不是外部原因所导致的。无人驾驶虽然减轻了司机的负担，但并未像司机一样与外部的生态环境保持高度的一致。面对此种情况，无人驾驶连根本的安全都无法保证，又怎敢让人安心坐车？

众所周知，系统失控或出错是所有采用机械或电子技术产品的通病。假若碰上无人驾驶汽车系统死机了怎么办？电脑死机可忍，可汽车"蓝屏死机"就绝非一句抱怨那么简单，软件延迟0.1秒响应都极有可能引发交通事故。死机也罢，对无人驾驶系统最具攻击性和杀伤力的莫过于黑客植入的病毒。电脑中病毒了，有杀毒软件，汽车不也一样吗？虽然像特斯拉给无人驾驶系统增加了秘密钥匙，谷歌也经常发布补丁来修复无人驾驶车互联网的安全漏洞，但是黑客与反黑客本身就是一种博弈，每当一个问题解决了，就会有一个新的问题出现。所以说，黑客不仅是程序员的克星，更是无人驾驶车安全问题的制造者。既然黑客无孔不入，那么消费者使用被黑客攻击的无人驾驶汽车而造成交通事故时，其主体责任是在于消费者还是开发者，或者是生产厂商？因此，尽管无人驾驶的安全性较高，但在发生交通事故时，主体责任在于谁？谁又能为事故者买单？对此，美国学者Alexander Hevelke指出，即使无人驾驶只能减少部分道路交通的伤亡，政府也有义务推动其发展，然而一旦完全无人驾驶汽车上路，就必须明确为可能产生的交通事故负责任。事实上，无人驾驶汽车作为一项有价值的产业，推动其发展无可厚非，但可能的风险和潜在的问题，却是棘手的难题。所以，Nick Belay提出要明确"行使权"和"驾驶权"的问题，认为无人驾驶汽车在其上市前，就必须通过法律明确"行使权"和"驾驶权"的问题。这无疑是对无人驾驶安全责任的确立。

由此可见，作为一把双刃剑，无人驾驶汽车既有助于经济的发展，但又对人类生命构成潜在的风险。尽管任何一项新技术都不可能确保人类百分之百安全，但如何让事故风险降到最低以及特殊情况下发生的事故如何负责，是人类寻找无人驾驶汽车的正确出路。

（资料来源：钟纯.人工智能视域下的伦理挑战与应对——以无人驾驶作为分析对象[J].唐都学刊,2019(3):65-71.内容有整理）

通过此案例分析:如果让机器人做某种目前人类做的事,面临伦理问题的复杂性体现在哪些方面? 如何去设计人工智能产品,才能从根本上解决不可避免的安全问题?

工程机械行业对环境的污染更为严重

近日,中国科学院发布的一项调查显示,我国是全世界自然资源浪费最严重的国家之一,在59个接受调查的国家中排名第56位。工程机械行业作为内燃机产品中除汽车行业之外的第二大使用行业,由于其排放密度大,排放指标又劣于汽车,因此对环境的污染更为严重。

在党的十九大将生态文明建设列入未来工作的5个重点之一的背景下,分析人士指出,我国节能环保工程机械行业将面临重要机遇。中国环保机械行业协会发布的分析报告预计,2018全年将有系列支持环保产业发展的政策进入实施阶段,节能环保工程机械行业战略机遇期凸显,预计全行业增长率将超过25%。

中国工程机械工业协会会长祁俊曾经表示,我国工程建设带动着工程机械行业飞速发展。然而,我国有关工程机械产品排放的要求一直比较宽松,这使得市场上充斥着大量高排放产品,已经成为环境的沉重负担。因此,业内呼吁国内工程机械行业走节能环保之路。

走节能环保之路也是我国企业打破对外贸易壁垒的有效途径。截至2017年底,我国工程机械产品每年消耗原材料的费用高于全年工程机械的总产值。而目前美国、日本等市场准入门槛正不断提高,在贸易壁垒设置中,排放标准的限制首当其冲。业内专家认为,由于工程机械行业节能减排难度大,较多受制于技术瓶颈等问题,因此加大研发力度是解决这一现状的有效途径。

《工业节能"十三五"规划》显示了工业节能的总体目标:到2017年,规模以上工业增加值能耗比2015年下降21%左右。国家提出的严格要求使得工程机械企业不得不将节能环保放到其发展战略中的重要位置。

另外,在当下,新型城镇化建设成为相当长一段时间的经济增长源泉,将对节能环保工程机械市场的提振有相当积极的作用。

统计数据显示,2016年环保投资总额6000亿元以上,同比增长25%。2017年,在国家政策支持和市场需求双重作用下,环保装备制造业经济运行态势良好,继续保持稳定增长率和利润率。2017年,进入统计口径的1363个环保装备制造企业(包括环境保护专用设备制造和环境监测专用仪器仪表制造)工业生产总值和工业销售产值分别是2913.79亿元、2879.47亿元,工业总产值同比增长21.46%,工业销售产值增长20.58%。

值得注意的是,在节能环保工程装备投资方面,2017年全年新增固定资产968.57亿元,同比增长58.48%。分析人士指出,近些年来行业经济运行情况凸显了环保装备制造业政策导向性强,抗风险能力强的行业特性。有专家预测,为完成节能减排任务,未来5~10年工程机械行业将成为我国促进节能减排的重要板块。

随着国家对于环保的重视以及原材料价格的飞速上涨,工程机械节能环保产品也成为了工程机械企业争夺市场的新利器。在整个行业刮起节能环保的风潮中,各大工程机械厂商都陆续推出了自己的环保节能产品。

(资料来源:佚名.工程机械行业对环境的污染更为严重[EB/OL][2018-6-11].http://srzjx.com/557/567/25.内容有整理)

通过此案例分析:机械工程行业在设计产品时,必须考量安全和环境,才能产生利润,如果不考量安全或者环保要求,在发展过程中会面临什么问题?

 思考与讨论

1. 你怎么看人脑和人工智能(计算机)的关系?
2. 怎么看机械智能制造自动化发展与人类社会发展相冲突?
3. 人工智能(计算机)给人类社会发展带来什么样的危害?

第11章　环境工程的伦理问题

　　通过本章的学习,培养环境相关专业的工程师在进行环境工程活动时所需要具备的伦理意识。在保证环境工程正常运行的基础上,考虑多种因素,维系各方安全,将环境工程做成受人欢迎和尊重并真正对人类未来发展有益的良心工程。

引导案例

"邻避"效应引发的伦理思考

　　当前,我国每年垃圾产量达到了1.8亿吨,其中,三分之二的城市都已经被垃圾包围。在越来越严峻的污染危害和挑战下,我国开启了步履维艰的环境保护之路。在国家和地方的大力宣传下,公众对环境污染引发的问题更加关注,同时环保意识也逐渐加强,越来越多的人民群众参与到环境保护的运动中去。但是,如果把垃圾焚烧站建在你家附近,你可以接受么?绝大多数人的回答都是这样的:"我很赞成建立垃圾焚烧站来解决垃圾堆积问题,但不要建在我家附近就好。"——这就是邻避效应。

　　在20世纪70年代,有人发现芬兰的三座垃圾焚烧炉里的飞灰里面出现了二噁英。二噁英是一种致癌物质,所以公众又担心垃圾的焚烧可能会产生致癌的物质,损害公众的健康。大家觉得垃圾的焚烧可能会产生污染,而污染会损害公众的健康。更重要的是公众觉得一个城市的垃圾,为什么不在你家附近处理,非要拉到我们家附近?所以心理上有很多的不平衡。于是西方国家20世纪80年代开始兴起的这场运动,抵制垃圾焚烧装置的建设,导致国外的垃圾焚烧处理出现了很长时间的停滞期。

　　1980年,一位名叫Emily的英国女士在《基督教科学箴言报》上发表了一篇叫《危险的废弃物》的文章。她用了NIMBY这么一个词来描述。NIMBY,是五个英文单词(Not In My Back Yard)的首字母的缩写。中文翻译很好地诠释了它的内涵:邻避。

　　"邻避冲突"是指,由于各种嫌恶性设施的兴建而带来的各种抵制和抗议活动。在我国,由于环境工程引发的邻避冲突层出不穷,例如垃圾焚烧发电厂在许多地方都被视为

"洪水猛兽",而核废料的处理更是让民众"谈核色变",往往一涉及就会遭到激烈反对。纵观我国当前各地"邻避"事件的起因和处理方式,可以看出大多以地方政府不尊重群众知情权开始,以"一闹就停"结尾,其间还夹杂着被公众和政府忽视的专家意见,以及"政府越解释、群众越不满"的信任危机,再加上一部分群众"建在哪儿都行,就是别建在我家后院"的邻避观念。

如何避免"邻避冲突"的发生呢?这需要引入伦理的思考。还是以垃圾处理举例,除了我们应该减少生产垃圾和对垃圾进行分类外,政府在垃圾处理场规划和建设时,还应:①开放式地决策,邀请更多的人参与到决策过程中,让大家表达意见,完善政策建议;②不断提高垃圾的处理工艺技术,尽量减少和避免有毒物的产生和释放;③通过法制来约束政府、企业和个人,让三者达到相互信任,实现环保的共赢。

(资料来源:兰景力."邻避效应"问题的成因及其对策[N].学习时报,2017-05-08.内容有整理)

通过此案例分析:环境工程本是有益的,但如何让大众接受、认可,并以实际行动支持环境工程的开展和运行呢?

11.1 环境工程简介

11.1.1 环境工程的诞生和发展

19世纪50年代初,英国发生了史上罕见的疫情,相关人士在发生疫情的时候进行了比较严谨的调查,发现疫情发生的原因是一个水井受到了患者粪便的污染(当时的历史情况下我们熟知的细菌相关的学说还没有建立),人们充分地认识到了环境污染的危害性。在此事件发生以后,人们就对平时饮用的水资源进行了过滤处理和相关的消毒处理,而后相关的疫情明显减少。在此之后,环境工程的雏形就出现了,这对于环境工程的发展史来说意义非常重大,可以说是环境工程的开端,奠定了环境工程发展历史的基础。

随着科学技术的快速发展,人类的活动也开始变得活跃,工业的发展对人类居住的环境造成了很大的压力,虽然人们的生活水平随着工业经济的发展得到了很大的提高,但是同时也面临着非常严峻的环境问题。特别是人类社会进入20世纪,科学技术的快速发展和工业经济的发展以及城市化的推进使得人类居住的环境压力不断增大,"环境工程"这一专业名词已经产生,实际上"环境工程"这一专业名词的产生只是在原来基础上的进一步发展,而不是说"环境工程"这一专业名词的产生就是环境工程的发展史的开端,"环境工程"这一专业名词的产生是环境工程的发展史的一个发展过程,我们要充分地认识到这一点。这一时期以及我们现今所处的21世纪所面临的重要问题就是环境问题,因此在这个经济高速发展的时代研究环境工程的意义非常重大。可以说,处理环境问题已经成为现今人们关注的主要问题之一。

11.1.2 环境工程的定义和内容

环境工程是研究和从事防治环境污染和高环境质量的科学技术,是人类为减少工业化生产过程和人类生活过程对环境的影响进行污染治理的工程手段,依托环境污染控制理论、技术、措施和政策,通过工程手段改善环境质量,保证人类的身体健康和生存以及社会的可持续发展。环境工程的基本内容主要有大气污染防治工程、水污染防治工程、土壤污染与防治、环境污染综合防治、固体废物的处理和利用、环境监测与环境质量评价、环境系统工程、环境规划与管理等几个方面。

11.1.3 环境工程的目的和任务

环境工程的研究目的是运用工程技术的原理和方法以防治环境污染,合理利用自然资源,保护和改善环境质量,使人类和环境得到协调的持续发展。

环境工程的基本任务是应用环境技术学科及其有关学科的理论与方法,研究控制和预防各种环境污染的工程技术措施。其任务可以概括为以下3点:

(1)搞好自然资源和能源的保护,消除浪费,控制和减轻污染;

(2)探求治理环境污染的机理和有效途径,保护和改善环境,保护人民身体健康;

(3)综合利用"三废",促进工农业生产的发展。

11.2 环境工程伦理问题的产生

环境对于维持人类的生存与发展至关重要,人类社会的经济发展与生产活动密不可分。经济再生产包括经济和自然两种基本形式。传统经济学重视经济的再生产活动,认为经济再生产的过程是与自然环境毫无联系的封闭体系。但是,人类的经济活动与自然界密切相关,经济再生产必然会从自然界索取资源,并不断地将产生的废弃物排入自然界,损耗自然资源,造成环境污染。从20世纪五六十年代开始,随着工业化的发展,人口急剧增加,生产力飞速发展,科学技术不断进步,人类影响自然界的规模和深度不断扩大,"三废"和生活污水造成的环境污染和生态破坏也日益严重,环境问题的出现使人们认识到人类只有一个地球,环境资源是稀缺的,环境问题也开始成为一个全球性、普遍性的社会问题,引起世界各国的普遍关注。

工程活动与生产活动息息相关,任何物质的创造都会使用资源、消耗资源,在消耗资源的过程中必然会有废弃物的排放。从工程活动主体的角度讲,工程实施的目的是造福人类,工程活动也是由人来实施,工程活动的主体主要包括工程师在内的相关人员。任何工程都是在一定的自然环境中进行的,都是改造自然材料,使它服务于人类的需要,尤其是环境工程,是一种直接改变或恢复自然状态的工程活动。环境工程不仅可以解决环境污染、资源利用等环境问题,还会带来可观的社会效益和一定的经济效益。分析环境工程活动中的伦理问题,与其他工程类似,同样会面临公共安全、生产安全、社会公正、环境与生态安全问题、社会利益公正对待问题、工程管理制度的道义性以及工程师的职业精神与科学态度问题。

这其中最大的环境工程伦理问题就是环境保护与经济发展的统一和对立问题。对人类系统来说,经济活动至关重要,经济活动是其他一切活动的物质基础,经济关系也是其他一切社会关系的物质基础。而环境是社会经济系统的基础,也是人类生存和发展的根基。人类经济活动所带来的诸如环境污染、生态失衡、人口爆炸、能源危机等全球性问题,威胁着人类的生存和发展,其中环境问题主要指由于人类经济和社会活动引起的环境破坏,实质是经济发展与环境保护的冲突,是人与自然关系的失调。

自然环境与人类生存发展密切相关,是有机统一的整体。人类自觉营造的物质生产环境,从宏观上看也是一个开放性的巨大系统,维持系统生存发展的能量流和物质流一般都是人类主动向大自然索取的结果。随着人类科学技术的进步,向自然环境系统的索取能力不断加强,自然环境系统各因子间平衡以及系统动态平衡已经遭到破坏。人类大规模地对自然环境施加不良影响所依靠的是科学技术,最终协调人类物质生产环境与自然环境的关系,也得靠科学技术的进步。但总体上,在当前绝大多数国家和地区,生产环境和自然环境的关系还是处在对立大于统一的情况中,自然环境运行机制被破坏的现象层出不穷。

经济活动所造成的负面效应,其直接原因是环境的经济价值没有被计算到经济成本中,以及由此产生的环境经济观指导着人类的经济活动。自然资源的有限和对自然资源需求的不断增长,特别是环境污染的控制目标和对能源需求之间的矛盾愈演愈烈。环境道德作为调节人与人、人与社会之间关于生态环境利益关系的规范,其基本原则就是生态整体利益和长远利益高于一切,也就是实现人类和自然生态系统的可持续发展。

11.2.1　环境保护工程的公益性

自然环境是不可分割的整体,所有权为全民共有。环境问题也往往具有整体性,不可能只影响到单独的个人或群体,而是会对不特定的多数人造成影响,有明显的公益性。因此,对环境的污染和破坏就是对公共利益的侵害。从利益角度出发,保护环境、调节人与自然的关系,实质上是调节代表各种短期利益、局部利益、个体利益的个人利益与代表全社会、全人类的公共利益之间的关系。

环境效益是指生产过程中在占用和耗费一定自然资源的条件下,由于污染物的排放或环境治理等行为而引起环境系统结构和功能上的相应变化,从而对人的生产和生活环境造成影响的效益。在占用和耗费同样自然资源的情况下,如果能够维护生态平衡,使工程及周边居民的生产和生活环境不致恶化或得到改善,则产生较好的环境效益;反之,如果破坏了环境及生态平衡,导致工程周边居民的生活和生产环境恶化,此工程具有较差的环境效益。

实施环境保护工程的单位往往并不是直接受益方,基于环境保护的重要意义而进行的环境工程,可能不会带来直接的经济效益或社会效益,而是长远的环境效益。这就在环境工程活动中出现了直接效益与间接效益之间矛盾的伦理问题,以及短期利益与长远利益之间矛盾的伦理问题。

11.2.2 环境保护局部与整体的利益分配问题

环境问题没有国界,属于全球性问题,突出表现在水污染、大气污染、土壤污染、海洋污染、生物多样性锐减、沙化和气候变化等方面,严重影响着人们的生活质量和人类的生存发展。

罗尔斯正义论的两个正义原则:第一,每个人都应享有健康环境的平等权利,这是种与自由权相类似的最广泛的、全面的、平等的基本自由权利。第二,社会和经济的不平等应该在与正义的储存原则一致的情况下,适合于最少受惠者的最大利益(差别原则);依系于在机会公平平等的条件下职务和地位向所有人开放(机会的公正平等原则)。虽然罗尔斯认为,正义的主题就是社会的基本结构,就是主要的社会体制分配基本权利与义务以及确定社会合作所产生的利益分配方式,但公益和私益的不同是环境领域与其他领域最大的区别,罗尔斯正义论的两个正义原则主要是建立在保护个人权力和利益的基础上的,而环境保护的目标一般是公益而非私益,是以义务为基础的。在环境保护领域,环境正义的实现更多靠人类自身,遵循匹夫有责、能者多劳等原则,在国内及国家间公平平等地分配义务和责任,即环境正义的实现应该是以环境义务为本位,所有公民(不包括后代人和自然体)对大自然都负有环境保护的责任和义务。

由于环境工程主要是保护或增加公共利益,大多会不可避免涉及以至减损私人利益和其他利益,因此在界定公共利益时不仅要对局部公共利益与整体公共利益、短期公共利益与长期公共利益进行评判,也要对可能涉及的私人利益与可能增长的公共利益进行合理考量,对实现公共利益的不同方式加以论证。如果仅仅减损私人利益却又不给予合理补偿,这种增进公共利益的方式就有违公平和正义。这也是环境工程活动中会遇到的伦理问题之一。

11.2.3 环境污染问题的追溯与责任主体

环境污染问题的追溯与责任主体的确认是个极其复杂的问题。由于不同类型的环境污染成因不同,责任主体不同,相应的预防处理方法也不同。如果不对污染问题深入调查与分析,简单以"谁污染,谁治理"为由,将污染的所有过错都推给企业,让企业承担不应承担也不能承担的一切责任,不仅有失公正,难以服人,而且不能从根本上解决污染纠纷,也无法有效地从源头上控制污染纠纷的产生。环境污染纠纷主要有以下三种情况:

(1)政府责任型环境污染纠纷:其产生的根源是政府在社会管理中存在缺失或过失等不当行为,致使污染危害由间接转化为直接,或导致污染滋生和蔓延,具体可能存在规划不当、违规审批、执法不力、地方保护、法规缺失、界定困难等问题。

(2)企业责任型环境污染纠纷:此类型环境污染纠纷的直接责任人是企业,由于企业排污行为直接导致污染纠纷的产生,具体可能存在规避监管、违反"三同时"制度、违反限期治理制度、推卸责任、拒绝赔偿等问题。

（3）混合责任型环境污染纠纷：一些老企业的污染问题对群众生活影响恶劣。这些污染纠纷通常潜伏着复杂的历史原因，夹杂着政府和企业的双重因素。有些企业在设立之初并不引发污染纠纷，但是在发展过程中，由于忽视污染防治工作，片面追求经济效益，致使污染程度越来越严重，影响范围随之不断扩大；政府在城市发展过程中无序扩张，规划不当，城市区域功能紊乱，企业的环境污染问题随之显露，引发污染纠纷。这是企业片面发展生产和政府规划职能缺失两方面共同作用的结果。

例如，土壤重金属污染便是典型的难以溯源和确认责任主体的环境污染问题。重金属倒入环境后不能被分解和净化，受到重金属污染的土壤会随着时间对重金属进行富集，进而导致农作物重金属超标，影响食用安全，危害人体健康。而且土壤重金属污染具有隐藏性和潜伏性，这决定了其危害需要通过农产品及摄食的人或者动物的健康状况反映出来，从污染到产生严重后果有一个逐步积累而后显现的过程，不易被及时发现，因此，重金属环境污染损害的防治非常困难。当人们的身体健康遭受某种污染物的严重伤害，人们开始意识到是源于土壤污染时，实际上可能距离土壤被人为污染的行为发生已经很久了。但农民或许并未意识到，土壤遭受重金属污染会影响农作物的食用安全，或许为了生存只能选择继续使用受污染的农田种植农作物，如此便形成了一个恶性循环。由于重金属环境污染损害的隐蔽性和长期性，污染行为可能会在发生几十年后危害才被发现，其污染行为和损害结果的因果关系就很难被认定和判断。同时，由于重金属污染造成的损害具有复杂性，又受限于现代的科技水平，损害结果也可能由多重原因复合造成，因此在事实认定、污染溯源、举证责任、责任分担等方面的难度非常大，这对环保工作者的职业要求非常高，也会涉及很多相关伦理问题。

11.2.4 环境相关工程中的特殊伦理问题

人都是有独立意识的，每个个体都有各自的价值观，在环境保护过程中可能会产生人的绝对自由与环境保护的冲突或不一致、大众与社会认知的平衡问题等。同时也会有环境工作者从事环保职业与个人理念的不一致。功利主义伦理价值认为：追求个人利益最大化既是人的根本天性，也是人们一切行为的准则，只要增进了个人利益的最大化，也就实现了社会整体利益的最大化。工程师的功利观既有为人类谋福利的"大我"功利动机，也有个人谋求生计、牟利发财的"小我"功利动机。在这些功利动机的驱使和支配下，工程师利用自己掌握的知识、智慧、经验和技巧实现各种技术在工程中的应用。而随着自然环境的日益恶化，如何解决环境问题成为当前首要关注的全球性事件。但由于环境工程师的工作直接涉及环境保护，相对其他工程师及非环境工作者来说，环境工程师应该负有更加特殊和更加重要的环境伦理责任。实施满足生态环境需求的工程或技术，既是环境工程师的职责，同时也可以赢得同行的肯定，为环境工程师带来社会赞誉和名声。

环境工程师个体基本上都是政府或公司的雇员，要努力工作换取经济收入来维持生活，所以，环境工程师作为一个普通人，追求个人的社会名誉、物质利益是无可厚非的。而且环境工程师作为一个普通人,有权在与自然和谐相处中享受健康高效的生活。他是否可以在非工作时间放下自己作为一名环境工作者而被捆绑的责任和义务,仅仅作为一名普通人,享受大自然赋予每一个人的权利,尽情享用自然资源,享受舒适的生活呢? 现代社会科学技术的飞速发展,使得消费主义应运而生。高科技产品消解了自然对人类基本生存的束缚和威胁,消费主义作为一种毫无节制地占有与消耗自然资源和物质财富的消费观、价值观,主张人们对物质产品毫无必要地进行更新换代,随意抛弃仍具有使用价值的产品,采取地球资源难以承受的消费方式,奉行消费主义只能造成资源的浪费和生态的破坏。环境工程师不应把必要的消费约束视作对自然界的一种"恩赐"来加以炫耀,而应视作为了自己、自己的亲人以至子孙后代必须履行的一项义务、一个责任而加以坚持。为了阻止自然环境的进一步恶化,工程师需要扭转一味追求技术效率和最大产出的功利观,确立起自然环境的伦理地位,明确对自然环境的伦理责任。

11.3　环境工程中的安全问题

11.3.1　环境工程中的生产安全

环境工程中的生产主要涉及自来水厂对水源水进行净化后生产饮用水,以及污水处理厂处理污水,或者再生水厂处理污水后产生可供特定范围内应用的再生水等。现代工业生产活动是人、机器与环境共同存在、相互影响的系统,安全生产保证了系统的可靠。人是生产活动的主体,不仅具有能动的创造力,而且自由度较大,尽管在主观上不愿意受到伤害,但由于心理、生理、社会、经济等各方面因素的影响,无法完全避免行为失误的发生。再者,每个人对机器的驾驭能力和对环境的适应能力都会有所差异,如果想增加生产系统的可靠程度,必然要经过后天的学习和经验的累积。此外,现代工业生产活动属于集体劳动,生产过程需要人与人的协调配合,个人的失误可能对周围设施和其他人,甚至整个生产过程造成不可逆的伤害或破坏。要保证生产作业中的协调也要经过严格的培训,并且要严格遵守规程和纪律。企业中发生的工伤事故中,有70%左右在不同程度上都与人的失误(无知、错误动作或违章)有关,而出现这些问题最根本的原因就是安全意识薄弱。各职能部门、各级领导和各岗位职工应该对施工人员负起安全责任,制定和落实安全技术规程、安全规章制度和安全技术措施,给施工人员提供安全的生产环境和生产条件,组织安全培训和安全知识学习,指导劳动保护用品和防护器具的正确使用,保证安全设施的到位和完好,做好应急防范措施等。只有具有安全保障,才能让工程师负责、合法地从事职业行为,有效提高职业声誉和效用。目前,环境相关工程中涉及对工程师等生产人员伤害的案例相对较少,主要是生产过程中出现的问题可能对环境和公众带来影响和危害。

11.3.2　环境工程中的公共安全

环境工程涉及的公共安全主要是指环境保护工程建设和运营中产生的涉及大多数工程享用人和利益相关人的生命、财产、健康、环境的安全问题,是公民最重要的基本权利。

公共安全问题主要发生在公共工程运营中,是由于其公共性或由于其影响的公共性给非工程直接利益相关的社会公众带来的安全问题。

安全是所有工程规范优先考虑的问题,环境工程师必须把公众的安全和健康放在首位,同时也要关注对环境本身的保护。环境工程师的首要责任便是关注安全问题并保护公众的安全。产品、结构、生产过程或材料不安全都会给人类和环境带来不适当的风险,美国全国职业工程师协会章程要求工程师在公众的安全、健康、财产等面临风险的情况下,如果工程师的职业判断遭到了否决,那么工程师有责任向雇主、客户或其他适当的权力机构通报这一情况。但环境工程师在关注安全时,同样不可避免地会遇到伦理困境,特别是在关注公众安全和健康的同时,也要关注对环境本身的保护。比如工程师在关注安全上负有多大的责任?工程师如何能够关注安全问题?关注安全问题时如何与环境保护相协调?管理者和公众又是如何来认识安全问题?工程师如何解决安全保护与利益关注的冲突?

在环境工程设计阶段、建造和生产阶段、工程维护和保养阶段,工程师作为工程设计的主要承担者和执行者,均面临着是遵守职业规范和工程标准还是服从雇主或管理者命令和要求之间的冲突。职业规范和雇主都要求工程师设计符合工程规范、法律规定和建设指标的设计图纸或样图。按照职业规范要求,工程师会优先选择安全系数更高的设计方案,在材料的选取、技术方案的选择、施工进展等方面进行监督以保证工程安全质量;而雇主或管理者则更倾向于选择经济效益更高的方案,而且可能会要求工程师忽视工程标准的执行,降低施工标准或偷工减料,或者为了赶超进度,要求工程师修改工程施工标准和实施计划。在继续关注工程产品对社会或环境造成的影响时,工程师如果发现可能的风险,有责任和义务对工程进行改进和改造,并向管理者汇报风险状况,但管理者出于资金、收益等考虑,往往忽视或压制工程师的建议,甚至要求工程师保密。管理者的这种做法显然有悖于环境工程中的公共安全要求。无论是工程师还是管理者都应将公众的安全、健康和福祉置于首位,并且仅以客观的和诚实的方式对社会发表公开言论,同时避免发生欺骗性的行为。

11.3.3 环境工程中的环境生态安全

人类中心主义认为人是万物的尺度,借助实践哲学使自己成为自然界的主人和统治者,是自然界最高立法者,按照人类的价值观来考虑宇宙间的所有事物。非人类中心主义主张把价值观、权力观和伦理观扩展到自然界。非人类中心主义的出现使人类重新认识自己,重新认识人与自然的关系,认识自然界的有限性和特殊价值,并非人类才有价值。

资源使用、利益和代价的公正分配、危险与污染程度、权利与侵权、后代需要等问题虽然在环境伦理学中占有重要位置,但普遍认为环境从属于人的利益,环境只是一种辅助性工具。只有当人们足够尊重大自然,提出对环境的恰当尊重和义务,而不只是提出对自然的合理利用时,人们才能领会环境伦理学最深层的本质含义。

环境工程中会涉及各种环境标准和规范,这些标准中的具体阈值对生态安全和人体健康影响巨大,因此环境标准的制定很大程度上体现了人类对待自然生态系统的态度。

环境标准的制定和实施也是环境行政的起点和环境管理的重要依据。标准的科学合理与环境保护及社会经济发展之间存在着不容忽视的伦理矛盾。环境质量标准除了以环境基准为主要科学依据外,还要考察国家在经济和技术上的可行性,既遵循自然规律,又遵循社会经济规律。我国环境标准虽然数量和种类繁多,但标准本身存在着滞后、空白、总量控制标准少、确定和修改依据不明、缺少专门针对公众健康设定的指标以及针对同一环境要素数值交叉等问题。环境标准应该随着科技和社会的发展不断更新,而我国实施10年以上未予修订的环境标准依然存在。虽然我国已形成"两级五类"环境标准体系,但是在光、热等污染类型上,或许由于难以控制、无法解决的问题而未指定相关环境标准。环境污染对人体健康的影响是公众最为关注的,环境标准限值应与保护人体健康目标相统一,但我国绝大多数标准并未针对公众健康设定相关指标,涉及生态影响的则更少。

环境工作者在进行工程实施过程中,经常会遇到标准过时或不全面,对生态安全的损害缺乏判定标准等问题。环境工程师如遇到在符合排放标准的情况下,相关工程仍会对接触人群造成健康损害或者对生态环境造成潜在危害时,是按照满足现行环境标准进行工程实施,还是向环境保护部门申请停止污染源的排放,确保生态安全,往往由于环境标准与企业利益之间的矛盾而陷入两难境地。

11.4 环境工程的社会属性

11.4.1 环境工程中的社会公正

社会公正是群体的人道主义,即尊重和保障每个个体的合法的生存权、发展权、财产权、隐私权等。人人平等的一般含义为均衡,即对社会各种关系的调节,必须坚持使社会成员的作用和他们的权利与义务之间、社会地位之间、贡献与索取之间相互协调,从而达到社会生活的稳定、持续、有序。

环境工程中的社会公正涉及资源和利益的分配、强势群体与弱势群体、发达国家和发展中国家、主流文化与边缘文化等方面的问题,会产生工程得益者与受害者的矛盾,委托人、出资人与所有工程相关人员之间的矛盾。

每个人都享有自由和安全的权利、生活的权利、受教育的权利、思想信仰和宗教自由的权利、参与社会活动和自由表达的权利、在社会可持续发展的前提下为更体面的生活目标而利用自然资源的权利。所有个人、社团、国家都应尊重这些权利,并且捍卫和保护不仅仅是个人而是所有人的这些权利,任何个人、社会或民族都没有剥夺他人生存的权利。所有对社会有价值的存在形式都应得到尊重和保护,每个个体都会对环境产生影响并应承担相应的责任。人类的生存和发展不应威胁自然系统的整体性和可持续性,人类作为能动的改造环境的主体,应该保护自然界的多样性和生态进程,并应可持续地利用资源。

在贫穷与富裕的地区之间、在不同社会与不同利益团体之间,以及不同的代与代之间,每个人都应该合理地利用资源并承担相应的义务和责任。每代人都有义务和责任为下一代人留下一个可持续发展的社会,或至少不差于他们继承下来的社会环境和自然环境。任何社会和时代的发展都不应该阻碍或限制其他社会或时代的发展。保护人类和自然系统的可持续发展是世界范围的责任和义务,它超越于各种文化上的、思想意识上的以及地理上的界限。

环境公正应做到公平分配社会资源,永续利用资源以提升人民的生活品质,个体、社会群体都拥有对干净的土地、空气、水和其他自然环境平等享用的权利。环境正义论认为弱势团体及少数民族有免于遭受环境迫害的自由和权利。我国目前的环境不公正主要与社会转型期社会分层的变迁有关,主要表现为强势的经济阶层对于正在上升的弱势阶层的社会排斥,主要是强势的经济社群城市和企业把环境污染的社会代价转嫁给处于底层的农村社区的农民。环境分配的不公正造成了一定程度的社会断裂,生活在同一社会的不同社群却没有共同的未来。

11.4.2　环境工程中的社会责任

社会责任是指环境工程对社会应负的责任。一个工程应以一种有利于社会的方式实施和管理。社会责任包括环境保护、社会道德以及公共利益等方面,由经济责任、持续发展责任、法律责任和道德责任等构成。环境问题涉及社会公共利益、经济利益与生态利益相互协调的问题。环境保护、环境管理应被纳入企业的经营决策之中,企业应保持寻求自身发展与社会经济可持续发展目标的一致性,把环境代价纳入生产成本中。但遵守严格的环境标准,注重环境效益,短期内无疑会使经营成本增加,收益降低,削弱企业的竞争力。保持并提高企业的竞争力以实现企业的盈利目标,最终实现股东或企业利益最大化,是否必然会以牺牲环境利益为代价?环境工程的社会责任是在保护环境的同时不阻碍或促进经济的健康发展,以及保护其他社会利益。

在社会公众的层面上,环境工程师的活动直接影响着人类的发展和生存环境。环境工程师应担负起保护自然环境、生态系统和维护人与自然和谐发展的生态伦理责任。环境工程师可以通过环保工程改善环境,也可能因为采用的技术或实施过程的不合理性破坏环境。无论是环境工程师还是其他工程师,都有责任准确有效地评估和说明新建工程或新技术可能带来的后果,从而避免对社会和生态环境的危害。

11.5　环境工程师的伦理素养

环境工程大都受雇于政府部门或企业,是职业人的身份,相当程度上是服从领导的指令,不管工程师的技术能力有多强。环境工程面临很多内部的职业问题,单靠工程手段无法解决。在工程设计和操作过程中存在着很多两难困境。

现代工程需要广阔的基础知识,因此要求环境工程师必须具备自然科学知识、社会科学知识等基础知识和较高的专业知识。工程师应具备获取知识的能力、理解分析能力、应用实践能力、综合协调能力、表达沟通能力。工程师应具备事业心、创新精神、集体主义精神。工程师应具备人与自然和谐相处、实事求是、多边合作、保证工程质量的道德原则。

工程师应用自己的知识和创造性的劳动,造福于人类,协调好个人利益同集体利益和国家利益的关系。工程师应不断努力钻研业务,增新、更新本专业的科学技术知识,维护和发展专业文化。在自己职责范围和本人能力范围内积极开展专业活动,同专业组织一起加强公众意识和合作,抵制不道德行为。依法保护知识产权,在广告和个人宣传中应提供正确、准确、客观的信息,维护顾客和雇主利益及专业隐私。

其中,诚实是所有社会都提倡的基本道德规范,工程师伦理规范中无不强调诚实。环境工程师应该在陈述主张和基于现有数据进行评估时,保持诚实和真实。环境工程师必须诚实和公正地从事环境工程活动,环境工程师提供的服务必须诚实、公平、公正和平等,应该避免欺骗性的行为。环境工程师应做到提供准确完整的信息,且所提供的信息要能够被理解,在没有外部控制和影响下做出同意的决定。

环境工程师作为职业人应负职业的伦理责任。一方面,工程师要有追求真理、公平、公正、客观、求实、诚实的精神,不应当在未经仔细评估,环境影响和安全问题没有得到完全保障的情况下,进行工程建设或应用新技术。另一方面,许多国际环境争议将不可避免地涉及环境的边界等问题,在一些对整个人类都有影响作用的全球性环境问题上,环境工程师群体应依靠客观的科学研究,更客观、更全面、更负责任地处理这些问题。同时,工程师应当把公众的安全、健康和福祉置于首位,并且在履行他们职业责任的过程中努力遵守可持续发展的原则。除此之外,环境工程师还应担负起一定的宣传环境保护的责任。环境工程师作为环境保护技术的主体,不仅可以通过各种环保工程建设来影响人类社会,而且还应通过宣传环保知识来提高公民的环境保护意识。

很多环境工程和环境评价过程中涉及主体如水体的连通性、大气的可迁移性、污染源复杂性等现实原因,造成工程或评价边界不明确的难题。这在环境影响评价(以下简称"环评")工作中更为明显,尤其是地下水和大气环境防护距离在实际操作过程中存在诸多不确定性和不完善之处,同一项目,不同环评工作人员往往会得出不同的防护距离结果。环评工作人员在面对不确定的参考资料时往往很难给出专业的建议和方案。

环境规划与影响评价阶段所依据的标准也不一定全面,不一定能完全预测长期可能带来的后果。针对不同环境功能标准的事宜性、标准所涵盖指标体系的完整性等都会随着风险评估、污染防治等技术的发展而更新换代。现行的标准不是一劳永逸的,是随着从事环境领域的工作人员的认知不断深入而进一步发展变化的。环境工作者在未知的风险和现行的环境标准之间,究竟如何选择,该对项目推动还是阻挡,需要考量的方面较多。随着社会的进步,公众越来越关注工程项目可能对自己生活环境产生的影响。一些工程在环评过程中未能让公众充分了解相关项目信息、参与项目评价,遮遮掩掩上马,最终引发了群体性事件。近年来,全国多个城市发生了抵制对二甲苯项目的群体性事件。对二甲苯具有刺激性,并容易引发急性中毒。2012年10月22日,宁波市镇海区村民以该市镇海炼化分公司扩建项目中的对二甲苯项目距离村庄太近为由,到区政府集体上访,并围堵了城区一处交通路口,造成群体性事件。10月28日,宁波市经与项目投资方研究决定,坚决不上对二甲苯项目,前期工作停止推进,对未来的工程建设再做科学论证。

该事件反映了公众知情权和群众"邻避效应"意识增强两个问题。中国现行的环境影响评价制度仍需进一步完善,其中最重要的就是保障相关居民的知情权及对与自己相关事项的决策权。"邻避效应"是指居民或当地单位因担心建设项目给身体健康、环境质量和资产价值等带来诸多负面影响,而产生嫌恶情结和反对心理,并由此采取的强烈的、坚决的、有时高度情绪化的集体反对甚至抗争行为。

关于区域环境规划,其往往依赖于政策,由于管理部门与专业的脱节,领导掌握着政策导向,一旦领导欠缺环境专业知识和工程实践经验,往往制定出不合理的政策、规则和规定,不具有科学性,使环境规划工作者处于两难境地。在环境影响评价过程中,项目业主享有绝对的话语权,会对项目的环境影响评价报告提出各种要求,其中不乏违背污染防护措施的科学性,回避环境问题,甚至假造数据等无理要求,环境影响评价工作者往往陷入两难境地,致使有些环境工作者迫于各方压力最终妥协,形成科学性不足的环境影响报告。

 参考案例

塑料垃圾的跨国之战:大量未经处理进入中国

有人认为:垃圾只是放错位置的资源。这种观点成为垃圾产业在中国快速发展的理论支撑,甚至有了相当程度的社会共识。垃圾处理本来就是固体废弃物的处理中的重要环节,如果在处理垃圾的过程中又能够获益,那绝对是环境工程最理想的状态。因此,当垃圾处理成为一门生意,抢夺垃圾的战争就已经打响。一组美国国际贸易委员会的数据显示,从2000年到2011年的11年间,中国从美国进口的垃圾废品交易额从最初的7.4亿美元飙升到115.4亿美元,我国垃圾处理的能力实现了快速增长。可是,现实真是如此美好吗?

2014年年底上映的一部26分钟的纪录片——《塑料王国》,血淋淋地揭开了我国进口垃圾处理的残酷真相。这部纪录片是由王久良导演,经过长达28个月对中国塑料垃圾处理真实场景的跟踪拍摄后,记录下的残酷现实与深刻反思。王久良坚持认为,"垃圾等于资源"不过是一种脱离现实的理想状态,因为它完全忽略了垃圾处理过程产生的巨大污染。"至少从目前看,混乱的处理过程和低下的处理能力,使得中国的垃圾处理仍然是一个负增值的产业。"

在冷峻而不加掩饰的镜头下,大量未经处理的塑料垃圾进入中国,散布在从北到南的30多个大小乡镇,最终在一个又一个小作坊里,由几乎没有任何防护的工人用手完成了粗糙的分拣。接下来,清洗塑料垃圾的污水直接排入河流,无法再生利用的废弃垃圾在农田边焚烧,黑色的浓烟充满着刺鼻的气味。这些村庄里,地下水已经无法饮用,越来越多的年轻人开始罹患癌症。

塑料垃圾的处理工序:

(1)分拣。为了节约成本,在王久良拍摄过的地方几乎所有的分拣都是人工分拣。进入中国的废旧塑料是非常复杂的,材质也是千变万化,其中夹杂着各种废旧纤维、腐烂食品、金属、纸张等。这些废旧塑料在出口前根本没有进行严格的分拣和消毒处理。很多从事垃圾分拣的工人告诉王久良，什么东西都能看到，手表、钱，甚至是危险固体废弃物，很多人还因此而受伤。在拍摄过程中，让王久良更为触目惊心的是，"见过太多的小孩从垃圾中捡到那些医用针管以后，直接拿过来当玩具玩。还发现在一个院子里，堆满了来自日本的医疗垃圾，有输液的袋子、管子、针头等，而医疗垃圾是国家明令禁止进口的"。

（2）粉碎和水洗。水洗的过程又是粗放式开采地下水、排放污水。所以，无论是河北还是山东，都是污水横流。只要有河流、有池塘的地方，都已经被污水注满了。随着长时间的积累，地下水也被污染。无论是河北还是山东，在王久良走过的地方，地下水几乎都不能饮用。方圆几十个村庄，几万的人口，全是买水喝。在山东一个贫穷的村庄，王久良碰见一位老太太，"她一个月要花15块钱买水，遇见我的那天她买了两桶水一共是4块钱，而4块钱她也是赊账的"。

（3）造粒。造粒就是把塑料加热熔化，然后拉成像面条这样的，再切成小颗粒。这也就是最终的产品——再生塑料颗粒。整个加热的过程会产生大量的烟气。王久良发现，"当2000多家小作坊同时开工的时候，整个区域，就像人间地狱一般。很多从事这个行业的人的孩子，但凡有点条件的就送到外地去上学；嫁出去的女儿一般不回娘家；外地亲戚来也是住旅馆。这就是典型的废旧塑料回收产业对当地人民生活的影响"。

这只是废旧塑料加工处理过程所产生的影响。并不是所有的垃圾都可以回收的，被扔掉的垃圾无疑会继续加重我国本就无法负荷的垃圾处理负担。

来自中国海关的官方统计，2013年，我国进口废旧塑料垃圾总量为800多万吨。王久良所记录的，正是这些垃圾在中国从南到北30多个乡镇村庄最真实的初级加工场景。源源不断的集装箱货车，拉着满满的垃圾进入村庄。留守农村的妇女和老人，还有那些来自更贫穷地区的打工青年，在乱糟糟的作坊里用手分拣着塑料垃圾。这些垃圾的"原产地"，多是美国、德国、英国、法国、日本、韩国和澳大利亚。"那里就像是一个垃圾联合国，中国成了世界的垃圾场。"在镜头里，很多生活塑料垃圾里面掺杂着不明化学粉剂，灼伤了翻检者的双手。甚至还有一个在垃圾堆旁玩耍的孩子，拿起一个还残留着不明液体的针管，毫无戒备地直接放进嘴里玩耍。

这些真实的场景引发了从政府到观影者的巨大震惊和触动。随之而来的是两个沉重而又深刻的问题：

（1）中国处理垃圾的工艺这么落后，为什么还要进口这么多垃圾？

导演王久良认为是利益驱动："过去，一些国家的生活垃圾是需要花钱向外转移的。后来，这种垃圾慢慢有了市场，不用付钱也可以转移出去。现在，一切都颠倒了，生活垃圾竟然成为可以出售的商品。"虽然我国国家海关总署于2013年2月启动了一次为期10个月的专项行动，旨在加强固体废物监管、严打洋垃圾走私行为，但是依然有很多人在利益的驱使下，源源不断地将生活垃圾走私进入我国境内。

更为根本的原因，是一线工人的生命健康和处理垃圾后造成的污染并没有人来负责和买单，仅仅造成了表象的短期利润。如果将工人的医疗费用和二次污染的治理费用考虑进去,塑料垃圾的处理产业一定是负增长的。

（2）我国该怎么改变这种现状？

塑料垃圾从世界各国而来,在中国获得重生,被制造成玩具或者其他产品,又重新回到美国、德国乃至全世界人民的生活中。没人在意垃圾如何重生,又留下了什么。《塑料王国》的上映,揭开了关于进口垃圾处理的残酷真相,也在中国再生资源行业内外,掀起一场争论。

事实上,一些塑料垃圾处理企业一直在呼吁请求来自国家层面的政策支持。他们在例证企业深陷经营困境时的说法,客观上暴露出环境污染问题的严峻。"塑料作为可再生资源,要回收是一定的。但是,如果没有国家足够的政策支持,企业不好做的。"2013年,我国某废塑料回收集中县对散落在村子里的小作坊式废塑料分拣、造粒产业,进行了"壮士断腕,涅槃重生"式的自我革命。公开的报道中,县政府高度重视环保问题,淘汰小作坊,引导成规模企业进入工业园区,目的只有一个——建立环境友好型的再生资源回收产业。同时,政府对污水处理等工艺进行了财政补贴。以处理废旧塑料产生的污水来说,处理成本至少在每吨10元以上;而政府每吨污水只向企业收取6元。但是,即便是这些已经大大压缩的污水处理成本,依然是企业不堪其重的负担。

从当前情况来看,我国政府需要在以下几个方面着手改变现有塑料垃圾处理的残酷现状。

①控制塑料垃圾越境转移。2017年,国务院办公厅印发《禁止洋垃圾入境推进固体废物进口管理制度改革实施方案》。根据该方案,2017年年底前,我国禁止进口来自生活源的废塑料。这是我国首次对塑料垃圾越境转移宣战,对控制我国境内的塑料垃圾污染起到了积极的作用,也帮助世界各国加强塑料垃圾的处理和循环利用,减少塑料垃圾产生量。目前我国仅禁止生活源中的废塑料,建议加大禁止进口清单范围,将生活源以外的废塑料也纳入禁止进口名单;同时也应禁止将我国产生的塑料垃圾转移至他国,树立我国控制垃圾跨国转移负责任大国的形象。

②完善塑料回收体系。目前欧洲塑料平均回收率在45%以上,德国甚至达到60%;到2030年,欧盟计划塑料包装全部回收利用。根据2014年国家发改委发布的《中国资源综合利用年度报告（2014）》公布的数据,2009—2013年我国废塑料回收利用率为23%~29%,与发达国家的差距较为明显,同时也说明我国废塑料回收的潜力十分巨大。

塑料垃圾的回收应严格落实"生产者责任延伸"制度,采取"谁污染谁付费"的原则来提高回收利用率。建立对塑料袋等废弃塑料等再生资源的回收补贴机制,鼓励生产厂商进行绿色产品创新,提高产品中再生材料占比。探索建立塑料袋及其他一次性塑料制品（如塑料吸管等）环境税收机制,向生产者或消费者征收环境税,建立专项基金,并将该税收用于塑料垃圾的回收处理及其他环保活动。同时,明确税收部门及监管部门的责任,给予受管制对象合理的权利与义务。此外还要加强塑料回收企业的二次污染管控,避免塑料回收利用对环境的再次污染。

③完善塑料污染控制的立法。完善立法是加强塑料污染控制的重要基础,针对现行立法存在的问题,在现有法律法规的基础上,需要制定更为明确的实施细则。具体包括:

（a）明确政府各部门的责任，在塑料生产、使用、回收和处理等环节，都应该有明确的责任部门，避免混淆不清导致各部门都不能有效尽职的问题。

（b）明确对违法企业和个人的惩罚细则，在立法中要清楚地规定违法行为及相应的经济和行政处罚措施。

（c）完善税收等经济手段的作用，按照污染者付费的原则，充分体现经济手段在塑料垃圾减量化及回收利用中的作用。

④**扩大公众参与**。公众参与在塑料垃圾污染管理中具有十分重要的作用。事实上，正是由于公众认识到了塑料对生态系统和人体健康的危害，塑料垃圾污染才成为一个吸引各方关注的国际问题。2018年世界环境日的主题为"塑战速决"，联合国环境规划署呼吁各国采取行动减少一次性塑料垃圾污染，也是希望通过公众参与给各国政府和企业增加压力，以加大塑料污染的控制力度。我国目前也有多个非政府环保组织参与到海洋净滩工作，通过吸引公众参与海滩垃圾回收，以提高公众海洋环境保护意识。

（资料来源：1.李瑾.塑料垃圾的跨国之战：大量未经处理进入中国［N］.工人日报，2015-01-09；2.邓义祥，雷坤，安立会，等.我国塑料垃圾和微塑料污染源头控制对策［J］.中国科学院院刊，2018，33（10）：1042-1051.内容有整理）

通过此案例分析：塑料垃圾的防治刻不容缓，你作为工程师，要如何为塑料环保贡献力量？

 思考与讨论

1. 环境工程对于人类的目的和任务是什么？
2. 环境工程伦理问题的根源在哪里？
3. 环境工程有哪些社会属性？
4. 环境工程师应具备哪些必备的伦理素养？
5. 从你的角度谈谈"邻避效应"的本质，以及避免的措施。

第12章 生物医药工程伦理

学习目标

通过本章的学习,了解生物医药伦理的研究范畴,深入理解生物医药伦理的教育意义,掌握生物医药伦理工程的基本思想和原则,为培养相关工科领域教学、科研人员及工程技术人员提供指导和帮助。

引导案例

基因编辑婴儿事件

2018年11月26日,贺建奎团队对外宣布,一对基因编辑婴儿诞生。随即,广东省对"基因编辑婴儿事件"展开调查。

记者从广东省"基因编辑婴儿事件"调查组获悉,2016年6月开始,贺建奎私自组织包括境外人员参加的项目团队,蓄意逃避监管,使用安全性、有效性不确切的技术,开展国家明令禁止的以生殖为目的的人类胚胎基因编辑活动。2017年3月至2018年11月,贺建奎通过他人伪造伦理审查书,招募8对夫妇志愿者(艾滋病病毒抗体男方阳性、女方阴性)参与实验。为规避艾滋病病毒携带者不得实施辅助生殖的相关规定,策划他人顶替志愿者验血,指使个别从业人员违规在人类胚胎上进行基因编辑并植入母体,最终有2名志愿者怀孕,其中1名已生下双胞胎女婴"露露""娜娜",另1名在怀孕中。其余6对志愿者有1对中途退出实验,另外5名均未受孕。调查组有关负责人表示,对贺建奎及涉事人员和机构将依法依规严肃处理,涉嫌犯罪的将移交公安机关处理。对已出生婴儿和怀孕志愿者,广东省将在国家有关部门的指导下,与相关方面共同做好医学观察和随访等工作。

该事件系南方科技大学副教授贺建奎为追逐个人名利,自筹资金,蓄意逃避监管,私自组织有关人员,实施国家明令禁止的以生殖为目的的人类胚胎基因编辑活动。该行为严重违背伦理道德和科研诚信,严重违反国家有关规定,在国内外造成恶劣影响。

(资料来源:肖思思,李雄鹰.广东初步查明"基因编辑婴儿事件"[EB/OL][2019-01-21].http://www.xinhuanet.com/local/2019-01/21/c_1124020517.htm=c73544894212.P59511941341.0.0.内容有整理)

　　通过此案例分析:生物制药工程是一种新技术,如何用积极的态度面对技术的发展和社会道德的约束,充分发掘人类理性的能力,使技术在促进人类社会最高福祉的方向上前进呢?

12.1　生物医药工程的类型与特点

12.1.1　生物医药工程的概念

　　生物技术又称生物工程,是利用生物有机体(动物、植物和微生物)或其组成部分(包括器官、组织、细胞或细胞器等)发展各种生物新产品或新工艺的一种技术体系。生物技术一般包括基因工程(含蛋白质工程)、细胞工程、发酵工程和酶工程。其中以基因工程为核心以及具备基因工程和细胞工程内涵的发酵工程和酶工程才被称为现代生物技术,这样以示与传统的生物技术相区别。

　　生物医药工程伦理学是一门以生物医药工程中引发的伦理问题为导向,识别伦理问题的表现,辨析其特点、根源和后果,结合相应的伦理学理论、原则和方法,开展伦理分析论证,并提出伦理建议的新兴学科。

　　生物医药工程是一系列与生命科学、生物技术、诊疗方法及医疗仪器设备、疫苗和药品研制等领域相关的工程实践活动过程和结果的总称,主要包括:细胞工程、组织工程、基因工程、制药工程、医疗器械研制、疫苗开发,等等。例如,成像技术实现了生物过程的可视化,用于临床上的检测和诊断疾病;医疗器械的研发和应用涵盖了诊断疾病、预防、治疗和康复等全过程。

12.1.2　生物医药工程在国民经济中的作用

　　生物工程专业和我国科技发展息息相关,能够有效地提升我国科技水平,同时生物工程专业中包含的食品制造、医药制造等与我国国民生活具有十分紧密的联系,因此,生物工程的发展对我国国民生活具有重要作用。

　　人类对健康的追求永无止境,进入21世纪全球医疗需求增加,随着发展中国家人民的健康意识越来越强,数据显示,生物医药产业近三十年内在全球发展,平均每年生物医药销售额以25%~30%的速度增长。生物医药产业是继汽车、机械制造业之后的第三大产业,通过实施一系列全方位的科技计划推进生物科技创新,政府重视生物医药发展,大力扶持创新性生物技术企业,把生物医药作为新的经济增长点来培育。中国生物医药产业从20世纪80年代开始发展,在1993年取得了第一个突破,"十一五期间"我国逐步形成了长江、珠江三角洲和京津冀地区3个综合性生物产业基地,到"十三五期间"国家已将生物医药行业作为国民经济的支柱产业大力发展,再加上其是医药行业最具投资价值的子行业之一,在中国生物医药产业被看成朝阳产业,其发展势头迅猛。随着新产品研发经费支出的快速稳定增长,2000—2015年我国生物制药行业大中型企业新产品产销规模呈较快增长趋势。因此随着行业整体技术水平的提升以及整个医药行业的快速发展,生物医药行业的市场规模呈逐年增长趋势,从 2013 年的 2381.36 亿元增长至 2017 年的 3417.19 亿元,预计到 2018 年市场规模将达到 3554 亿元。

生物技术是一种高新技术,在 21 世纪借以解决全球人口对粮食和肉类的需求,开发高品质和高产农畜产品;寻求基因诊断和治疗的新方法;确立人体组织器官替代置换新手段;研究开发新药和治疗各种疾病的个性化医药品;环境协调型发展各种生产技术体系;生物处理废弃物及确立环保型农业以解决人类和自然环境协调依存问题。其意义深远,发展迅速,对国民经济的发展起着重要的作用。

生物技术交叉和渗透到自然科学的各学科,形成生物电子学、生物机械学、新生物化学和代谢化学、生物信息学、生物医学及基因治疗学、生物环境治理学及与农业、食品结合发展人工种子和机能性食品等。正是由于生物技术的强渗透性,使得多学科都向生物技术聚焦,使生物技术焕发了炽热的活力。

12.2 生物医药工程伦理的确立

12.2.1 生物医药工程伦理的研究范围

作为一门应用规范伦理学,生命伦理学不谋求建立体系,而以问题为取向,其目的是如何更好地解决生命科学或医疗保健中提出的伦理问题。解决伦理问题需要伦理学理论,但实际的伦理问题往往是复杂的,很难用一种理论解决所有的伦理问题,正如不可能用一只猫或一类猫去抓世界上所有的耗子一样。在解决伦理问题的过程中,伦理学理论本身也受到检验,有的理论没能经得住检验,有的理论即使通过了检验,也不可能在解决所有伦理问题时都能拿到高分。因此在解决问题时应该保持理论选择的开放性,而不去拘泥于一定的理论。

既然以问题为取向,那么首先要鉴定伦理问题。伦理问题的出现可能有两种情况:一种情况是由于采用了新技术,出现了新的伦理问题。例如人类基因组的研究可使人们预知一些带有疾病基因的人可能迟发疾病,再如一位未婚少女如果带有 BRCA1 基因就有很大的可能在未来患乳腺癌或卵巢癌,但也有可能不得这些癌症,那么我们应该告诉她吗?应该建议她现在就切除双侧乳腺和双侧卵巢吗?另一种情况是,本来应该做什么是不成问题的,但由于新技术的应用,重新提出了应该做什么的问题。例如医生抢救病人是义务,在脑死情况下由于脑死导致全身死亡,解除了医生的抢救义务,这本来不成问题。但由于有了生命维持技术,脑死病人的生命可以靠呼吸器和人工喂饲暂时维持下去,那么应该这样做吗?因为这种维持并不能挽救病人的生命,而占有的有限资源却使其他有可能治愈的病人失去希望,那么应该放弃对脑死病人的治疗吗?鉴定伦理问题时需要注意区分医学或技术问题与伦理问题。医学问题或科学技术问题是"能做什么"的问题,而伦理问题是"该做什么"的问题。例如疾病的诊断以及可能的治疗选项都是医学和科学技术问题,而应该做出何种选择以及应该由谁做出选择就是伦理问题。研究的设计如何能够获得可靠的结果是科学技术问题,但是否应该获得受试者的知情同意则是伦理问题。

对于伦理学来说,重要的是尝试为解决办法提供伦理辩护,这种辩护包括对每一种解决办法提供论证和反论证。在论证或反论证中,需要提出理由,而理由对办法的支持有的可能是归纳的,有的也可能是演绎的。因此就要讲究推理。

12.2.2　案件分析

随着广东省"基因编辑婴儿事件"调查组公告的发布,贺建奎事件算是有了一个初步的结论。即,这是为了追求名利而采取的个体违法行为。

事件发生后,中国的科学界、政府、伦理学界和社会大众都广泛地发出了批判的声音。值得注意的是,很多评论忽视了具体事件和科技发展战略之间的差别,甚至出现很多激进的声音,建议完全禁绝对人类生殖细胞进行基因编辑的任何研究和实践,这显然是一种不够理性的态度。

本次事件最大的受害者是被基因编辑的孩子们,这需要政府和社会用最合理的方式对他们提供保护和救助,我们无须过度夸大这一具体事件可能造成的社会危害。人类自然生殖过程中,特定基因每一次都以二分之一的比率向后代传递,本次编辑的基因并不一定有机会在人类社会中长期存在和扩散,人类的总体基因池也拥有足够的容错能力,所以这几个孩子并不会造成遗传生态危机。

事实上,这一个案造成的社会危害主要在于"每个人天生都应该是自然和平等的""每个人的生命都不应该被事先决定"等基本价值观,以及给其他潜在的违法者提供了范例等方面。而反对这类技术的主要理由是:有可能导致富人变成"超级物种"、穷人在起跑线上彻底丧失竞争机会、自然人将"完全消亡",霍金有关"超级人类"的预言是其中提及最多的概念,然而,支持这些观点的论据是需要审慎对待的。

早在20世纪90年代,生命伦理学家就已经将"生殖系基因编辑技术有可能加重社会不公正"明确为最需要严肃对待的论据,但对这一技术是否一定会造成恶果,以及人类是否有能力用理性来正确引导技术的发展,并没有得出一个普遍共识。那么,以透支未来的不确定的恶果为反对技术发展的理由,则是一种价值偏见。

对人类进行生殖系基因修改而造成严重的社会公正性危机,目前是不具备充分条件的。因为,只是为了实现一种不确定的未来利益,健康的父母们是否有足够的意愿去改变自己的血脉遗传,是值得被怀疑的,这违背了人类生育后代的最初的目的。只要今天人们在遗传生殖领域最基本的价值共识不被颠覆,即使有少数人群愿意进行这种疯狂的改造,这种技术也不会得到大规模应用的机会,少数激进行为也会被多数人和整个社会制度遏制。全世界对此次事件的主流态度和意见也恰恰表明,从伦理上接受和法律上认可生殖系基因编辑技术的可能性是很低的。

基因编辑婴儿事件在中国发生,反映出我国目前在生命科学研究的伦理和法制监管上的确存在很多缺陷。但也提供了一个修正错误的机会。面对这一个案,需要引起我们足够的警惕和更加审慎的研究与思考。

首先,启动针对这一类技术的真正有深度、有价值的伦理反思、讨论和社会对话。在有关的伦理讨论中,也有必要对技术的性质、伦理属性和急速发展进行道德哲学层面的审查与评估,用最大的道德共识来引导,避免在技术突破或者技术违规行为发生后,仓促应对危机的被动局面。

其次,在有关伦理规范的建设中,要注意实现道德动机的普遍化和伦理共识的最大化。一种道德观念只有被社会价值体系所接纳,成为主流的价值共识,才会成为一种广泛的义务,并引导人们的实践。

贺建奎的行为存在着某种"道德无知",他显然相信自己的违法行为有可能被接受,并给自己带来利益,而且有可能被某些错误的荣誉观和价值追求所绑架。对于后一方面,必须要让社会公众广泛地参与到有关的伦理讨论当中来,才有机会形成伦理共识。

目前最重要的是进一步加强和完善科学技术研究和实践的伦理审查与社会管理制度。特别是要进一步完善法律规则体系,使法律的监督审查和制约作用能够很好地实施,发挥道德所不具有的强制力作用;进一步完善伦理审查和监督体系,建立一个良好的科研伦理规范体系,使科学家共同体和科研机构拥有坚实的自我管理的制度基础;加强科技人员的道德教育,增强其道德意识,严惩违背道德的科研行为和相关人员;增强公民对重大生命伦理事务的参与和讨论,普及相关的科学和伦理知识,鼓励和引导公民社会形成道德共识;大力加强监督机制的建设,明确相关部门、专业组织、科研机构的责任与权力,并制定针对没有尽到监督义务的组织和个人的处罚规范。

生命伦理学最重要的价值,就是在面对类似的重大社会问题时,引导我们进行理性的考量,既不可盲目地夸大造成不必要的恐慌,也不能轻视其可能存在风险。在审慎中前进,用更加积极的态度面对技术的发展和社会道德的约束,充分发掘人类理性的能力,使技术在促进人类社会最高福祉的方向上前进。

12.3　典型的生物医药工程中伦理问题

12.3.1　基因工程伦理

1.基因技术

基因技术也叫作遗传工程,是将单个基因复制并植入另一生物的技术,通过人为删除特定性状来改变其遗传构成。基因技术是整个现代生物工程技术的核心部分。与传统的生物工程相比,基因工程具有极大的优越性:可以打破物种之间的界限,可以改变生物的遗传特性,可以控制物种生长速度。基因技术所具有的这些技术优势与特点,使得人们坚信基因技术代表着人类未来最有前途的技术方向,同时也是最具有发展前途的产业。

2.基因技术的作用

基因技术具有许多优点,因而人们广泛地对其加以采纳。事实上人类已经将基因技术应用于社会的各个方面,从生产到生活,从工作到休闲,从家庭到社会。总之,基因技术具有重要的作用,具体来讲主要有以下几个方面。

第一,保障粮食安全,促进经济的繁荣发展。我们都知道在人口不断增长、全球变暖、土地沙漠化的今天,如何保障粮食安全是每个国家、地区共同关注的问题。通过基因技术,人们可以实现粮食的持续增长,从而保障粮食安全。这是因为转基因作物与传统作物相比具有一定的优势,例如:成本更低、产量更高、品质更优,抗草性、抗虫性、抗逆性更强等。同时我们可以将转基因技术用于工业生产,所有这些都会促进经济的持续增长。

第二,保护环境,维持生态平衡。基因技术的研究和应用将有助于改善环境,维护生态平衡。人们推广"抗草、抗病虫害、抗干旱性"的转基因作物,可以减少农药、化肥的使用,减少对环境的污染;人们可以通过转基因技术制造出新的微生物,将有毒有害的污染物进行无害化处理;通过转基因技术,人们可以拯救濒临灭绝的动物,从而保护环境,实现生态平衡。

第三,创造医学奇迹,掀起医学革命的高潮。基因技术的另一个广泛应用的领域就是医药卫生领域。基因技术在新药开发、疾病诊断、器官移植等医学领域中展示了令人鼓舞的广阔前景。随着基因技术的深入发展,人们将创造一个又一个医学奇迹,现在那些难治之症完全有可能在基因技术广泛应用中被一一破解。在此需要特别指出的是,现在基因技术应用中治疗性胚胎干细胞的研究,将为人类的医疗事业开辟出前所未有的广阔前景,为人类治愈疾病带来福音。

3.基因技术的风险及其道德争论

历史早已表明任何科学技术都是一柄"双刃剑":它可以造福,也可以造孽;它可以美丽无比,但同时也可以变得丑陋无比;它可以将人带上天堂,同时也可以将人带入地狱。基因技术同样如此。面对基因技术的突飞猛进,人们在欣喜之余不免有些担心:转基因产品会不会生产出人类难以控制的"基因魔鬼"?"克隆人"是否真的会出现?

4.转基因技术食品安全与环境安全

第一,食品安全。民以食为天,食品安全关系到每个人的生命健康,同时关系着一个民族的未来。正如我们在前面所讲到的那样,转基因食品是人为地将某些基因转到其他物种,我们必须注意到转基因食品从本质上讲,是人为地设计基因的转移,是人工的产物,具有非自然性,因而它就有可能对人的健康产生影响。转基因食品是否安全的问题,恐怕将是一个有待验证的问题。不过在此有两点须加以说明:①在人与自然关系中,人并非是受动者,人一直以来都是以能动的面貌出现的。事实上,人类的出现、人类的演变以及人类文明的进程都是在人对自然施加能动活动中展开的,不干预自然对人来讲是不可能的,甚至在某种程度上可以这样讲,不干预自然便不会有人的存在。在既往的人类历史中是如此,在科技迅猛发展的今天更是如此。②在承认人类干涉自然的必要性和合理性的前提下,又必须要尊重自然的规律性、合理性与完整性。不能对自然妄加干预,自以为是,这样自然会以其特有的方式来"报复"人类。对于转基因食品同样应持上述态度。对于转基因食品,既不能噤若寒蝉,拒之千里;又不能毫不在意,听之任之。总之,对于转基因食品,应以审慎的态度对待。应该加强理性,增加透明度,让民众广泛地参与和监督,使公众具有知情权、同意权与选择权。最起码应对所使用食品是不是转基因产品具有知情权,自然这也就要求商场(或其他的场所)在其所出售的转基因食品上明晰地标注"本产品是转基因食品"或"本产品含有或可能含有转基因食品"的标志,以提醒消费者,让消费者自己选择。

第二,环境安全。前面说过了基因技术的研究和应用将有助于改善环境,维护生态平衡。然而,经过几十年的发展,转基因农作物对于环境的负面作用已有不少报道。不少学者认为转基因作物存在着以下的风险:①基因突变。基因作物有可能出现基因突变,从而由超级作物演变成超级杂草,并进而造成世界性的饥荒。②基因污染。由于转基因存在着逃逸、泄漏的可能,因此转基因作物有可能引起基因污染并进而对非目标生物造成伤害。③生态失衡。转基因作物大面积播种有可能破坏旧有的生态系统,会使原有的生态系统遭到破坏,从而造成生态失衡。对于转基因作物持悲观的态度是不对的,但是于转基因作物可能的风险的担心也并不是完全没有道理。总之,应以更加理性和谨慎的态度对待转基因作物。

5.应用基因技术的道德原则

为了保持基因技术应用的正当性与合理性,应当遵循以下基本原则。

第一,尊重原则。尊重原则指的是人应以尊重的态度去对待人与自然,去对待生命科学视域中的一切客体。首先,要尊重人,在基因研究、生命科学研究中要尊重人的尊严,将人视为目的而非手段,要保障人们的知情权与受益权。其次,应该尊重自然。从自然界中走来的我们应该尊重我们的所来之地、所在之处、所赖之基,那就是自然,我们的确应该以敬畏自然的态度来从事生产与生活等实践活动。

第二,有利原则。求真、至善、达美是人类活动的三个基本动因,在这其中至善是关键。我们的活动都在追求目的、追求好处与功利。这一特性在工程活动中更为鲜明,所有的工程活动都是功利性的活动,这是毋庸置疑的。其实求利是我们行动中的一个必不可少的行为准则,强调利益以及利益的最大化是有其合理性的。我们在进行基因工程的研究与应用之中,一定要坚持有利的原则,即只要其对人类的生存与发展整体上是有利的,那么我们就应该坚持并发展。总之,凡有利于人类福利之技术我们都应该持赞同之态度。

第三,公正原则。公正原则是有利原则的补充与完善。因为仔细分析起来,仅仅讲有利原则还是不够的,有利可以分为对全体有利还是对部分有利、对多数有利还是对少数有利,因此,我们必须要分析有利原则到底是对谁有利?谁又在得利? 因而,在基因研究与应用的原则中一定要加上公正的原则。所谓公正原则是说在基因研究与应用中其收益和风险、成本与代价、权利和义务应该得到公正、公平的分配。基因技术的获益者不能仅仅是发达国家、跨国公司,它的获益者应该是全人类。

12.3.2　器官移植中的伦理问题

1.器官移植

组织工程是依据种子细胞、生物材料等来构建组织和器官,主要包括:软骨和骨组织构建,组织工程血管、神经组织工程、皮肤组织工程、人工肝、心脏等系统组织工程等。新兴的干细胞技术、3D打印技术、合成生物学、异种移植技术、嵌合体技术为组织工程注入新活力,有望为患者提供人工器官,体现了组织工程技术的和平伦理性。器官移植是一项包括器官移植、化解免疫排斥的复杂系统工程,稀缺人体器官的采集、储存、分配等也蕴含了丰富的伦理内容。

2. 器官移植中的伦理问题

目前,换头术、换脸术、子宫移植和异种移植引发的特殊伦理问题引起了学界和社会公众的广泛关注。

俄罗斯瓦雷里·多诺夫从小患有霍夫曼肌肉萎缩症,决定让意大利都灵高级神经协调组的塞尔吉奥·卡纳维洛医生为自己开展世界首例人体换头术,将头部移植到别人的身体上。换头术一旦成功将是肌肉萎缩症、四肢瘫痪和器官衰竭患者的福音。神经再生、免排斥反应、大脑低温保存及缺血再灌注损伤预防问题是主要的技术障碍。那么,是否应该实施换头术呢?患者的家属应该如何参与知情同意过程?这样高风险的手术是否需要伦理审查委员会的审批?换头术是否冒犯了生命尊严?即便换头手术取得成功,也会引发新的伦理问题,人脑主体的记忆和原有功能都会保留,但身体是捐赠者的,那么,这个全新的人到底归谁?甲的身体被彻底破坏了,但甲的脑完好无缺;乙已经脑死了,但乙的身体完好无缺。是否可以理解为,如果甲的脑移植到乙的身体内,作为一个人,乙已经死了,但甲仍然活着?这就产生了新的社会身份识别和认定问题。

2005年11月,法国人莱昂进行了全球首例换脸手术,成功为一名被狗撕咬毁容的女子伊莎贝尔·迪诺尔进行脸移植。2006年,亚洲首例换脸术在我国第四军医大学附属西京医院完成。2013年5月,波兰格利维策中心的外科医生对一名33岁重伤男子进行了换脸手术,手术非常成功,这也是世界上第一起在紧急情况下实施的救命脸部移植手术。按理,换脸术不是一种常规操作,而是一种试验性的新疗法,因而需要伦理审查并获得批准,在开展换脸手术之前,医生要获得捐赠者家属的同意。毕竟,捐赠脸的人必在死亡10小时内把脸捐献出去,而传统习俗很难容忍亲人离去时没有脸。同时,医务人员也应该充分告知接受者潜在的风险和可能的受益,让接受者自主选择。即便如此,在社会范围内也要广泛讨论:换脸术不可预期的后果有哪些?个人、家庭和社会是否做好了准备?个人身份识别有哪些问题?换脸涉及人身份的改变,不同性别之间是否可以移植面部皮肤?如何保护捐赠者和接受者的隐私?

同样对于子宫移植、异种移植也有类似的伦理问题,子宫移植在社会文化中具有文化、道德敏感性,涉及生殖问题,在夫妻生活、生育下一代等方面确有伦理问题,需要慎重对待。子宫移植引发的深层次伦理问题还有:子宫移植与心脏、肺、肝脏、肾脏、人脑等器官移植本质上有何不同?将器官、组织或细胞从一个物种的机体内取出,植入另一物种的机体内的技术,将来自其他物种的细胞、组织乃至整个器官移植到人体内,有望解决人体器官供体不足的难题。交换组织、器官的物种之间的距离越远,排斥问题就越严重,免疫抑制疗法可以延长异种移植生物的存活时间,同时也抑制了人类受体对疾病感染的免疫反应。异种移植提出了一系列安全有效性问题以及对动物福利的保护问题。

3.器官移植的道德准则

（1）器官捐赠中的知情同意。限制人体器官移植的主要障碍是可供移植的器官供给严重不足，为此需要不断扩大器官供体来源、制造人工器官、异种移植和通过干细胞定向发育器官。当前，扩大器官供体来源是解决器官供应的根本途径。活体器官移植仅仅可以作为补充性的次优选择，是无可奈何的替代方案。活体器官移植以牺牲他人健康为代价，满足他人健康需要，脆弱人群可能成为受害者，也不利于打击器官非法买卖，加剧社会对器官移植事业的不信任。

遗体器官捐献是增加可移植器官供给的最常见方式，提高器官捐献同意率是器官移植工程的关键，器官是人体的重要组分，潜在捐赠者有自主决定是否捐献器官的权利，英国法律明确了同意书的形式，捐赠者生前表达过捐赠意愿的优先考虑。世界卫生组织（WHO）和器官移植学会致力于确立一套法律程序和伦理框架，鼓励所有国家消除器官买卖，实现国家器官供给自给自足，最大限度挖掘遗体捐献的潜力。是否捐赠器官问题有两种同意方式：自愿捐赠和推定同意。自愿捐赠是指：医务人员在病人去世前询问病人或询问病人家属是否愿意死后捐赠器官，自愿在死后捐献器官是利他行为。推定同意的逻辑是：推定公民都会自愿同意在死后捐献器官，除非在生前或遗嘱中明确表示不同意或家属明确表示反对。

如今，对于器官功能严重障碍或缺失的患者，主流疗法为器官移植，但术后免疫排斥及器官供源短缺始终是压在器官移植领域的"两座大山"。因此，在开展器官移植之前，医生要充分告知器官移植的潜在风险和经济负担。在器官捐献过程中，任何人不得采用胁迫、引诱或不正当方式影响捐赠者的决定。捐献过程要秉承无偿、自愿捐献原则。器官捐献者的家庭应得到一定的补偿，树立积极捐献器官拯救人类生命的社会风气，但鼓励措施不应构成利诱或胁迫。器官捐赠是利他行为，捐赠器官让陌生人得以重生，应赢得全社会的尊重。

（2）可供移植器官的公正分配。人体器官极度短缺，让千百万患者在苦盼中煎熬，也引发了稀缺的可供移植的人体器官如何公正分配的问题。宏观稀有资源的分配公正问题包括：有限的资源如何有效使用，才能够让尽可能多的人受益？如何制定政策来限制器官移植的使用？微观分配公正问题包括：谁做出决定？分配标准是什么？在此重点讨论微观分配问题。

设想，60多岁的患者甲，多年酗酒，肝脏功能衰竭，正在住院治疗并等待肝脏移植。青年乙因抓歹徒被歹徒刺伤肝脏，住进同一家医院，也急需移植肝脏。正好有一可供移植的肝，组织配型与二人均相容。甲付得起医疗费用，而乙无力负担。那么，可供移植的肝脏应该移植给谁？能否因为甲酗酒致病而得不到肝脏移植？或者因为乙无支付能力而得不到肝脏移植？确定肝脏移植给哪一位患者的标准是什么？

在稀缺肝脏的分配问题上，首先需要考虑适应证和禁忌证，假如甲或乙的肝脏配型与赠者的不符合,就失去了移植的前提条件。假定甲和乙的配型都符合医学标准,术后的生命质量高低是应该考虑的重要因素。按此标准,年轻人应该优先得到可供移植的肝脏。如果肝脏提供者本人或家属对捐赠人选有特定的要求,捐赠者的愿望应该得到尊重。假定上述标准均无法明确肝脏应该给甲或乙,其他备选的标准还有:先来后到、支付能力、抽签或社会贡献等。这些标准是否适用于本案呢?实际上存在着较大的分歧。多数人会首先排除按照社会贡献大小来确定器官分配的方案,假定乙也是与甲情况类似的老年患者,相当多的人会把"先来后到"的排队原则作为优先考虑的标准。

(3)加强监督监管。监管部门通过突击检查方式,检查医院的移植行为,一旦发现造假,移植医院将被取消移植资质。器官获取组织要专业、独立,与受体无利益关联。器官分配系统要实现程序公正、公开、透明,资源最大限度共享,确保稀缺器官分配公平性。医院强制上报等待移植病人名单,并告知患者,提高分配的公正性,完善国家保障体系,探索器官移植费用的医保转移支付,不让穷人成为富人的器官捐赠库。掌握器官资源的第三方红十字协会要对捐款账目公开,设立监管账号,接受社会监督。

12.3.3　制药工程伦理

1.制药工程

制药工程是一门由基础医学、临床医学、药学、工程技术,化工等多种不同类别学科密切合作的工程专业,制药工程包括:化学制药、生物制药、中药制药、药物制剂技术与工程等。

创新性药物研发牵涉到专利申请、新药注册、药品上市、安全用药、不良反应检测等环节,需要多学科密切配合、上中下游紧密连接,制药工程包括目标确立、工程规划、工程设计、工程实施和评估等环节。

2.制药工程的作用

制药工程以提升广大患者的健康需求为导向,通过自主创制,提供安全、有效、方便、价廉的药品,满足日益增长的医疗保健需求;建立符合国情的药物研发模式和机制,增强医药企业自主研发能力和产业竞争力,构建国家药物创新体系。我国的重大新药创制工程就是要研制重大创新品种,推动药品国际注册,突破核心关键技术,发展前瞻性技术。为此,工程技术人员协同创新、责任担当,突破关键技术和生产工艺,改造药物大品种,构建技术平台和药物孵化基地,建设医药产业技术创新战略联盟。

制药工程涉及众多利益主体,各方的角色分工和利益诉求不同,需要协同互助,信守承诺。患者希望药品疗效好、副作用小、价格便宜;手握处方权的医生看重药品安全和疗效;制药企业期盼着不断推出赢得高额经济回报的"重磅炸弹";政府希望通过健全基本药物制度,保障基本药物的公平、可及。为此,制药企业要倾听患者的呼声,加强与医生、病友组织、政府、学术机构和监管部门的交流合作,达到投资成本与社会经济效益之间的最佳平衡。

制药工程受到市场需求、国家政策、研发资金、消费者支付能力、医保支付方式、创新性、社会环境等诸多因素的综合影响。制药企业或研发机构对癌症、心脑血管疾病、高血压等常见慢性病研发积极性高,但对罕见病的药物研发积极性偏低,由此引发药物研发公平性和可及性问题。政府还要加强规划、监管和扶持民族医药行业,在重大共性的关键的工程技术环节加大投入,优化新药审批流程,优惠税收和医保政策,我国政府和公立研发机构要自负历史使命,大力发展和使用民族药物。

制药企业是制药工程创新的主体,制药工程人员要有企业家精神,提高药物研发效率,勇于开发自主知识产权、与国外同类药有竞争力的新药品。我国制药业发展之路从仿制低水平同质竞争到抢先仿制,从取得到期专利药的首仿资格,再到拥有自主知识产权的一类新药上市,促进制药业研发药品和配套设备的升级换代。例如,对中药的二次开发,对经验方的验证和剂型进行改造,适应疾病谱的变化。药物研发机构要积极开展GMP(生产质量管理规范)、GSP(药品经营质量管理规范)认证,增加市场竞争力,潜心做品牌,生产放心药,坚守制药人关注民生健康的使命。

3.药物临床试验伦理问题

药品是指用于预防、治疗、诊断人的疾病,有目的地调节人的生理机能并规定有适应证或者功能主治、用法和用量的物质,包括中药饮片、中成药、化学原料药及其制剂、抗生素、生化药品、放射性药品、血清、疫苗、血液制品和诊断药品等,药物临床试验是在患者或健康志愿者中进行的药物系统性研究。

(1)研究方案缺乏科学性。有些药物临床试验设计不太符合专业与统计学设计要求,主要表现在:试验方案不够详细,不能保证数据的适宜收集;对安全性、有效性的评价标准不够科学;试验方案未经伦理委员会批准或批准程序流于形式;不严格遵守试验方案,或改变了试验方案但没有报请伦理审查委员会同意或没有告知申办者,方案设计的科学性不足,将使受试者置于完全不必要的风险之中。有些研究招募了不符合标准的受试者,或有意无意排除了符合标准的受试者,符合中止试验规定而未让受试者退出研究;有些研究给予错误治疗或剂量,有些从方案开展研究;或可能对受试者的权益(健康)以及研究的科学性造成显著影响,在伦理审查中,注重审查伦理的合理性,而忽视临床试验的科学性。

(2)侵犯了知情同意权。药物临床试验的知情同意问题较为常见,受试者没有充分理解试验目的、方法,或被不正当影响,有的医护人员主动邀请就诊患者参与新药试验,患者不愿意参加但又很难拒绝,担心以后来此看病不受待见。为了尽快招募足够数量的受试者,有的研究者有意无意地在知情同意书中回避提及药物试验相关的严重不良事件,低估研究期的风险,夸大研究的潜在受益,或让受试者感到对研究负有义务。

(3)风险和受益的不公正分担。新研发的药物必须经过临床实验室研究和动物实验,以及临床试验证明安全、有效后,才能获得药品管理部门批准上市,任何未经临床试验证实的药物,都不能用于对病人的救治。假如研究者向患者提供未经证明的、有效性和不良反应尚不明确的干预作为潜在的预防和治疗措施,是不符合医学伦理的,由于它的安全性和有效性未获证明,服用新的试验用药的患者将承担较高的风险,但难以从中受益,导致风险和回报的不公平分担。

不过,面对突发的重大公共卫生情况,人类又没有任何其他被证明有效的药品存在,有潜在疗效的试验性药品可以在赢得患者知情同意的前提下在其身上使用,此时挽救人类生命是第一要务。

(4)临床试验数据造假。随机对照试验是获取科研数据、检验新药安全有效性的最佳方法,因试验设计或理论假设等非人为因素造成的系统性数据差错,在临床研究中难以避免。令人无法忍受的是新药临床试验中的不端行为,突出表现在:伪造、篡改临床数据、图片和资料,一图多用,一图混用。2000年,诺华公司开始在日本销售一种高血压药物——"代文",5家医学院资助的临床研究结果显示:代文比竞争性产品能更好地降低脑卒中、心绞痛和其他并发症的发生。诺华公司大肆宣传这些发表在顶级期刊的研究结果。2013年日本厚生省的调查发现这些研究数据曾被篡改,并给受试者带来不适或伤害。在中国,2015年国家食品药品监管总局发布的《关于开展药物临床试验数据自查核查工作的公告》显示,在自查与核查工作涉及的1622个品种中,主动撤回的注册申请317个,占20%。新药临床试验数据不真实、不完整的问题确实存在。

(5)监管和审查不到位。国内药物临床试验数据存在擅自修改、删除数据等方面的问题,部分原因是制药企业存在侥幸心理,很少主动撤回不合格数据,药品申报中的弄虚作假、重复申报、扎堆注册的顽疾依旧。有些合同研发组织(CRO)一年承担了数百个临床试验,《药物临床试验质量管理规范》(GCP)对试验质量有严格规范的管理要求,但监管、检查力度不够。有的申办者、监察员或研究者没有提交违背方案报告,持续违背方案现象时有发生;有些研究者不配合监察／稽查,或对违规事件不予纠正,上级部门也没有监督检查。同时,我国药物临床试验伦理审查起步较晚,质量参差不齐,对新的药物临床研究审查能力有待加强。在药物遗传学技术的研究和临床应用中提出的伦理问题具体包括:监督不到位,没有做到保密和隐私,并非真正的知情同意,药物不可得性,医生在药物遗传咨询中责任不明确。2015年国务院发布了《关于改革药品医疗器械审评审批制度的意见》,有望改变这种监管不力的状况。此外,新药研发要遵循基本的伦理准则,自觉接受伦理审查,保护受试者的合法权益,促进药物临床试验合乎伦理地开展。

4.疫苗临床试验的伦理规范

疫苗是指为了预防、控制传染病的发生、流行,用于人体预防接种的疫苗类预防性生物制品。疫苗来源于活生物体,组成复杂,且接种对象是以儿童为主的健康人群,在安全有效性上有特殊要求。既要符合《赫尔辛基宣言》《药品临床试验管理规范》和《疫苗临床试验技术指导原则》的相关规定,又要兼顾疫苗临床试验的伦理特殊性。

(1)试验设计要科学合理。疫苗各期临床试验的设计、实施等均应符合国家GCP的基本要求,加强对疫苗类生物制品临床研究的指导,规范临床试验行为。随机对照试验是确定疫苗有效性的关键研究,当用于临床保护判定终点的随机对照试验不可行时,应考虑替代方法。2011年秋,美国国家生物防御科学委员会呼吁政府通过儿童炭疽疫苗试验伦理审批。如果满足一定的条件,如儿童参与的生化试验产生较小的风险——相比低烧或胸部 X 射线检查,美国政府将考虑在儿童身上测试炭疽疫苗,虽然此研究将使儿童暴露在一种新疫苗的风险中,但是如果没有这项试验,就不能获知当儿童受到生物恐怖活动袭击时,应注射多大剂量的疫苗。

(2)知情同意。知情同意是疫苗临床试验的基本要求之一,研究者要充分告知和使受试者理解疫苗的优缺点,使用目的和方法,预期效果,可能的危害及近期、远期的潜在危险,在自愿的基础上使用,绝不能有任何强迫或欺瞒。对参加试验的受试者,都要在详细解释试验方案及内容后取得其本人同意,征求儿童父母或监护人的同意,在知情同意书上签字,疫苗接种史等应记录在案。为受试者保密,尊重个人隐私,防止受试者因接种疫苗而受到歧视。

(3)公平地选择受试者。试验的任何阶段均应有具体的入选和排除标准,排除的对象为不符合医学或其他标准者。入选和排除标准还应考虑免疫状态和影响免疫应答的因素;在试验期间可能离开试验地址的、有社交或语言障碍的或有其他情况影响交流的人也在排除之列。若疫苗接种对象为儿童或其他特殊人群,通常应在健康成人进行 1 期试验;用于婴幼儿的疫苗应按成人、儿童、婴幼儿的顺序进行安全性评价。

(4)安全有效性。在试验设计中应重点考虑不良事件。不良事件监测和及时报告至关重要。报告和评价局部及全身性不良反应应采用标准方法,记录应完整。治疗时要以最小的投入获得最佳效果,根据病人情况选择最合适的疫苗、最恰当的治疗时机、最佳的配伍治疗手段,达到疗效最佳、危害最小的效果。默克公司研发的 Gardasil9 抗宫颈癌疫苗获得美国批准上市,并利用印度儿童来测试新型抗宫颈癌疫苗,2015 年该疫苗导致许多孩子出现副作用,包括恶心、头晕以及体重减轻等。印度全国临床试验暂时停止,直到新的安全标准出台。

(5)疫苗的公正分配。加拿大研制的埃博拉实验性疫苗只有 1500 剂,且全部送到西非疫情严重的国家,疫苗有限,首先应该给谁注射呢?最合理的办法是先给在第一线的医务人员注射。除一线医务人员优先外,应分配给老人、年轻人还是儿童?把有限的疫苗注射给最需要抢救的危重患者,还是抢救对药物有反应的患者?这就需要制定公开、公平、透明的分配药物程序,要给予平等对待,避免歧视与特殊照顾。

基于上述伦理考量,疫苗临床试验的伦理审查要点有:研究者的资格和经验是否符合要求,受试对象的选择是否合理,受试者在试验中获得的治疗利益是否大于承受的风险,疫苗研究方案中的知情同意过程、文件和方案的可行性和适用性,受试者入选的方法和信息资料是否完整,获取知情同意的方式是否适当,有无对受试者给予治疗或补偿、保险措施。

5.制药企业的社会责任

(1)社会责任履行状况总体不佳。制药企业不仅要追逐商业利润,满足股东的利益,还要增进其他社会利益(包括患者利益、公共利益等),在二者之间寻找平衡点。2014 年 7 月中国医药行业上市公司社会责任调研排行榜结果显示:在信息披露,对经济、政府、供应商、生态环境、员工、投资者和消费者方面的责任等指标体系中,平均得分为 48.4 分,60 分以上的仅占比五分之一,社会责任履行的总体情况并不乐观。制药企业要通过多种关爱方式(定价、健康教育、资助研讨会等),促进医生分享治疗经验和病例;积极投入公益事业,提高生存率,提高生命质量,深入乡村和社区开展健康教育和咨询。

(2)药品质量事故频发。制药企业的产品和服务关乎患者的安康乃至千百万家庭的幸福,社会责任重大,制药企业要提供正确的药品、疫苗和医疗器械信息,保障用药安全,促进人民群众健康。不过,"齐二药"假药案、"欣弗"不良事件、"刺五加"注射液事件等药品质量事故反映了我国部分医药企业的诚信问题突出,药品安全令人担忧。这些医药企业没有肩负起保证药品质量安全的责任。2012 年国家食品药品监督管理总局公布了首批胶囊药品抽检结果,在抽检的 33 个品种 42 个批次中,有 23 个批次不合格。药品召回频发,加剧了医院和患者对药品安全的担心,损害了制药厂的名声,但药品召回制度本身的贯彻实施恰恰反映了制药企业社会责任的担当。是否宣布召回有问题的药品是一项慎重的决定,药品召回需要勇气。

(3)直面新药临床试验的失败。尽管国际上新药临床试验失败的信息披露早已经是一种惯常,但在我国,制药企业或药物研发机构却很少主动公开此类负面报道,其中的原因复杂。首先,由于药物药效不优于传统药物,因而研究者不愿意发表阴性研究结果。其次,不少人认为,相当多的患者和公众以全面解读药物临床试验失败的含义,将其归咎于药品质量有问题或者药厂有问题,因此出现负面报道后经常会对药厂的销售带来毁灭性的打击。有些新闻媒体从业者素质较差,为了博人眼球对事实进行扭曲报道,误导民众,产生新闻效应。药厂出于经济利益的考虑,通常不愿意对临床实验失败进行报道,以维护自身的利益。再次,临床实验失败意味着之前临床药物研发的投资血本无归,对于投资者的信心会有很大的打击;隐瞒药物临床试验的阴性结果,是为了博得投资者的信任。

(4)规避利益冲突。跨国医药公司纷纷在华建立研发中心,收购我国新药领域的早期研发成果,争夺优秀人才。但是,制药厂追求利润最大化与学术研究的非功利性追求之间存在冲突。在药厂资助的临床研究的设计、数据选择、结果解释、论文发表等环节均会出现偏见。科研人员接受制药企业或医疗器械企业资助的研究开发或发表的文章,由于资助方参与研究或施加影响,在获取、分析数据和报告结果时可能受到限制,由药厂资助的临床研究存在可接受的风险–受益比,也会有偏见。药厂研发中心要成立伦理审查委员会并审查自己的临床项目。有些药厂对新药和医疗器械研究的资助会诱发有利于其的结果和结论,有些药厂倾向于隐瞒负面的结果。对 Cochrane 数据库中 2010 年发表的 151 篇随机对照试验论文系统评价后发现:仅 30% 提供了较为准确的资助方信息,其中 11% 为制药业资助。

(5)协同创新,推动新药研发。我国人口众多,疾病种类较多,医药市场潜力巨大,但新药研发水平相对滞后,资金投入不足,创新能力较低。政府应在采购、招标、配额和许可等环节扶植国产医疗设备和药品应用,打破跨国药厂的垄断,建立健全药品监测体系,实现我国从"医药大国"发展为"医药强国"。制药企业要担当生物医药研发重任,开发品质卓越、疗效确切、安全可靠的新产品,减少人类疾病、痛苦和就医负担。产学研项目要以临床为导向,鼓励专利过期抢先仿制,探索政府、药企、学术机构共同担负机制。工程技术人员要把促进新药研制、改进药品质量作为己任,自觉维护企业的声誉和品牌,服务于广大患者。制药企业要注重开发实用性的药品和设备,推广适宜技术,降低用药成本。制药企业要专注制药,生产放心药,勇于为药品不良事件担当责任。药厂和药物代表要参与药品管理全过程,协助医生加强对病人的不良反应管理,避免对病人的伤害,医护人员要积极参与药物研发团队。

12.4　正确处理医疗技术与伦理道德的关系

如何正确处理医疗技术与伦理道德的关系呢?我们应该辩证地看待这一问题。首先,每一项新的医疗技术的出现,都是为了拯救生命、治疗疾病。通过发展现代医疗技术,人们可以达到延长寿命或减轻痛苦、提高生活质量的目的,进而从各种顽疾、绝症中不断获得自由。另一方面,我们也应尊重先进医疗工具自身的规范和操作特性。自由从来就是相对的,人类能够从大自然中获得所谓的自由,是因为对各种自然规律的认识、对自然现象的遵从。现代医疗工具对人一定程度的控制和压抑只能减轻却无法避免,我们能做的只有加强对伦理道德的认识程度。

医疗技术没有绝对的有益或者有害,因为左右其最后结果的不是技术本身的问题,而是伦理道德和价值观。所以,如果想让医疗技术真正为人类的发展做贡献,保证其能够被合理、正当地运用,伦理道德必须发挥其导向和规范作用。医疗技术的发展与伦理道德并不矛盾,它们完全可以加以协调,相互促进,共同发展。

第一,现代医疗技术作为一种科学技术,要与道德选择保持同一的价值取向,这实际上涉及以人为目的和以自然为目的两者之间的妥协与和谐相处。现代医疗技术的发展应该遵循"人—社会—自然"的合理生存方式。现代医疗技术本身承载的价值观念,与伦理道德具有内在的关联性,必须将它们均视为人类的实践活动性,从而达到造福于人类这一最终理想。

第二,坚持以科学的发展观为指导。党中央提出了以人为本,全面、协调、可持续的发展观。科学发展观站在时代的高度,建设性地回答了发展中的三大问题,对我国现代化建设中总结的经验进行了完善和发展。只有时刻坚持以科学发展观为指导,才能解决现代医疗技术发展与伦理道德之间的重要问题。

第三,树立新的科学观,正确对待现代医疗技术的发展。人类文化道德素质的提高,使伦理道德屡遭科学技术的挑战。人类对未来充满憧憬和向往,使得科学技术日新月异;同时,伦理道德与时俱进,人类对于道德的需求与日俱增。这样,二者的结合就催生了当代的科学技术观。当今,人与自然的关系日益紧张,产生了一系列问题,这警示人类树立新的科学技术观已是当务之急。同样,作为科学技术的一部分,现代医疗技术自然离不开新的科学技术观,也就是不能脱离伦理道德而独立存在。

第四,提高医药工程相关工作者的社会责任意识。医疗工作者也是社会的人,其活动既影响社会,也受社会的制约。他们掌握着医学专业知识,承担着预测或评估现代医疗技术对社会产生的正、负面影响的责任,同时承担着对民众进行医学教育的责任。

第五,法律机制的约束。现代医疗技术与伦理道德之所以能够协调发展,与社会生活中的两项立法是分不开的:一是法律层面的立法,即行政法律和规章制度;二是道德层面的立法,即自我节制和社会约束。法律侧重于惩恶,而道德侧重于劝善。对于现代医疗技术而言,单纯的道德约束是难以保证现代医疗技术健康发展的,保证其发展的最终约束力是不得触犯法律底线,当伦理道德的力度不足以律人时,就必须依靠法律的强制和威严,通过立法来禁止和惩戒。

 参考案例

“疟原虫治癌”事件

2月14日,疟原虫免疫疗法临床研究项目组宣布临床研究招募志愿者名额已满。有媒体记录了报名的火爆:百余人汇集到相关医院填写报名表。据报道,在消息传出后,有两万多名癌症患者蜂拥而去,请求报名加入陈小平的“疟原虫治疗癌症”试验。有一个癌症患者家属说:“我父亲已是癌症晚期,没有很好的治疗方法,我们这是“死马当活马医”,不管有没有效都要试一试。”正是很多癌症晚期患者及其家属抱着这种“死马当活马医”的心态,让再荒唐的、再不可靠的治疗癌症方法,都能被推销出去。但我们应重视癌症晚期病人的生活质量。癌症晚期的病人即使已经没有了可以治好的希望,也还可以接受规范的治疗来缓解痛苦,提高生活质量。如果要去尝试效果不明的新疗法,也应该选择那些已知比较安全的疗法,以免对身体造成进一步的伤害,带来新的痛苦。医学伦理有一条公认的原则,叫作“不伤害原则”,又叫“无伤原则”,就是要求首先考虑到和最大限度地降低对病人或研究对象的伤害。这源于西方医学之父希波克拉底的教导:医生在治疗疾病时,要慎重做出选择,要么对病人有益,要么不对病人造成伤害。如果一种治疗,其害处的确定性大于好处的确定性,那么宁愿不做治疗,以免对病人造成伤害。医学的这种特殊性质也决定着应该不伤害病人或研究对象,最大限度地降低对病人或研究对象的伤害。在生物医学中“伤害”主要指身体上的伤害,包括疼痛和痛苦、残疾和死亡,以及精神上的伤害和其他损害,如经济上的损失。

目前来看,“疟原虫治疗癌症”不是一种安全的疗法,已知会对患者造成重大伤害。它是要让患者感染疟原虫诱发疟疾,而疟疾是一种非常凶险的疾病,让患者感到痛苦,甚至致命,而且具有很强的传染性。就“疟原虫治疗癌症”的试验而言,它对病人的害处是明显而且确定的,而对病人的好处是不明显、不确定的,在这种情况下,根据“不伤害原则”,就不应该做治疗。从科学的角度去分析,让疟原虫成为一个能够真正治愈癌症的“神药”,还

有很长的路要走。科学家对科学技术成果怀揣憧憬的同时,对生命科学事业也应保持敬畏,别让盲目自信成为科学发展道路上的绊脚石。

(资料来源:陈静.疟原虫治疗晚期癌症研究云南招募志愿者现场人潮涌动[EB/OL].[2019-02-14].https://baijiahao.baidu.com/s?id=1625452724292707748&wfr=spider&for=pc.内容有整理)

案例分析:医学治疗最基本的应该遵循医学伦理,应最先考虑到和最大限度地降低对病人或研究对象的伤害。

 思考与讨论

1. 简述典型生物医药工程中的伦理问题。
2. 如何正确处理医疗技术与伦理道德的关系?

参考文献

[1]马丁,辛津格.工程伦理学[M].李世新,译.北京:首都师范大学出版社,2010.

[2]陈金华.应用伦理学引论[M].上海:复旦大学出版社,2015.

[3]李正风,丛杭青,王前.工程伦理[M].北京:清华大学出版社,2016.

[4]康德.实践理性批判[M].韩水法,译.北京:商务印书馆,1999.

[5]杜澄,李伯聪.跨学科视野中的工程[M].北京:北京理工大学出版社,2004.

[6]李伯聪.工程哲学引论——我造物故我在[M].郑州:大象出版社,2002.

[7]尧新瑜."伦理"与"道德"概念的三重比较义[J].伦理学研究,2006(4):21-25.

[8]卢风.应用伦理学概论[M].北京:中国人民大学出版社,2015.

[9]卢梭.社会契约论[M].何兆武,译.北京:商务印书馆,2003.

[11]宋希仁,陈劳志,赵仁光.伦理学大辞典[M].长春:吉林人民出版社,1989.

[12]唐凯麟.西方伦理学名著提要[M].南昌:江西人民出版社,2008.

[13]万俊人.美国当代社会伦理学的新发展[M].中国社会科学,1995(3):144-160.

[14]肖平.工程伦理学[M].北京:中国铁道出版社,1999.

[15]殷瑞钰,汪应洛,李伯聪.工程哲学[M].北京:高等教育出版社,2007.

[16]张永强,姚立根,杨纪伟.工程伦理学[M].北京:北京理工大学出版社,2011.

[17]顾剑,顾祥林.工程伦理学[M].上海:同济大学出版社,2015.

[18]哈里斯.工程伦理:概念与案例[M].丛杭青,等译.北京:北京理工大学出版社,2016.

[19]杨兴坤.工程事故治理与工程危机管理[M].北京:机械工业出版社,2013.

[20]米切姆.工程与哲学历史的、哲学的和批判的视角[M],王前,译.北京:人民出版社,2013.

[21]李伯聪.工程的社会嵌入与社会排斥兼论工程社会学和工程社会评估的相互关系[J].自然辩证法通讯,2015(3):88-95.

[22]李伯聪.工程哲学和工程研究之路[M].北京:科学出版社,2013.

[23]王前,杨慧民.科技伦理案例解析[M].北京:高等教育出版社,2009.

[24]王前.技术伦理通论[M].北京:中国人民大学出版社,2011.

[25]欧阳杉.多元环境伦理视域下的环境立法目的体系构建[M].北京:法律出版社,2017.

[26]查尔斯·E.哈里斯,迈克尔·S.普里查德,迈克尔·J.雷宾斯.工程伦理概念与案例[M].丛杭青,沈琪,魏丽娜,等译.杭州:浙江大学出版社,2018.

[27]翁端,冉锐,王蕾.环境材料学[M].北京:清华大学出版社,2011.

[28]哈尔·塔贝克.环境伦理与可持续发展——给环境专业人士的案例集锦[M].北京:机械工业出版社,2017.

[29]王子彦.环境伦理的理论与实践[M].北京:人民出版社,2007.

[30]杨通进.当代西方环境伦理学[M].北京:科学出版社,2019.

[31]段刚.绿色责任——企业可持续发展与环境伦理思考[M].上海:上海社会科学院出版社,2015.

[32]蕾切尔·卡森.寂静的春天[M].王晋华,译.南京:江苏凤凰文艺出版社,2018.

[33]马克思,恩格斯.马克思恩格斯全集(第3卷)[M].中共中央马克思恩格斯列宁斯大林著编译

局,译.北京:人民出版社,1960.

[34]查尔斯·E.哈里斯,迈克尔·S.普里查德,迈克尔·J.雷宾斯.工程伦理概念和案例[M].丛杭青,沈琪,译.北京:北京理工大学出版社,2006.

[35]所罗门.伦理与卓越——商业中的合作与诚信[M].罗汉,黄悦,谭旼旼,等,译.上海:上海译文出版社,2006.

[36]戴维斯.像工程师那样思考[M].丛杭青,沈琪,译.杭州:浙江大学出版社,2012.

[37]马丁,辛津格.工程伦理学[M].李世新,译.北京:首都师范大学出版社,2010.

[38]威廉斯.道德运气[M].徐向东,译.上海:上海世纪出版股份有限公司,2007.

[39]甘绍平.应用伦理学前沿问题研究[M].南昌:江西人民出版社,2002.

[40]高兆明.存在与自由:伦理学引论[M].南京:南京师范大学出版社,2004.

[41]徐向东.自我、他人与道德——道德哲学导论(下册)[M].北京:商务印书馆,2009.

[42]戴维斯.中国工程职业何以可能[J].工程研究——跨学科视野中的工程,2007,3(1):132-141.

[43][美]全国职业工程师协会(NSPE)工程师伦理准则[EB/OL].[2016-02-20].htip:/w,myeorg/re-sources/ethics/code-ethics.

[44]陆小华,李广信,杨光华,等,土木工程事故案例[M].武汉:武汉大学出版社,2009.

[45]欧阳杉.多元环境理论视域下的环境立法目的体系构建[M].北京:法律出版社,2017.

[46]徐生雄.大工程观视域下工程伦理原则和规范思考[D].昆明:昆明理工大学,2017.

[47]肖平.工程伦理导论[M].北京:北京大学出版社,2009.

[48]迈克·W.马丁.工程伦理学[M].李世新,译.北京:首都师范大学出版社,2010.

[49]曹南燕.科学家和工程师的伦理责任[J].哲学研究,2000,01:12-13.

[50]韩跃红.初议工程伦理学的建设方向——来自生命伦理学的启示[J].自然辩证法研究,2007,09:52-53.

[51]于波,樊勇.国内工程伦理研究综述[J].昆明理工大学学报(社会科学版),2014,03:16-17.

[52]杨少龙,徐生雄,樊勇.近15年来国内工程伦理教育研究综述[J].昆明理工大学学报(社会科学版),2017(1):46-47.

[53]拜纳姆,罗杰森.计算机伦理与专业责任[M].李伦,金红,曾建平,等,译.北京:北京大学出版社,2010.

[54]张永强,姚立根,杨纪伟.工程伦理学[M].北京:北京理工大学出版社,2011.

[55]邱仁宗,黄雯,翟晓梅.大数据技术的伦理问题[J].科学与社会,2014,4(1):36-48.

[56]张秀兰.网络隐私权保护研究[M].北京:北京图书馆出版社,2006.

[57]马丁,辛津格.工程伦理学[M].李世新,译.北京:首都师范大学出版社,2010.

[58]迈尔-舍恩伯格.删除:大数据取舍之道[M].袁杰,译.杭州:浙江人民出版社,2013.

[59]穆勒.网络与国家:互联网治理的全球政治学[M].周程,译.上海:上海交通大学出版社,2015.

[60]梁吉艳,崔丽,王新.环境工程学[M].北京:中国建材工业出版社,2014.

[61]朱蓓丽,程秀莲,黄修长.环境工程概论(第四版)[M].北京:科学出版社,2018.

[62]马克苏拉克.环境工程:设计可持续的未来[M].北京:科学出版社,2011.

[63]哈尔·塔贝克.环境伦理与可持续发展——给环境专业人士的案例集锦[M].北京:机械工业出版社,2017.

[64]李妮,何德文,李亮.环境工程概论[M].北京:中国建筑工业出版社,2008.

[65]周集体,张爱丽,金若菲.环境工程概论[M].大连:大连理工大学出版社,2007.

[66]拜纳姆,罗杰森.计算机伦理与专业责任[M].李伦,金红,曾建平,等,译.北京:北京大学出版社,2010.

[67]邱仁宗,黄雯,翟晓梅.大数据技术的伦理问题[J].科学与社会,2014,4(1):36-48.

[68]张秀兰.网络隐私权保护研究[M].北京:北京图书馆出版社,2006.